国家级一流本科专业建设成果教材

大学化学基础实验系列教材

无机化学实验

第二版

冯建成　尹学琼　朱莉　主编

化学工业出版社

·北京·

内容简介

《无机化学实验》（第二版）分为六章，共44个实验，主要内容有：化学实验基础知识；化学实验基本操作技能；基本化学常数测定及反应原理实验；元素及化合物的性质实验；无机化合物的提纯与制备实验；综合、设计及研究性实验。附录给出了常用物理化学常数、特殊试剂的配制、某些离子和化合物的颜色、常见无机阴/阳离子的定性鉴定方法等内容，方便读者参考使用。本书配有主要实验仪器与操作、主要实验方法与操作步骤视频，读者可扫描封底二维码观看。

本教材适用面广，可作为各类院校化学、化工、生物、食品、材料、农学、海洋、环境及相关专业的实验教学用书，也可作为其他化学工作者的参考书籍。

图书在版编目（CIP）数据

无机化学实验/冯建成，尹学琼，朱莉主编. —2版. —北京：化学工业出版社，2021.10 （2024.9重印）
ISBN 978-7-122-39514-6

Ⅰ.①无… Ⅱ.①冯… ②尹… ③朱… Ⅲ.①无机化学-化学实验-高等学校-教材 Ⅳ.①O61-33

中国版本图书馆CIP数据核字（2021）第135891号

责任编辑：徐雅妮　孙凤英　　　　　　　　　装帧设计：李子姮
责任校对：李雨晴

出版发行：化学工业出版社（北京市东城区青年湖南街13号　邮政编码100011）
印　　装：河北延风印务有限公司
787mm×1092mm　1/16　印张14½　字数352千字　2024年9月北京第2版第6次印刷

购书咨询：010-64518888　　　　　　　　　　售后服务：010-64518899
网　　址：http://www.cip.com.cn
凡购买本书，如有缺损质量问题，本社销售中心负责调换。

定　　价：39.00元　　　　　　　　　　　　　　　　　　　　版权所有　违者必究

大学化学基础实验系列教材

编委会

主　　任　罗盛旭

副 主 任　冯建成　朱　文　张军锋

编　　委（按姓氏笔画排序）

王　江	王小红	王华明	牛　成	尹学琼
甘长银	卢凌彬	冯建成	巩亚茹	朱　文
朱　莉	朱文靖	任国建	刘　江	许文茸
劳邦盛	杨建新	杨晓红	肖开恩	肖厚贞
吴起惠	张才灵	张军锋	张绍芬	陈红军
陈俊华	苗树青	范春蕾	林　苑	林尤全
罗明武	罗盛旭	庞素娟	赵晓君	胡广林
南皓雄	胥　涛	贾春满	郭桂英	梁志群
梁振益	智　霞	赖桂春	熊春荣	黎吉辉
潘勤鹤				

《无机化学实验》(第二版)
编写人员

主　　编	冯建成	尹学琼	朱　莉		
副 主 编	王小红	张才灵	朱文靖	智　霞	牛　成
参编人员	朱文靖	刘　江	朱　莉	王小红	杨晓红
	智　霞	冯建成	张才灵	牛　成	罗明武
	王　江	尹学琼	范春蕾	梁志群	王华明
	潘勤鹤	任国建	胡广林		

序

实验教学是大学本科教育的重要组成部分，是培养学生动手能力、实践能力、创新能力的关键环节。围绕高校本科人才培养目标，改革实验教学课程体系，完善实验教学内容，优化实验课程间的衔接并形成系列，是做好实验教学的重要方面。大学化学基础实验，包括无机化学实验、分析化学实验、有机化学实验和物理化学实验等，是高等院校化学化工及相关的理、工、农、医等专业的重要基础课程。通过四大化学实验课程的学习，不仅可加深学生对大学化学基础理论及知识的理解，还可正确和熟练地掌握基础化学实验基本操作技能，培养学生严谨、实事求是的科学态度，提高观察、分析和解决问题的能力，为学习后续课程及将来从事科研工作打下扎实的基础。

海南大学是海南省唯一的世界一流学科建设高校，海南大学化学学科融合了原华南热带农业大学和原海南大学的学科优势，具有较鲜明的特色。经过两校合并以来的发展，其影响力不断提升，根据基本科学指标数据库（ESI），至2020年5月，海南大学化学学科进入全球前1%。同时，海南大学理学院在学校抓源头、抓基础、抓规范、抓保障、抓质量的"五抓"建设中，不断提高人才培养的标准与质量，使大学化学基础实验教学达到了新的高度。本次再版的大学化学基础实验系列教材，是国家级一流本科专业建设成果教材，按照全面对标国内排名前列大学的专业培养方案要求，修编完成。保持了原四大化学实验内容的主干和衔接性，增加了一些新的实验项目，尤其是实验内容与要求提高至一流高校的标准，加强信息化技术的应用，力求在内容及结构编排上保持科学性、系统性、适用性、合理性和新颖性，兼备内容的深度与广度，循序渐进，帮助学生系统全面地掌握化学基础实验知识及操作技能。

本系列教材第二版由海南大学理学院博士生导师、海南大学教学名师工作室负责人罗盛旭教授组织修编，《无机化学实验》由冯建成教授负责、《分析化学实验》由范春蕾副教授负责、《有机化学实验》由朱文教授负责、《物理化学实验》由张军锋教授负责。

本系列教材适用面广，可作为普通高校化学化工类、材料类、生物类、农学类、海洋类、食品类、环境类、能源类、医学类等专业本科生实验教材。希望通过本系列教材的出版与推广使用，能够促进大学化学基础实验教学环节的完善与创新，为各类新型专业人才培养、夯实化学基础等提供教学支持。

大学化学基础实验系列教材编委会
2020年12月

前言

党的二十大报告指出"培养造就大批德才兼备的高素质人才，是国家和民族长远发展大计"。无机化学实验是化学、化工、材料、生物、食品、农学、海洋、药学、园艺、环境等相关专业的基础必修课，是本科一年级学生最早接触的基础实验课程，旨在培养学生严谨的学习态度、科学的思想方法、良好的实验操作习惯、有意识的环境保护行为、守纪律的优良品德和实事求是的工作作风，主要训练学生基本实验技能和基本操作技术，同时可为本科生科研素质提高与创新能力培养奠定坚实基础，其基础性及与其他学科的关联性，决定了它在培养高素质人才过程中的关键作用。为此，海南大学理学院组织具有丰富理论及实验教学经验的一线老师，在第一版基础上，根据新的教学大纲重新编撰了本部教材。

本教材在第一版的基础上，按照新修订的实验教学大纲，结合大学一年级新生的学习基础，不仅注重讲授学生化学实验基础知识和实验基本操作技能，同时注重培养学生科研素质。本教材所选实验分为验证性实验、综合性实验和研究设计性实验三类，本次修订主要内容有以下几点：

1. 重新梳理了第 1 章化学实验基础知识和第 2 章化学实验基本操作技能中必备的基础知识和基本技能，增加了天平的使用方法和称量方法、液体物料的量取方法等内容；

2. 对第 3 章基本化学常数测定及反应原理实验，第 5 章无机化合物的提纯与制备实验，第 6 章综合、设计及研究性实验内容进行了增删，更加注重培养学生利用基础化学知识和技能解决实际问题的能力；

3. 结合海南大学"无机化学实验"精品在线开放课程建设，录制了主要实验仪器与操作、主要实验方法与操作步骤视频，学生可扫描封底二维码观看学习。

本书由冯建成、尹学琼、朱莉任主编，王小红、张才灵、朱文靖、智霞、牛成任副主编。参加编写的人员及分工如下：第 1 章（朱文靖、刘江），第 2 章（朱莉、朱文靖、刘江、王小红、杨晓红、智霞），第 3 章（智霞、冯建成、杨晓红、张才灵、牛成、罗明武、王江、刘江），第 4 章（张才灵、尹学琼、范春蕾、梁志群、王华明），第 5 章（牛成、尹学琼、潘勤鹤、王小红、冯建成、朱莉、任国建、智霞），第 6 章（冯建成、尹学琼、胡广林、罗明武、范春蕾），附录（朱莉、梁志群）。

由于编写人员水平有限，书中难免出现疏漏及欠妥之处，敬请同行们批评指正！

编 者
2023 年 7 月

第一版前言

无机化学实验是化学、化工、生物、食品、材料、农学、海洋、药学、环境及相关专业的基础必修课，是本科化学实验教学的首门课程，对大学化学实验教学有着启蒙教学的作用，其教学效果对帮助学生掌握基本实验知识与技能，养成良好的实验习惯，形成科学严谨的实验态度有着至关重要的作用。一本好的实验教材是无机化学实验教学必不可少的支撑。为此，海南大学化学工程与技术省级重点学科组织具有丰富理论及实验教学经验的一线老师，总结海南大学对理工农等各类专业近30年无机化学实验教学经验，编写了本部教材。

本教材针对大学一年级新生的学习基础和学习方法，在编写过程中注重循序渐进，从实验室基本知识、基本操作开始对学生进行全面基础实验知识及技能教育；然后通过无机化学常见化学常数测定及反应原理、元素及化合物的性质、无机化合物的提纯与制备相关实验，对学生进行重点技能及操作训练；最后通过综合、设计及创新型实验提高学生综合运用无机化学知识进行实验科学研究的能力。教材注重教学内容与理论知识的衔接性以及实验内容的清晰性、规范性、可操作性和综合性，强调培养学生良好的实验习惯，以及通过实验验证、分析和解决无机化学问题的能力。

本书由尹学琼、朱莉主编，张才灵、王华明、牛成、朱文靖副主编。参加编写的人员及分工如下：第1章（朱文靖、刘江），第2章（朱莉、张绍芬、罗明武），第3章（王华明、尹学琼、罗明武），第4章（张才灵、尹学琼、范春蕾、梁志群），第5章（牛成、尹学琼、潘勤鹤），第6章（尹学琼、胡广林、罗明武、冯建成），附录（朱莉、梁志群）。

本书的出版得到了海南省化学工程与技术重点学科的大力支持，对此表示衷心的感谢！

由于编写人员水平有限，书中难免出现疏漏及欠妥之处，敬请同行们批评指正！

编　者
2015年4月

目 录

第 1 章 化学实验基础知识 ... 1
1.1 绪论 ... 1
1.1.1 无机化学实验课程的目的 ... 1
1.1.2 无机化学实验基本要求 ... 2
1.2 化学实验室基本知识 ... 3
1.2.1 实验室规则 ... 3
1.2.2 实验室安全知识 ... 4
1.2.3 实验室事故的处理 ... 6
1.2.4 消防安全 ... 7
1.2.5 实验室"三废"的处置 ... 8
1.3 化学试剂的规格和取用 ... 10
1.3.1 实验室常用试剂的分类 ... 10
1.3.2 实验室常用试剂的存放 ... 11
1.3.3 化学试剂的取用 ... 12
1.4 化学实验中的数据表示与处理 ... 14
1.4.1 实验数据的读取与可疑值的取舍 ... 14
1.4.2 误差与有效数字 ... 15
1.4.3 数据处理与表示 ... 19
1.5 实验预习、实验记录与实验报告 ... 21
1.5.1 实验预习 ... 21
1.5.2 实验记录 ... 21
1.5.3 实验报告 ... 22

第 2 章 化学实验基本操作技能 ... 25
2.1 无机化学常用仪器 ... 25
2.1.1 实验室常用玻璃仪器的介绍 ... 25
2.1.2 pH 计 ... 30
2.1.3 离心机 ... 33
2.1.4 分光光度计 ... 35

		2.1.5 恒温水浴锅 ………………………………………………………………… 39
		2.1.6 干燥箱 …………………………………………………………………… 40
		2.1.7 真空泵 …………………………………………………………………… 43
		2.1.8 马弗炉 …………………………………………………………………… 44
		2.1.9 玻璃仪器气流烘干器 …………………………………………………… 46
		2.1.10 体视显微镜 ……………………………………………………………… 47
		2.1.11 智能自动微波消解系统 ………………………………………………… 49

- 2.2 玻璃仪器的洗涤与干燥 …………………………………………………………… 53
  - 2.2.1 玻璃仪器的洗涤 …………………………………………………………… 53
  - 2.2.2 玻璃仪器的干燥 …………………………………………………………… 55
  - 2.2.3 玻璃仪器的存放 …………………………………………………………… 55
- 2.3 简单玻璃仪器的加工操作 ………………………………………………………… 55
  - 2.3.1 玻璃管的切割 ……………………………………………………………… 56
  - 2.3.2 玻璃管的弯曲 ……………………………………………………………… 56
  - 2.3.3 玻璃管的拉制（制作滴管和毛细管）…………………………………… 56
  - 2.3.4 玻璃搅拌棒的制备 ………………………………………………………… 57
  - 2.3.5 玻璃燃烧匙的制作 ………………………………………………………… 57
- 2.4 天平的使用方法和称量方法 ……………………………………………………… 57
  - 2.4.1 电光分析天平 ……………………………………………………………… 57
  - 2.4.2 电子分析天平 ……………………………………………………………… 60
- 2.5 液体物料的量取方法 ……………………………………………………………… 62
  - 2.5.1 量筒和量杯 ………………………………………………………………… 62
  - 2.5.2 容量瓶 ……………………………………………………………………… 63
  - 2.5.3 移液管和吸量管 …………………………………………………………… 64
  - 2.5.4 滴定管 ……………………………………………………………………… 65
- 2.6 溶解和溶液配制方法 ……………………………………………………………… 68
  - 2.6.1 物质的溶解 ………………………………………………………………… 68
  - 2.6.2 溶液的配制方法 …………………………………………………………… 69
- 2.7 加热与冷却技术 …………………………………………………………………… 69
  - 2.7.1 常用加热器具 ……………………………………………………………… 69
  - 2.7.2 加热方法 …………………………………………………………………… 72
  - 2.7.3 冷却方法 …………………………………………………………………… 74
- 2.8 分离和提纯技术 …………………………………………………………………… 75
  - 2.8.1 固-液分离 ………………………………………………………………… 75
  - 2.8.2 液-液分离（蒸馏）……………………………………………………… 79
  - 2.8.3 色谱分离法 ………………………………………………………………… 80
- 2.9 试纸的使用 ………………………………………………………………………… 83

第 3 章　基本化学常数测定及反应原理实验 ····· 85

实验 1　摩尔气体常数的测定 ····· 85
实验 2　二氧化碳分子量的测定 ····· 87
实验 3　阿伏伽德罗常数的测定 ····· 88
实验 4　醋酸的解离常数和解离度的测定 ····· 90
实验 5　光度法测定碘酸铜的溶度积常数 ····· 92
实验 6　银氨配离子配位数及稳定常数的测定 ····· 94
实验 7　分光光度法测定$[Ti(H_2O)_6]^{3+}$的分裂能 ····· 96
实验 8　硫酸铜晶体中结晶水含量的测定 ····· 98
实验 9　水溶液中的解离平衡 ····· 99
实验 10　酸碱反应与缓冲溶液 ····· 101
实验 11　配合物的生成与性质 ····· 104
实验 12　沉淀的生成与溶解平衡 ····· 106
实验 13　氧化还原平衡和电化学 ····· 108
实验 14　反应速率与活化能的测定 ····· 110

第 4 章　元素及化合物的性质实验 ····· 114

实验 15　s 区金属元素（碱金属、碱土金属） ····· 114
实验 16　p 区非金属元素（一）（硼、碳、硅、氮、磷） ····· 118
实验 17　p 区非金属元素（二）（氧、硫、卤素） ····· 125
实验 18　p 区金属元素（铝、锡、铅、锑、铋） ····· 128
实验 19　ds 区金属元素（铜、银、锌、镉、汞） ····· 130
实验 20　d 区金属元素（一）（钛、钒、铬、锰） ····· 132
实验 21　d 区金属元素（二）（铁、钴、镍） ····· 135
实验 22　常见阳离子的分离与鉴定（一） ····· 139
实验 23　常见阳离子的分离与鉴定（二） ····· 143
实验 24　常见非金属阴离子的分离与鉴定 ····· 146

第 5 章　无机化合物的提纯与制备实验 ····· 151

实验 25　海盐的提纯 ····· 151
实验 26　硫酸铜晶体的制备、提纯及大晶体的培养 ····· 153
实验 27　碳酸钠的制备 ····· 155
实验 28　水合硫酸亚铁和硫酸亚铁铵的制备及纯度检测 ····· 156
实验 29　硫代硫酸钠的制备 ····· 159
实验 30　过氧化钙的制备和含量分析 ····· 160
实验 31　乙酸铬（Ⅱ）水合物的制备 ····· 162

  实验 32 十二钨硅酸的制备 …………………………………………………… 163
  实验 33 硫酸四氨合铜（Ⅱ）的制备 …………………………………………… 166
  实验 34 二草酸合铜（Ⅱ）酸钾的制备 ………………………………………… 168

第6章 综合、设计及研究性实验 …………………………………………………… 171

  实验 35 无机离子的纸上色谱分离与鉴定 …………………………………… 171
  实验 36 未知阳离子液的定性分析——设计实验 …………………………… 173
  实验 37 含 Cr（Ⅵ）废水的处理 ………………………………………………… 178
  实验 38 海带中碘的提取 …………………………………………………………… 180
  实验 39 未知阴离子液的定性分析 ……………………………………………… 182
  实验 40 废旧电池的回收和利用 ………………………………………………… 185
  实验 41 纳米 MnO_2 的制备和表征的综合实验 ……………………………… 186
  实验 42 (+)-[Co(Ⅲ)(en)$_3$]I$_3$ 的制备 ………………………………………… 189
  实验 43 三氯六氨合钴（Ⅲ）的制备、性质和组成 ………………………… 190
  实验 44 三草酸合铁（Ⅲ）酸钾的制备及成分分析 ………………………… 192

附录 ……………………………………………………………………………………………… 196

  附录 1 国际原子量表 ………………………………………………………………… 196
  附录 2 不同温度下水的饱和蒸气压 ………………………………………………… 198
  附录 3 弱电解质的解离常数（离子强度等于零的稀溶液） ……………………… 200
  附录 4 常见沉淀物的溶度积常数 ……………………………………………………… 202
  附录 5 常见配离子的累积稳定常数（298.15K） ………………………………… 204
  附录 6 标准电极电势（298.15K） ………………………………………………… 206
  附录 7 特殊试剂的配制 ………………………………………………………………… 209
  附录 8 某些离子和化合物的颜色 …………………………………………………… 211
  附录 9 常见无机阳离子的定性鉴定方法 ……………………………………………… 213
  附录 10 常见无机阴离子的定性鉴定方法 …………………………………………… 218

参考文献 ………………………………………………………………………………………… 219

第 1 章 化学实验基础知识

1.1 绪论

1.1.1 无机化学实验课程的目的

化学是一门实验科学，化学理论和规律大多来源于实验，同时又为实验所检验。化学实验是化学教学中一门独立的课程，贯穿化学教学的始终。正如已故著名化学家、中国科学院院士戴安邦教授所说：实验教学是实施全面化学教育的有效形式。通过化学实验教学，不仅传授基本的化学知识，培养学生的实验操作技能，更重要的是通过实验这一途径，培养学生初步掌握开展科学研究与创新的方法，提高学生的科学素养。

开设无机化学实验的主要目的有以下几点。

① 通过实验，可以获得大量物质变化的第一手的感性知识，进一步熟悉元素及其化合物的重要性质和反应，掌握重要无机化合物的一般分离和制备方法，加深和巩固对化学基本理论、基本知识的理解。

② 通过实验，学生亲自动手，实际训练各种操作，可以培养学生正确、规范掌握无机化学实验的基本操作方法和实验技巧。

③ 通过实验，培养学生独立思考和解决问题的能力；独立准备和进行实验的能力；细致观察现象，归纳、综合，正确处理数据的能力；分析实验和用语言表达实验结果的能力。

④ 通过实验，培养学生的创新能力。一些设计性的实验，让学生提出自己的实验方案，教师适当指导，只要符合安全要求，鼓励学生去做自己想要做的实验。

⑤ 通过实验，培养学生形成实事求是、严谨治学的科学态度，良好的实验习惯和环境保护的意识。

无机化学实验作为大学化学实验的入门课，在培养学生扎实的实验技能、良好的实验习惯和科学的思维方式等方面起着重要作用。著名化学家卢嘉锡指出："一个在化学事业中有所建树之人，在实验中必须具备 C_3H_3（clean habit, clear head, clever hands）素质，即整洁的习惯、清晰的头脑、灵巧的双手。学好无机化学实验，也为后续课程的学习、进行科学研究和参与实际工作打下良好的基础。"

1.1.2 无机化学实验基本要求

无机化学实验过程中，学生对于实验细节的掌握直接影响实验的成败。做好无机化学实验必须做好以下几个环节。

1.1.2.1 预习

① 为了提高无机化学实验课学习质量，首先从预习环节抓起，学生进入实验室之前必须清楚了解本次实验的目的、实验原理，需要哪些实验仪器，如何进行实验操作，实验中会出现哪些实验现象、注意哪些实验安全问题。总之，实验之前每个学生应该做到心中有数，这样才能达到每一次的实验目的。

② 另外，"互联网+"时代，要充分利用慕课、优客、微课等网络教学资源。

③ 认真完成预习报告的写作。

1.1.2.2 实验

① 按照预先拟定的实验方案独立认真操作，仔细观察并分析实验现象，如实地做好记录。

② 若发现异常实验现象应主动进行分析，找出原因，解决问题，必要时重做实验；如发现疑难问题，可与教师讨论，共同解决问题。

③ 实验过程中应保持肃静，严格遵守实验室安全守则。

④ 实验结束后，清洗实验仪器，并将试剂、仪器整理好。关闭水、电、门、窗等，清扫实验室，经指导教师检查后方可离开实验室。

1.1.2.3 实验数据的记录

① 全部原始实验数据直接记入相应的实验原始记录中。原始记录需用墨水或不褪色的圆珠笔书写，字迹应清晰。在实验过程中，如果发现数据算错、测错或读错而需要改动时，可将数据用一横线画去，并在其上方写上正确的数字，并签名。

② 实验过程中的各种测量数据及有关现象，应及时、准确而清楚地记录下来，要有严谨的科学态度，切忌夹杂主观因素，绝不能随意拼凑和伪造数据。

③ 实验过程中涉及的各种特殊仪器的型号和标准溶液及浓度等，也应及时准确记录下来。

④ 记录实验数据时，应注意其有效数字的位数。用分析天平称量时，要求记录至 0.0001g；滴定管及移液管的读数，应记录至 0.01mL。

⑤ 实验中的每一个数据，都是测量结果。因此，重复测量时，即使数据完全相同，也应记录下来。

1.1.2.4 实验报告

实验报告的写作是重要的科学实践形式，是学生实验后，通过回顾、组织、解释、反思形成的书面文章。它不仅可以促进学生对无机化学概念的理解及知识的掌握，更能提升学生的科学推理能力、科学论证能力与科学反思能力。

根据无机化学实验学科特点和科学写作的要求，无机化学实验报告的书写应满足以下三个要求。

① 完整性　无机化学实验报告应至少包含实验题目、实验目的、实验原理、实验仪器和试剂、实验内容或步骤、实验现象和实验数据记录、实验数据处理及结论、问题与讨论等8大部分，各部分按照实验设计、记录、分析讨论的逻辑关系相互顺承，缺一不可。

② 规范性　无机化学实验报告的书写应符合一定的科学规范。具体包括：语言上需注意文字、图表及化学符号的书写规范，行文上需注意书写工整、报告内容呈现形式恰当。

③ 科学性　报告内容首先要准确、客观地反映无机化学实验的过程，其次是运用的实验原理、实验方法正确无误，最后还要编排合理，逻辑性强，各部分关系清晰、易于理解。

1.2　化学实验室基本知识

在化学实验中，常常会用到一些易燃、易爆、有腐蚀性和有毒性的化学药品，所以必须十分重视安全问题，绝不能麻痹大意。在实验前应充分了解每次实验的安全问题和注意事项。在实验过程中要集中精力，严格遵守操作规程和安全守则，这样才能避免实验事故的发生，万一发生了实验事故，要立即紧急处理。

1.2.1　实验室规则

实验室规则是人们从长期实验工作中归纳、总结出来的，它是防止意外事故、保证正常从事实验的良好环境和工作秩序，是做好实验的前提。

① 遵守实验室各项规章制度，自身衣物、书包等物品放在指定位置，遵守纪律，不迟到早退，听从教师指导。

② 实验前认真预习，完成预习报告，了解实验目的、要求、原理、基本步骤，查阅相关文献数据和操作视频，熟悉仪器设备操作规程。

③ 实验前应先检查器材、药品是否完整，如发现缺少或损坏，应及时报告，进行补充和更新。

④ 实验中严格按照规范操作，仔细观察现象，认真记录数据，不得随意乱记；实验室内应保持安静，不得嬉戏喧哗、听音乐、玩手机等。

⑤ 保持实验室和桌面清洁整齐。仪器、试剂尽量往里放，不要放在实验台的边缘；实验中的废物尤其是废酸、废碱应倒入废液缸中，严禁投入或倒入水槽内，以防水槽和下水管堵塞或腐蚀。

⑥ 使用试剂时应注意以下几点：

a. 试剂应按规定量取用，如果书中未规定用量，应注意节约，尽量少用。

b. 试剂瓶用过后，应立即盖上塞子，并放回原处，避免吸潮或与空气反应，避免与其他瓶上的塞子搞错而混入杂质。

c. 取用固体试剂时，注意勿使其撒落在实验台上，从瓶中取出的试剂，不应倒回原瓶中，以免带入杂质而引起瓶中试剂的污染变质。

d. 同一滴管未洗净时，不应在不同的试剂瓶中吸取溶液。

e. 严禁随意混合各种试剂，以免发生意外事故。

f. 实验教材中规定在实验后要回收的试剂或产品，一定要倒入指定回收瓶中。

⑦ 使用精密仪器时，必须严格按照操作规程进行操作，细心谨慎，如果发现仪器有故障，应立即停止使用并报告指导教师，以便及时排除故障。

⑧ 实验进行时，不得中途离开，要经常观察反应是否正常，查看装置有无漏气、破裂等现象。

⑨ 实验完毕，应将仪器洗刷干净放回规定的位置并摆放整齐，清洁实验桌面。值日生清洗公用仪器，并将公用仪器和试剂摆放整齐，打扫地面，关闭窗户。最后检查水龙头是否关紧，电插头或闸刀是否断开。待指导教师检查合格后，方可离开。

⑩ 实验室内的一切物品（仪器、药品和产物等）不得带离实验室。

1.2.2 实验室安全知识

实验室是消防重点单位，也是容易发生事故的场所，安全始终是第一位的。所谓安全主要指"三防"，即防止中毒，防止爆炸和燃烧，防止腐蚀、化学灼烧、烫伤和割伤。实验中发生事故的原因，从主观上讲有两个方面：一是安全意识不强；二是对实验室的情况不了解或知之甚少。

① 必须熟悉实验的环境，了解实验室安全出口和紧急情况时的出逃路线；了解实验室水、电、灭火器的位置，并熟悉其使用方法。

② 遵守实验室着装要求，穿着实验服，不准穿拖鞋。做危险性较大的实验时，要根据情况采取必要的安全措施，如戴防护眼镜、面罩、橡胶手套等。

③ 实验室内严禁饮食、吸烟。一切化学药品严禁入口。

④ 开启存有挥发性试剂的瓶塞时，必须充分冷却后再开启（有些需要用布包裹），尽量在通风橱中进行。开启时瓶口需指向无人处，以免液体喷溅而导致伤害。如遇瓶塞不易开启时，必须注意瓶内储物的性质，切不可贸然用火加热或敲击瓶塞。

⑤ 一切易燃、易爆的操作都要在远离明火的地方进行；有毒、有刺激性气体的操作务必在通风橱中进行。

⑥ 需要借助嗅觉来判断气体的气味时，面部应远离容器，用手将逸出容器的气体轻轻地搧向自己的鼻孔。

⑦ 浓酸、浓碱和具有腐蚀性的药品使用时，应避免撒（洒）在衣服和皮肤上，以免灼烧。稀释浓硫酸时，应在搅拌的同时，将它慢慢倒入水中而不能相反进行，以免迸溅。用浓HNO_3、HCl、$HClO_4$、H_2SO_4 等溶解样品时均应在通风橱中进行操作，不准在实验台上直接进行操作。

⑧ 对某些强氧化剂（如氯酸钾、硝酸钾、高锰酸钾等）或其混合物，不能研磨，否则将引起爆炸；银氨溶液不能留存，因其久置后会生成氮化银而容易爆炸。

⑨ 浓氨水具有强烈的刺激性气味，一旦吸入较多氨气时，可能导致头晕或晕倒。若氨水进入眼内，严重时可能造成失明。所以，在夏天取用氨水时，最好先用冷水浸泡氨水瓶，使其降温后再开瓶取用。

⑩ 取用有毒药品如重铬酸钾、汞盐、砷化物、氰化物应特别小心。不得吸入口内、接

触伤口。由于氰化物与酸作用放出的 HCN 气体有剧毒，因此，严禁在酸性介质中加入氰化物。剩余的有毒废物不得倾入水槽，应倒入指定接受容器内，最后集中处理；剩余的有毒药品应交还实验教师。

⑪ 钾、钠和白磷等暴露在空气中易燃烧，所以，钾、钠应保存在煤油（或石蜡油）中，白磷可保存在水中。取用它们时要用镊子。

⑫ 打开久置未用的浓硝酸、浓盐酸、浓氨水的瓶塞时，应穿戴防护用品，瓶口不要对着人，宜在通风柜中进行。夏天打开易挥发溶剂瓶塞时，应先用冷水冷却。瓶塞如难以打开，尤其是磨口塞，不可猛力敲击。

⑬ 制备和使用具有刺激性的、恶臭和有害的气体（如硫化氢、氯气、光气、一氧化碳、二氧化硫等）及加热蒸发浓盐酸、硝酸、硫酸等时，应在通风橱内进行。

⑭ 不能俯视正在加热的液体；使用试管加热时，切记不要使试管口对着自己和他人；浓缩液体时，特别是有晶体出现后，应不停搅拌，不许擅自离开。

⑮ 实验中，必须按照正确的操作和安全须知进行实验，不得随意更改实验内容；严禁单凭兴趣，随意将药品混合，随意乱做实验。对于独立构思和试验性的实验，必须与教师协商取得同意后方可进行。

⑯ 使用电器时，切不可用湿手去开启电闸和电器开关。电线、电器不要被水淋湿或浸在导电液中。电器在使用之前应检查线路是否有裸露的地方，以防触电或者短路，注意电压是否匹配。凡漏电的仪器不能使用，以免触电。使用电热板时，要把其电源线路整理好，并距离主机 10cm 以上，以防止烫坏电源线的绝缘皮而漏电；使用水浴锅加热时，要注意锅内的水位，以免烧坏加热元件或引发火灾。

⑰ 割伤是实验室中常见的事故之一。为了避免割伤应注意以下几点：玻璃管（棒）截断时不能用力过猛，以防破碎。截断后的断面锋利，应进行熔光；清扫碎玻璃及毛细管时，要仔细小心；将玻璃管（棒）或温度计插入塞子或橡胶管中时，应先检查孔塞大小是否合适，然后将玻璃管（棒）或温度计沾点水或甘油润滑，再用布裹住后旋转插入，拿玻璃管的手应靠近塞子，否则容易使玻璃管折断，从而引起严重割伤。

⑱ 使用酒精灯时应随用随点燃，不用时盖上灯罩。不要用已点燃的酒精灯去点燃别的酒精灯，以免酒精溢出而发生火灾（图 1-1）。

图 1-1　酒精灯的使用

⑲ 蒸馏或加热易燃液体时，绝不可使用明火，一般也不要蒸干。操作过程中不要离开人，以防温度过高或冷却水临时中断引发事故。

⑳ 电子分析天平、分光光度计、酸度计等常用精密仪器，使用时应严格按照规定进行操作。用完后将仪器各旋钮恢复到原来的位置，切断电源。

㉑ 实验结束后要认真洗手，离开实验室时要认真检查，停水、断电、熄灯、锁门。

1.2.3 实验室事故的处理

在实验过程中若不幸发生事故,在实验室进行应急处理是必需的,具体处理方法如下。

1.2.3.1 中毒

(1) 毒害品传播途径

化学药品大多数具有不同程度的毒性,毒害品可通过下列三种途径引起中毒。

① 呼吸系统　分散于空气中的挥发性毒物及粉尘,通过呼吸经肺部进入血液,并随血液循环分散到人体各部位引起全身中毒。

② 消化系统　操作时触及毒物的手未洗净就拿取食物、饮料等而将毒害品带入口腔、胃、肠道引起中毒。

③ 接触中毒　毒害品由皮肤渗入体内,或通过皮肤上的伤口进入,经血液循环而导致中毒。这类毒害品多属脂溶性、水溶性毒物,如硝类化合物、氨基化物、有机磷化物、氰化物等。所以,实验室一定要通风良好,尽力降低空气中有害物质的含量。凡涉及毒害品的操作必须认真、小心;手上不能有伤口;操作完后一定要仔细洗手;涉及有毒害性气体的操作,一定要在通风柜中进行。

(2) 中毒应急措施

① 强酸中毒时,应立刻饮服 200mL 氧化镁悬浮液,或者氢氧化铝凝胶、牛奶及水等,迅速把毒物稀释。然后至少再食十多个打溶的蛋作缓和剂。不要使用碳酸钠或碳酸氢钠,因会产生二氧化碳气体,容易发生胃穿孔。

② 强碱中毒时,迅速饮服 500mL 稀的食用醋(1 份食用醋加 4 份水)或鲜橘子汁将其稀释,碳酸盐中毒时忌用。然后给予润滑剂和柔软食品,如橄榄油、生鸡蛋清、稀饭或牛奶(均为冷食)。急救时忌催吐、洗胃。

③ 重金属中毒时,误服重金属盐会使人体内组织中的蛋白质变性而中毒,如果立即服用大量鲜牛奶或蛋清和豆浆,可使重金属跟牛奶、蛋清、豆浆中的蛋白质发生变性作用,从而减轻重金属对机体的危害。

④ 氰化物中毒时,吞食要立刻催吐,绝不要等待。每隔 2min,给患者吸入亚硝酸异戊酯 15~30s,使氰基与高铁血红蛋白结合,生成无毒的氰络高铁血红蛋白。

1.2.3.2 沾着皮肤时的应急处理方法

① 用大量水不断冲洗皮肤污染处至少 15min。若有毒物或腐蚀物与水发生作用(如浓硫酸、生石灰等),则应先用干布擦去毒物(生石灰可用油类东西除去),再用大量水冲洗。

② 若是酸沾着皮肤时,用大量水冲洗;再用碳酸氢钠之类稀碱液(3%~5%)或肥皂液进行洗涤(草酸中毒忌用)。

③ 若是碱沾着皮肤时,立刻脱去衣服,尽快用水冲洗至皮肤不滑;涂以 3%硼酸溶液。也可用经水稀释的醋酸或柠檬汁等进行中和。

④ 氢氟酸灼伤后,先用大量水冲洗,再使用一些可溶性钙、镁盐类制剂,使其与氟离子结合形成不溶性氟化钙或氟化镁,从而使氟离子灭活。忌用氨水,氨水与氢氟酸作用形成具有腐蚀性的二氟化胺。

⑤ 溴灼伤　用乙醇或10%的$Na_2S_2O_3$溶液洗涤伤口，然后用水冲洗干净，最后涂敷甘油。
⑥ 磷灼伤　用1%的$AgNO_3$溶液或5%的$CuSO_4$溶液或$KMnO_4$溶液洗涤伤口，然后再用浸过$CuSO_4$溶液的绷带包扎。

1.2.3.3　进入眼睛时的应急处理方法

① 撑开眼睑，用水洗涤5min，若用洗眼器时，要先放去开始的脏水。
② 不要使用化学解毒剂。
③ 若进入眼睛的有毒物或腐蚀物与水会发生作用，应先用沾有植物油的棉签或干毛巾擦去毒物，再用大量水冲洗。
④ 一般酸、碱溅入眼内，在冲洗后，可涂以抗菌眼膏。
⑤ 氢氟酸溅入眼内，应立即分开眼睑，用大量清水连续冲洗15min左右。滴入2～3滴局部麻醉眼药，可减轻疼痛。同时送眼科诊治。

1.2.3.4　实验室其他事故处理

① 玻璃割伤　小心取出伤口中的玻璃或固体物，用蒸馏水洗后，挤出一点血，涂上红药水，用绷带扎住或敷上创可贴药膏。若伤口不大，可用双氧水或硼酸水洗后，涂上碘酒或红药水（两者不能同时并用）。大伤口则应先按紧主血管以防止大量出血，立即送至医院治疗。
② 烫伤　切勿用水冲洗伤处。若伤处皮肤未破，可在伤处涂上饱和$NaHCO_3$溶液，或者将$NaHCO_3$粉调成糊状敷于伤处。若伤处皮肤已破，可涂些紫药水或浓度为1%的$KMnO_4$溶液，重伤涂以烫伤油膏后送医院。
③ 触电　应立即切断电源，必要时进行人工呼吸，送医院抢救。

1.2.4　消防安全

1.2.4.1　防火防爆措施

① 许多有机溶剂如乙醚、丙酮、乙醇、苯等非常容易燃烧，大量使用时室内不能有明火、电火花或静电放电。实验室内不可存放过多此类药品，用后还要及时回收处理，不可倒入下水道，以免引发火灾。
② 有些物质如磷、金属钠、钾、电石及金属氢化物等，在空气中易氧化自燃。还有一些金属如铁、锌、铝等粉末，比表面积大，也易在空气中氧化自燃。这些物质要隔绝空气保存，使用时要特别小心。
③ 可燃气体与空气混合，当两者比例达到爆炸极限时，受到热源（如电火花）的诱发，就会引起爆炸。使用可燃性气体时，要防止气体逸出，室内通风要良好。
④ 操作大量可燃性气体时，严禁同时使用明火，还要防止发生电火花及其他撞击火花。
⑤ 有些药品如叠氮铝、乙炔银、乙炔铜、高氯酸盐、过氧化物等受震和受热都易引起爆炸，使用要特别小心。
⑥ 严禁将强氧化剂和强还原剂放在一起。
⑦ 久藏的乙醚使用前应除去其中可能产生的过氧化物。
⑧ 进行容易引起爆炸的实验，应有防爆措施。

1.2.4.2 火灾

实验室中使用的许多药品是易燃的,着火是实验室最易发生的事故之一。一旦发生火灾,应保持沉着镇静。一方面防止火势扩展,立即熄灭所有火源,关闭室内总电源,搬开易燃物品;另一方面立即灭火。无论使用哪种灭火器材,都应从火的四周开始向中心扑灭,把灭火器的喷出口对准火焰的底部。

① 小器皿内着火(如烧杯或烧瓶)可盖上石棉板或瓷片等,使之隔绝空气而灭火,绝不能用嘴吹气。

② 酒精及其他可溶于水的液体着火时,可用水灭火。

③ 汽油、乙醚等有机溶剂着火时,用沙土扑灭,此时绝不能用水,否则反而扩大燃烧面。

④ 油类着火时,要用沙土或灭火器灭火。撒上干燥的固体 $NaHCO_3$ 粉末,也可扑灭。

⑤ 电器着火时,应切断电源,然后才能用二氧化碳灭火器灭火。

⑥ 若衣服着火,切勿惊慌乱跑,应赶紧脱下衣服,或用石棉布覆盖着火处,或立即就地打滚,或迅速以大量水扑灭。

总之,当失火时,应根据起火的原因和火场周围的情况,采取不同的方法扑灭火焰。常见的灭火器和灭火适用范围、使用方法见表 1-1。如果火势蔓延,应及时报警,并在实验室教师的安排下做好人员疏散。

表 1-1 实验室常用灭火器及灭火适用范围、使用方法

灭火器类型	主要成分	灭火适用范围	使用方法
泡沫灭火器	硫酸铝和碳酸氢钠;水解蛋白质;氟碳表面活性剂	最适用于扑救固体火灾;不能扑救带电设备和醇、酮、酯、醚等有机溶剂发生的火灾	用时先用手堵住喷嘴将筒体上下颠倒两次,拔去保险销,压下压把就有泡沫喷出
干粉灭火器	磷酸铵盐、碳酸氢钠、氯化钠、氯化钾等	用于油类、电器设备、可燃气体及遇水燃烧等物质着火;不适合固体类物质火灾	用手指捂住喷嘴将筒身上下颠倒几次,将喷嘴对着火点就会有泡沫喷出。应当注意的是不可将筒底、筒盖对着人体,以防止万一发生爆炸时伤人
二氧化碳灭火器	液态 CO_2	用于电器设备失火及忌水的物质及有机物着火;不适合固体类物质火灾	拔出保险销,一手握住喇叭筒根部的手柄,另一只手紧握启闭阀的压把。使用时,不能直接用手抓住喇叭筒外壁或金属连线管,防止手被冻伤
卤代烷灭火器	卤代烷,如液态 CCl_4、液态 CF_2ClBr	用于油类、有机溶剂、精密仪器、高压电气设备。不能在狭小和通风不良实验室使用	拔出保险销,一手握在喷射前端的喷嘴处,一手压下压把

1.2.5 实验室"三废"的处置

化学实验中,常有固体废物、废液和废气(三废)的排放。三废中往往含有大量的有毒有害物质,为防止实验室的污染扩散,污染物的一般处理原则为:分类收集存放,分别集中

处理。尽可能采用废物回收、固化及焚烧处理，在实际工作中选择合适的方法进行检测，尽可能减少废物量、减少污染（具体处理可参考图1-2）。

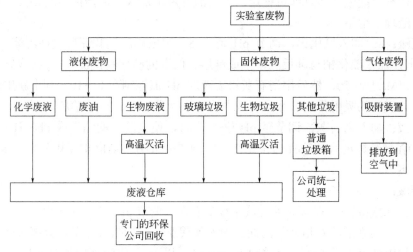

图1-2 实验室废物处理流程图

（1）废气

① 对可能产生毒害性较小的气体的实验，应放在通风橱内操作；废气通过排气管道处理后排放到高空大气中。

② 对可能产生毒害性较大的气体的实验，通过吸收瓶吸收转化处理，稀释排放。如NO_2、SO_2、Cl_2、H_2S等酸性气体用碱液吸收。

③ 金属汞易挥发，并能通过呼吸道而进入体内，会逐渐积累而造成慢性中毒，所以在取用时要特别小心，不得把汞洒落在桌上或地上。一旦洒落，必须尽可能收集起来，并用硫黄粉盖在洒落汞的地方，使汞变成不挥发的硫化汞，充分作用后及时处理。

（2）废液

① 废酸、废碱采用中和方法，用水稀释后排入污水管道。

② 一般盐溶液直接排放，含有有害离子的盐溶液进行化学法转化处理后稀释排放。贵重金属离子的溶液，采用还原法处理后回收。

含氰化物的废液：用NaOH溶液调至pH值10以上，再加入3%的$KMnO_4$使CN^-氧化分解。CN^-含量高的废液可用碱性氯化法处理，即先用碱调至pH值大于10，再加入漂白粉（次氯酸钠），使CN^-氧化成氰酸盐，并进一步分解为二氧化碳和氮气。

含汞盐的废液：

a. 硫化物共沉淀法：先将含汞盐的废液pH值调至8~10，然后加入过量硫化钠，使其生成硫化汞沉淀，再加入共沉淀剂硫酸亚铁，生成的硫化铁将水中的悬浮物硫化汞微粒吸附而共沉淀，静置后分离，再离心过滤，清液中的含汞量降到$0.02mg \cdot L^{-1}$以下，可直接排放。少量残渣可埋在地下，大量残渣用焙烧法回收汞、或再制成汞盐。但要注意，一定要在通风橱内进行。

b. 还原法：用铜屑、铁屑、锌粒、硼氢化钠等作还原剂，可以直接回收金属汞。

含铬废液：量较大时，可用$KMnO_4$氧化法使其再生，继续使用。方法是：先在110~130℃下不断搅拌加热浓缩，除去水分后，冷却至室温，缓缓加入$KMnO_4$粉末，每1000mL中加入

10 g 左右，直至溶液呈深褐色或微紫色（注意不要加过量），边加边搅拌，然后直接加热至有 SO_3 出现，停止加热。稍冷，通过玻璃砂芯漏斗过滤，除去沉淀，冷却后析出红色三氧化铬沉淀，再加适量硫酸使其溶解即可使用。少量的洗液可加入废碱液或石灰使其生成氢氧化铬沉淀，将废渣埋于地下。

含砷废液：a. 加入氧化钙，调节 pH 值为 8，生成砷酸钙和亚砷酸钙沉淀。或调节 pH 值为 10 以上，加入硫化钠与砷反应，生成难熔、低毒的硫化物沉淀。b. 在含砷废液中加入 $FeCl_3$，使 Fe/As 达到 50，然后用消石灰将废液的 pH 值控制在 8~10。利用新生氢氧化物和砷的化合物共沉淀的吸附作用，除去废液中的砷，放置一夜，分离沉淀，达标后，排放废液。

含铅废液：加入消石灰，调节至 pH 值大于 11，使废液中的铅生成 $Pb(OH)_2$ 沉淀。然后加入 $Al_2(SO_4)_3$（凝聚剂），将 pH 值降至 7~8，则 $Pb(OH)_2$ 与 $Al(OH)_3$ 共沉淀，分离沉淀，达标后，排放废液。

含镉废液：

a. 氢氧化物沉淀法：在含镉的废液中投加石灰，调节 pH 值至 10.5 以上，充分搅拌后放置，使镉离子变为难溶的 $Cd(OH)_2$ 沉淀。加入硫酸亚铁作为共沉淀剂，分离沉淀，用双硫腙分光光度法检测滤液中的 Cd^{2+} 后（降至 $0.1mg \cdot L^{-1}$ 以下），将滤液中和至 pH 值约为 7，然后排放。

b. 离子交换法：利用 Cd^{2+} 比水中其他离子与阳离子交换树脂有更强的结合力，优先交换。

③ 有机类实验废液应尽量回收溶剂，在对实验结果没有影响的情况下，可反复使用。为方便处理，其收集分类往往分为：a. 可燃性物质；b. 难燃性物质；c. 含水废液；d. 固体物质等。可溶于水的物质，容易成为水溶液流失。因此，回收时要加以注意。但是，对甲醇、乙醇及醋酸之类溶剂，能被细菌作用而易于分解。故对这类溶剂的稀溶液，经用大量水稀释后，即可排放。含重金属等的有机类实验废液，将其有机质分解后，作无机类废液进行处理。

④ 毒害性的废液，采用深埋处理（1m 以下）。

（3）废渣（固体废物）

实验中出现的固体废物不能随便乱放，以免发生事故；如能放出有毒气体或能自燃的危险废料，不能丢进废品箱内和排进废水管道中。不溶于水的废弃化学药品禁止丢进废水管道中，必须将其适当的地方烧掉或用化学方法处理成无害物。碎玻璃和其他有棱角的锐利废料，不能丢进废纸篓内，要收集于特殊废品箱内处理。

① 对环境无污染、无毒害的固体废物按一般垃圾处理（见图 1-2）。

② 易于燃烧的固体有机废物焚烧处理。

1.3 化学试剂的规格和取用

1.3.1 实验室常用试剂的分类

化学试剂的纯度对实验结果准确度的影响很大，不同的实验对试剂纯度的要求也不相同，因此必须了解试剂的分类标准。

常用的化学试剂根据其纯度的不同，分为不同的规格。我国化学试剂的等级标准基本分为四级，其等级和应用范围见表1-2。

表1-2 试剂等级和应用范围

试剂规格	中英文名称	代号	瓶签颜色	应用范围
一级	保证试剂或优质纯试剂 guaranteed reagent	G.R.	绿色	用作基准物质，主要用于精密的研究和分析鉴定
二级	分析试剂或分析纯试剂 analytical reagent	A.R.	红色	主要用于一般科研和定量分析鉴定
三级	化学纯试剂 chemical pure	C.P.	蓝色	适用于一般分析工作及化学制备实验
四级	实验试剂 laboratory reagent	L.R.	棕色或其他颜色	适用于要求不高的实验，可作为辅助试剂

除此之外，我国的化学试剂还有"工业级"及近年来大量使用的生化试剂。随着教学、科研、工业生产的发展需要，对化学试剂纯度的要求也愈加严格与专门化。除了表1-2常用的试剂外，又出现了具有特殊用途的专用试剂。如基准试剂、光谱纯试剂及超纯试剂等。基准试剂相当或高于优级纯试剂，专门作为滴定分析的基准物质，用以确定未知溶液的准确浓度或直接配制标准溶液。光谱纯试剂主要用于光谱分析中作为标准物质，其杂质用光谱分析法测不出或杂质低于某一限度，纯度在99.99%以上。超纯试剂又称高纯试剂，是用一些特殊设备如石英、铂器皿生产的。

选用不同纯度的试剂时，除了要考虑实验的要求，还需要有相应的纯水与容器与之配合，才能发挥试剂纯度的作用，达到实验精度的要求。例如：在精密分析实验中选用一级试剂，则需要用二次蒸馏水以及硬质硼硅玻璃仪器。总之，要合理使用化学试剂，既不超规格而造成浪费，又不随意降低规格而影响实验结果的准确度。

1.3.2 实验室常用试剂的存放

有些化学试剂易燃、易爆、易见光分解，有些试剂则具有很强的腐蚀性或毒性等特性。因此，实验室常用试剂的存放要注意安全，要防火、防水、防挥发、防曝光和防变质。化学试剂的存放，必须根据其物理、化学性质采用不同的保管方法。

① 一般单质和无机盐固体，应存放在试剂柜内。相互易起化学反应的试剂：如氧化剂与还原剂、酸与碱，应分开存放。

② 易水解或吸水性很强的试剂，试剂瓶口应严格密封，必要时可放在干燥器中保存。

③ 易见光分解的试剂（如硝酸银、高锰酸钾等），与空气接触易氧化的试剂（如氯化亚锡、碘化钾等），都应储存在棕色瓶中，并放在阴暗处避光。

④ 易燃液体：主要是有机溶剂，极易挥发，遇明火即燃烧甚至爆炸。实验中常用的乙醇、丙酮、苯等试剂要单独存放，阴凉通风，远离火源。

⑤ 易腐蚀玻璃的试剂：如氢氟酸、氢氧化钠等，应保存在塑料瓶内。装碱液的瓶塞不应用玻璃塞，而要使用软木塞或橡胶塞。

⑥ 特殊试剂：如某些活泼的金属或非金属，它们应隔绝空气，保存在合适的液体或固体中。如：锂要用石蜡密封；钠和钾应保存在煤油中；白磷则保存在水中。

⑦ 剧毒试剂：如氰化钾、三氧化二砷、升汞等，其保管需特别注意，应安排专人妥善

保管,并且严格执行领取登记制度,以免发生事故。

为减少化学试剂的污染,实验室中应尽量不存放或少存放整瓶试剂。除实验时必需的试剂和溶剂外,其他试剂一律不要存放在实验室中。

1.3.3 化学试剂的取用

实验室中一般只储存固体试剂和液体试剂,气体物质都是需用时临时制备。固体试剂装在广口瓶内,液体试剂装在细口瓶或滴瓶内,光照易分解的试剂(如 $AgNO_3$、$KMnO_4$ 等)要装在棕色瓶中。试剂瓶上的标签要写清名称、浓度。在取用和使用任何化学试剂时,首先要做到"三不":不用手拿,不直接闻气味,不尝味道。试剂取用既要质量准确,又要保证试剂的纯度。

此外,还应注意以下几点。

① 取用试剂前应先看清标签。

② 取用时先打开瓶塞,将瓶塞倒放在实验台上。如果瓶塞上端不是平顶而是扁平的,可用食指和中指将瓶塞夹住(或放在清洁的表面皿上),绝不能横置在桌上,避免发生污染。

③ 应根据用量取用化学试剂,这样既能节约药品,又能取得好的分析结果。

④ 试剂取完后,一定要把瓶塞及时盖严,绝不允许将瓶塞搞混。

⑤ 取完试剂后应把试剂瓶放回原处。

1.3.3.1 固体试剂的取用

需要称量的固体试剂,可以放在称量纸上称重;对于具有腐蚀性、强氧化性、易潮解的固体试剂,要用小烧杯、称量瓶、表面皿等装载后进行称量。根据称量准确程度的要求,可分别选择电子天平、电子分析天平等称量固体试剂。用称量瓶称量时,可用减量法操作。

① 取用试剂的镊子或药匙务必擦拭干净、更不能一匙多用。用后也应擦拭干净,不留残物;切忌用手直接触拿药品。由试剂瓶中取固体试剂见图 1-3。

② 取用时不要超过指定用量,多取的药品要放入指定容器内(可供他人使用),而不能倒回原瓶中。"少量"固体试剂对一般常量实验指半个黄豆粒大小的体积,对微型实验约为常量的 1/5~1/10 体积。若实验中无规定剂量时,所取试剂量以刚能盖满试管底部为宜。

③ 往试管中加入粉末状固体试剂时,可用药匙直接加入,见图 1-4。或将取出的药品放在对折的纸(纸槽)上,伸进试管约 2/3 处,然后将试管竖立,见图 1-5。加入块状固体时,应将试管倾斜,使其沿管壁慢慢滑下,以免碰破管底,见图 1-6。

④ 固体的颗粒较大时,可在清洁而干燥的研钵中研碎,研钵中所盛固体的量不能超过研钵容积的 1/3。

⑤ 有毒药品的取用要在教师的指导下进行。

图 1-3 由试剂瓶中取固体试剂

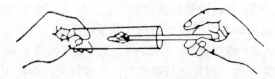

图 1-4 往试管中加入固体试剂(粉末)

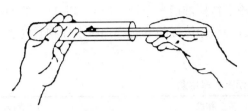
图 1-5 用纸槽往试管中加入粉末状固体试剂

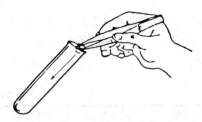
图 1-6 块状固体沿管壁慢慢滑下

1.3.3.2　液体试剂的取用

实验室用少量液体试剂时，常使用胶头滴管吸取（图 1-7）。用量较多时则采用倾泻法（图 1-8）。从细口瓶中将液体倾入容器时，把试剂瓶上贴有标签的一面握在手心，另一手将容器斜持并使瓶口与容器口相接触，逐渐倾斜试剂瓶，倒出试剂。试剂应该沿着容器壁流入容器，或沿着洁净的玻璃棒将液体试剂引流入细口或平底容器内。取出所需量后，逐渐竖起试剂瓶，把瓶口剩余的液滴流入容器中去，以免液滴沿着试剂瓶外壁流下。

在试管实验中经常取"少量"溶液，这是一种估计体积，对常量实验是指 0.5～1.0mL，对微量实验一般指 3～5 滴，根据实验的要求灵活掌握。若实验中无规定剂量时，一般取用 1～2mL。定量使用时，则可根据要求选用量筒、滴定管、移液管或吸量管（图 1-9）。取多的试剂也不能倒回原瓶，更不能随意废弃。应倒入指定容器内供他人使用。若取用有毒试剂时，必须严格遵照规则取用。

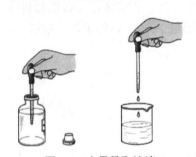
图 1-7 少量量取溶液

图 1-8 大量量取溶液

图 1-9 定量量取溶液

1.3.3.3　指示剂的使用

指示剂是用来判别物质的酸碱性、测定溶液酸碱度或滴定分析中用来指示达到滴定终点的物质。指示剂一般都是有机弱酸或弱碱，它们在一定的 pH 范围内，变色灵敏，易于观察。故其用量很小，一般为每 10mL 溶液加入 1 滴指示剂。

指示剂的种类很多，主要有溴酚蓝、酚酞、甲基橙，还有甲基红、百里酚酞、百里酚蓝、溴甲酚绿等。它们的变色范围不同，用途也不尽一致。容量分析中，为了某些特殊需要，除用单一的指示剂外，也常用混合指示剂。下面列出一些常用的指示剂及变色范围（见表 1-3）。

指示剂既要测定溶液的酸碱度，又常用来检验气态物质的酸碱性。所以实验中就常用到指示剂试液和试纸两类。使用试液时，一般用胶头滴管滴入 1～2 滴试液于待检溶液中，振荡后观察颜色的变化。使用试纸时，任何情况都不能将试纸投入或伸入待检溶液中。只能用洁净的玻璃棒将蘸取的待检液滴在放于玻片上的试纸条中间，观察变化稳定后的颜色。用 pH

试纸检验溶液的酸碱度时,试纸绝不能润湿,滴上待检液后半分钟,应将其所显示的颜色与标准比色卡(板)对照得出结果。不能用试纸直接检验浓硫酸等有强烈脱水性物质的酸性或碱性。

表 1-3 常用指示剂的取用量

指示剂	变色范围 pH	颜色变化	浓度	用量(每 10mL 试液)/滴
甲基橙	3.1~4.4	红~黄	0.05%的水溶液	1
溴酚蓝	3.0~4.6	黄~紫	0.1%的 20%乙醇溶液或其钠盐水溶液	1
溴甲酚绿	4.0~5.6	黄~蓝	0.1%的 20%乙醇溶液或其钠盐水溶液	1~3
甲基红	4.4~6.2	红~黄	0.1%的 20%乙醇溶液或其钠盐水溶液	1
石蕊	5.0~8.0	红~黄	0.05%~1%的水溶液	1~3
酚酞	8.0~10.0	无~红	0.05%的 90%乙醇溶液	1~3
百里酚蓝	8.0~9.6	黄~蓝	0.05%的 90%乙醇溶液	1~4
百里酚酞	9.4~10.6	无~蓝	0.05%的 90%乙醇溶液	1~2

1.4 化学实验中的数据表示与处理

为了巩固和加深学生对无机化学基本理论和基本概念的理解,培养学生掌握无机化学实验的基本操作,学会准确地选用合适的实验仪器、正确的操作方法、正确地记录数据和科学地处理实验数据,应该了解测定过程中误差产生的原因及其出现的规律,以便采取相应措施,尽可能使误差减少,从而提高实验结果的准确度。

1.4.1 实验数据的读取与可疑值的取舍

1.4.1.1 实验数据的读取

实验数据的读取是实验教学过程中不可缺少的环节。数据的读取应与测量的精确度相适应,任何超出或低于仪器精确度的数据都是不妥当的,一般情况下,以刻度标记的仪器,要估读到最小刻度下一位;以数字显示的仪器,只读到末位。无论哪种仪器,读数的末位都是可疑数字。常见仪器的精确度见表 1-4。

表 1-4 常见仪器的精确度

仪器名称	仪器精确度	例子	有效数字位数
托盘天平	0.1g	6.4g	2 位
万分之一分析天平	0.0001g	5.2652g	5 位
千分之一分析天平	0.001g	12.652g	5 位
100mL 量筒	1mL	25mL	2 位
滴定管	0.01mL	23.82mL	4 位
容量瓶	0.01mL	250.00mL	5 位
移液管	0.01mL	25.00mL	4 位
pHS-2C 型酸度计	0.01	4.75	2 位

1.4.1.2 可疑值的取舍

实验所得数据中出现个别值离群太远时,首先要检查测定过程中,是否有操作错误,是否有过失误差存在,不能随意舍弃可疑值(离群值)以提高精密度,而是需进行统计处理,即判断可疑值是否仍在随机误差范围内。常用的可疑值取舍的方法有 Q 值检验法和 Grubbs 检验法。

(1) Q 值检验法

具体检验步骤是:

① 将各数据按递增顺序排列,$x_1, x_2, \cdots, x_{n-1}, x_n$,其中 x_1 或 x_n 可能为离群值;

② 根据公式 $Q = \dfrac{x_{离群} - x_{相邻}}{x_{\max} - x_{\min}}$ 计算 Q 值;

③ 根据测定次数和要求的置信度,查表得到 $Q_表$ 值;

④ 若 $Q > Q_表$,则舍去可疑值,否则应保留。

(2) Grubbs 检验法

具体检验步骤是:

① 计算包括离群值在内的测定平均值 $\bar{x}$;

② 计算离群值与平均值 $\bar{x}$ 之差的绝对值;

③ 计算包括离群值在内的标准偏差 s;

④ 根据公式 $G = \dfrac{|x_{离群} - \bar{x}|}{s}$ 计算 G 值;

⑤ 根据测定次数和要求的置信度,查表得到 $G_表$ 值;

⑥ 若 $G > G_表$,则舍去可疑值,否则应保留。

1.4.2 误差与有效数字

1.4.2.1 测量中的误差

1.4.2.1.1 准确度与精密度

(1) 准确度与误差

准确度是指测定值(x)与真实值(T)之间的符合程度。可用绝对误差(E)与相对误差(E_r)表示。

$$E = x - T$$

$$E_r = \dfrac{E}{T} \times 100\%$$

误差越小,表示测定值越接近真值,其准确度越高;反之误差越大,准确度则越低。误差有正负之分,$x > T$ 为正误差,说明测定结果偏高;$x < T$ 为负误差,说明测定结果偏低。绝对误差是以测定值的单位为单位。相对误差反映了误差在真值中所占的百分率,更具有实际意义。

实际工作中往往用"标准值"来代替真值。"标准值"是指采用可靠的分析方法,由经验丰富的分析人员，经过反复多次的细心测定，得出尽可能准确的分析结果。当然，"标准值"仍然具有一定的误差，只不过误差较小而已。有时也用纯物质中元素的理论含量代替真值。

（2）精密度与偏差

精密度指的是各个平行测定值之间相互接近的程度（再现性或重复性），用偏差表示。偏差的表示方法如下。

① 绝对偏差 d_i　各测定值与平均值之差为绝对偏差，绝对偏差在平均值中所占的百分率为相对偏差。

$$d_i = x_i - \bar{x} \quad (\text{注}: \sum_{i=1}^{n} d_i = 0)$$

$$d_r = \frac{x_i - \bar{x}}{\bar{x}} \times 100\%$$

② 平均偏差 $\bar{d}$ 与相对平均偏差 $\bar{d}_r$　各绝对偏差的绝对值的平均值，称为单次测定的平均偏差，又称算术平均偏差。

$$\bar{d} = \frac{|d_1| + |d_2| + \cdots + |d_n|}{n}$$

单次测定的平均偏差占平均值的百分率为相对平均偏差：

$$\bar{d}_r = \frac{\bar{d}}{\bar{x}} \times 100\%$$

③ 标准偏差和相对标准偏差　标准偏差又称均方根偏差，当测定次数 n 趋于无限次时，称为总体标准偏差，用 σ 表示如下：

$$\sigma = \sqrt{\frac{\sum (x - \mu)^2}{n}}$$

式中，μ 为总体平均值，在校正了系统误差的情况下，μ 即代表真值。

在一般的分析工作中，测定次数是有限的，这时的标准偏差称为样本标准偏差，以 s 表示：

$$s = \sqrt{\frac{\sum_{i=1}^{n}(x_i - \bar{x})^2}{n-1}}$$

相对标准偏差 RSD 或变异系数 cv：

$$\text{cv} = \frac{s}{\bar{x}} \times 100\%$$

在偏差的表示中，用标准偏差更合理。

（3）准确度与精密度的关系

精密度高不一定准确度就好，但准确度高一定需要精密度高。精密度是保证准确度的先决条件。评价某一测定结果时，必须将系统误差和随机误差的影响结合起来考虑，把准确度与精密度统一起来要求，才能确保测定结果的可靠性。

1.4.2.1.2 误差的分类及提高结果准确度的方法

（1）误差的分类

根据误差的性质和产生的原因，可将误差分为系统误差和随机误差两类。

① 系统误差　系统误差也叫可测误差，它是由于实验过程中某些经常发生的原因造成的，对结果的影响比较固定，在同一条件下重复测定时，它会重复出现。因此，误差的大小往往可以估计，并可设法减小或校正。其主要来源有：

a．方法误差　由于分析方法本身所造成。例如，在滴定分析中，反应进行不完全，干扰离子的影响，滴定终点和等量点不符合以及其他副反应的发生等，系统地导致测定结果偏高或偏低。

b．仪器和试剂误差　由于仪器本身不够精确或试剂不纯所引起的。例如，天平砝码不够准确，滴定管上的刻度不准，容量瓶、移液管的标线不准，所用试剂和蒸馏水含有微量杂质等，都会引入误差。

c．操作误差　一般指在正常条件下，由于分析工作者操作不当所引起的误差。例如，滴定管读数偏高或偏低，分辨颜色的能力不够敏锐等所造成的误差。

② 随机误差　随机误差也叫不可测误差，它是由于某些难以控制的偶然原因所引起的。例如，测定时环境的温度、湿度和气压的微小波动，仪器性能的微小变化，分析人员操作的微小差别等都可能引起误差。随机误差时大时小，时正时负，难以察觉，也难以控制。但符合正态分布规律，可以通过多次测定取算术平均值来减小这种误差。

除上述两类误差外，有时还会由于分析工作者的粗心大意，不遵守操作规程所造成的过失。例如，溶液溅失，加错试剂，读错刻度，记错数据和计算错误等，这些都是不应有的过失，不属于误差范围。正确的测定数据中不应包含这种错误数据。当出现较大的误差时，应认真查考原因，剔除由于过失引起的错误数据。

（2）提高结果准确度的方法

① 选择合适的分析方法　为了使测定结果达到一定的准确度，必须根据分析对象、样品组成以及对分析结果的要求，选择恰当的分析方法。重量法和滴定法测定的准确度高，但灵敏度低，适于常量组分的测定；仪器分析测定的灵敏度高，但准确度较差，适用于微量组分的测定。

② 减小测量误差　为了保证分析结果的准确度，必须尽量减小各个步骤的测量误差。例如，万分之一分析天平的绝对误差为±0.0001g，用差减法称量两次，可能引起的最大误差是±0.0002g，为了使称量的相对误差小于0.1%，试样的质量就不能太小。从相对误差的计算中可得：

$$试样质量 = \frac{E_a}{E_r} \times 100\% = \frac{0.0002}{0.1\%} \times 100\% = 0.2(g)$$

可见试样质量须在0.2g以上，差减法称量的相对误差才会小于0.1%。

同理可知，在滴定分析中，消耗滴定剂的体积应在20mL以上。

③ 减小随机误差　由于随机误差符合正态分布规律，在消除系统误差的前提下，平行测定的次数愈多，正负误差的总和愈趋近于零，平均值愈接近真值。因此，增加平行测定的次数，可以减小随机误差。一般实验中，通常要求平行测定3~4次，对要求高的实验，10次左右的测定次数就够了。

④ 消除测量中的系统误差　造成系统误差的原因各不相同，通常根据具体情况，采用

不同的方法来检验和消除系统误差。

a．对照实验　对照实验是检验系统误差的有效方法。

● 用标准试样做对照实验　为了克服方法误差，可以用所选定的方法对已知组分的标准试样进行多次测定，将测定值和标准值相比较，若符合要求，说明所选定的方法是可行的。如发现有一定误差，可以通过校正系数对测定结果加以校正。

$$校正系数 = \frac{标准试样标准值}{标准试样测定值}$$

$$试样分析结果 = 试样测定值 \times 校正系数$$

● 用标准方法做对照实验　作为对照实验用的分析方法必须可靠，一般选用国家颁布的标准方法或公认的经典分析方法。

● 回收实验　回收实验是在测定试样某组分含量（x_1）的基础上，加入已知量的该组分（x_2），再次测定其组分含量（x_3）。由回收实验所得数据可以计算回收率。

$$回收率 = \frac{x_3 - x_1}{x_2} \times 100\%$$

由回收率的高低来判断有无系统误差存在。对常量组分回收率要求高，一般为99%以上，对微量组分回收率要求在95%～110%。

b．空白实验　空白实验可以消除试剂、实验用水及杂质所造成的系统误差。在不加被测试样的情况下，按照对试样的分析步骤和测定条件所进行的测试称为空白实验，所得结果称为空白值。从试样的测定结果中减去空白值，就可得到比较可靠的分析结果。

c．校准仪器　对砝码、滴定管、移液管等仪器的校准，可以消除仪器不准所引起的系统误差。

1.4.2.2　有效数字及其运算规则

（1）有效数字

为了得到准确的分析结果，不仅要尽量减少实验过程中可能产生的各种误差，准确地进行测量，而且还要正确地记录数字的位数。因为数字的位数不仅表示数量的大小，也反映了测量的准确度。数据中凡是能够反映一定量（物理量和化学量）的数字称为有效数字，也就是说，有效数字是指实际上能够测量到的数字。有效数字通常保留的最后一位数字是不确定的，称为可疑数字。例如滴定管读数20.45mL，四位有效数字最后一位数字5是估计值，可能是4，也可能是6，虽然是测定值，但不很准确。一般有效数字的最后一位数字有±1个单位的误差。

（2）有效数字的位数

由于有效数字位数与测量仪器精度有关，实验数据中任何一个数据都是有意义的，数据的位数不能随意增加或减少，如用万分之一分析天平称量某物体质量为0.3241g，不能记录为0.324g或0.32410g。有效数字位数确定的规则可归纳如下。

① 有效数字的位数从第一位不为"0"的数字开始计数。数字"0"在数据中有两种意义，若只是定位作用，它就不是有效数字；若作为普通数字，它就是有效数字。如称量某物质的质量为0.5043g，5前面的0只起定位作用，不是有效数字，5后面的0是有效数字，故

0.5043 为四位有效数字。

② 转换单位时不能改变有效数字位数。如 2.0L 是两位有效数字，不能写成 2000mL，应写成 $2.0×10^3$mL，仍然是两位有效数字。

③ 常数、倍数、自然数等视为无限多有效位。

④ 对数（如 pH、pM、lg$K$ 等）有效数字的位数取决于小数点后数字的位数，如 pH=10.05 为两位有效数字而不是四位。

⑤ 运算中，首位数字为 8 或 9 的数据，有效数字可多计一位。

⑥ 表示准确度和精密度的有效数字的位数一般为一位，最多不能超过两位。

（3）有效数字修约规则

在进行数据处理时，须根据各步测量的准确度及有效数字运算规则，合理保留结果的有效数字位数。修约规则可采用"四舍六入五成双"方法，即当尾数≤4时，舍去尾数；尾数≥6时，则进位；当尾数等于 5 时分两种情况，如 5 后面还有不为零的数字，一律进位；如 5 后无数或为 0，采用 5 前是奇数则进位，5 前是偶数则把 5 舍弃，简称"奇进偶舍"。

例如：将下列数据修约为四位有效数字：

$$12.254 \rightarrow 12.25 \quad 11.276 \rightarrow 11.28$$
$$10.255 \rightarrow 10.26 \quad 10.265 \rightarrow 10.26$$
$$5.62151 \rightarrow 5.622 \quad 5.62251 \rightarrow 5.623$$

确定修约位数后，应一次修约，不能分次修约。

（4）有效数字的运算规则

在结果处理的计算中，每个测量值的误差都会传递到分析结果中。因此，必须运用有效数字的运算规则，做到合理取舍。运算过程中一般先按规则将各个数据进行修约，再计算得出结果。

① 加减法　加减运算中是各个数值绝对误差的传递，结果的绝对误差应与算式中绝对误差最大的数据相适应。即以小数点后位数最少（绝对误差最大）的数为依据。

例如：
$$12.65+1.2614+0.84217$$
$$=12.65+1.26+0.84$$
$$=14.75$$

② 乘除法　乘除运算中是各个数值相对误差的传递，结果的相对误差应与算式中相对误差最大的数相适应，即以有效数字位数最少（相对误差最大）的数为依据。

例如：
$$0.0121×21.61×2.14782$$
$$=0.0121×21.6×2.15$$
$$=0.562$$

在运算过程中，可多保留一位"安全数字"。如 $5864÷4.7=5.9×10^3÷4.7=1.3×10^3$；若采用安全数字法，则为 $5864÷4.7=5.86×10^3÷4.7=1.2×10^3$，后者更为合理。

1.4.3　数据处理与表示

1.4.3.1　实验数据处理

为了清晰明了地表示实验结果，形象直观地分析实验结果的规律，需要对实验数据进行处理。在无机化学实验中，实验数据的处理可用列表法、作图法及电子表格法。

（1）列表法

列表法在一般化学实验中应用最为普遍，特别是原始数据的记录，简明方便。其方法是：在表格的上方标明实验的名称，表的横向表头列出实验号，纵向表头列出数据的名称，通常按操作步骤的顺序排列。列表时要注意以下几点：

① 每个表格都应标明表格序号、表格名称、表中行或列数据的名称、单位和数据等内容。

② 正确确定自变量和因变量，一般先列自变量，再列因变量，每个变量占表格一行或一列，数据排列要整齐，按自变量递增或递减的次序排列，以便显示变化规律，应注意有效数字的位数，小数点对齐。

③ 表中数据应以最简单的形式表示，公共的乘方因子应在第一栏名称下注明。

④ 原始数据可以和处理结果并列在一张表中，处理方法和运算公式在表格下方注明。

（2）作图法

利用作图法表示实验结果能直接显示数据的特点、变化规律，往往比用文字表述更简明和直观。可用于以下情况：

① 用变量间的定量关系图求未知物含量。

② 通过曲线外推法求值，如将标准加入法的工作曲线外推求待测物的含量。

③ 求函数的极值或转折点，如利用可见吸收曲线求最大吸收波长和摩尔吸光系数等。

④ 图解积分和微分，如色谱图上的峰面积等。

把实验数据绘制成图需注意以下问题：

① 直角坐标纸（或称方格纸）在作图中最为常用，作图时以自变量为横坐标，以因变量为纵坐标。坐标上要标明变量的名称和单位，并且在一定距离的地方标明该处变量应有的值，以便作图和读数。一般情况下，每个格子代表的数值应与测量的精密度相当，通常每个小格应能代表测量值的最后一位可靠数字或可疑数字。

作图时尽可能利用方格纸的全部，因此坐标不一定都从零开始。如果是直线，则其表观斜率接近 1 为好。

② 标记数据的点，通常用比较细的"+"号或"⊙"及"△"表示，"+"字的长短及点的外圈半径应大致与每次测量的误差相当。若在同一张图上，由数组不同的数据应分别用不同的符号表示，并在图中附以说明。

点画好后，可用曲线板或直尺作尽可能接近于大多数点的曲线。曲线应光滑均匀。当然曲线一般不可能通过所有的点，但散在曲线两侧的点偏离曲线的距离应近似相等。每个图应有简明的标题、纵横轴所代表的变量名称及单位、作图所依据的条件说明等。

③ 同一图不要绘制过多的线。

（3）电子表格法

在计算机技术飞速发展的今天，利用已开发的计算机软件平台进行实验数据的处理已经是十分方便的事。利用电子表格既可以对所记录的数据进行快速、自动的处理，还可利用计算结果绘制出各种图形。有利于实验室信息的统一存储和管理。如利用 Excel 求回归方程等。

1.4.3.2 实验结果表示

实验结果表示要注意以下几点。

① 实验结果应以多次测定的平均值表示。

② 以何种组成表示实验结果要与实验要求相一致。如重铬酸钾法测铁的实验中，测定结果如要求以 Fe_2O_3 的质量分数的形式报出时，就必须以该种形式报出，而不能以 FeO 的质量分数形式表示。必要时，写出实验结果计算公式。

③ 对试样中某一组分含量的报告，要以原始试样中该组分的含量报出，不能仅给出测试溶液中该组分的含量。如在测试前曾对样品进行过稀释，则最后结果应乘以稀释倍数以折算为稀释前原试样中的含量。

④ 实验结果数据的有效数字的位数要按照有效数字运算规则，与实验中测量数据的有效数字相适应。

1.5 实验预习、实验记录与实验报告

无机化学实验的学习，不仅需要一个端正的学习态度，而且还要有正确的学习方法。做好无机化学实验必须做好以下几个环节。

1.5.1 实验预习

充分预习是做好实验的前提和保证，也是培养学生自主学习的形式之一。实验课是在教师指导下由学生独立完成的，学生是实验课的主体，因此只有在课前充分理解实验原理、操作要领，明确待解决的问题，了解如何做和为什么这样做，才能很好地完成实验。

① 阅读　认真阅读实验教材与教科书中的有关内容，做到明确实验目的，了解实验原理，熟悉实验内容、主要操作步骤及实验数据处理方法，明确实验的关键步骤和注意事项，合理安排实验时间，事先了解仪器的使用方法。

② 查阅　查阅有关教材、参考资料、附录及相关手册，写出实验所需要的物理化学数据、化学反应方程式及实验现象。

③ 撰写　预习报告不是简单地写上实验讲义的内容，而是在对实验过程充分理解的基础上对实验过程的总结和提炼。预习报告要求写在统一的预习报告本上，包括以下内容：实验目的、实验原理、实验内容、实验中的注意事项等。

1.5.2 实验记录

实验中直接观察得到的数据为原始数据，记录原始数据和实验现象必须诚实、准确、及时，不允许随意更改和删减，对可疑数据，如确知原因，可画上除去的记号（不能涂黑），否则宜用统计学方法判断取舍，必要时应补做实验核实。

实验过程中，实验者必须养成及时记录的习惯，不许事后凭记忆补写；数据或现象应记录在实验记录本上，不能以零星纸条暂记再转抄。

数据记录的格式一般可采用表格式（参见本章中实验报告样板），字迹要整齐清楚。不得使用铅笔做实验记录。

记录数据的有效位数应与所用仪器的最小读数相适应。注意要如实记录每一个实验数

据，做到严谨、认真、实事求是。实验结束后，应将实验数据仔细复核并交指导教师检查合格后方可离开实验室。

1.5.3 实验报告

实验报告是每次实验的记录、概括和总结，也是对实验者综合能力的考核。每个学生都应该在做实验前先预习实验并按要求写好预习报告，做完实验后，应及时、独立、认真地完成实验报告，交指导教师批阅。实验报告能总结实验情况，分析实验中出现的问题，整理归纳出实验结果，并对实验中出现的问题进行讨论，一份合格的报告应包括以下内容：

① 实验名称　通常作为实验题目出现。

② 实验目的　简述该实验所要达到的目的要求。

③ 实验原理　简要介绍实验的基本原理和主要反应方程式。

④ 实验所用的仪器、药品及装置　要写明所用仪器的型号、数量、规格，药品的名称、规格，装置示意图。

⑤ 实验内容、步骤　要求简明扼要，尽量用表格、框图、符号表示，不要全盘抄写。

⑥ 实验现象和数据记录　在仔细观察的基础上如实记录，依据所用仪器的精密度，保留正确的有效数字。

⑦ 解释、结论和数据处理　化学现象的解释最好用化学反应方程式，如还不完整应另加文字简要叙述；结论要精练、完整、正确；数据处理要有依据，计算要正确。

⑧ 问题与讨论　对实验中遇到的疑难问题提出自己的见解。分析产生误差的原因；对实验方法、教学方法、实验内容、实验装置等提出意见或建议。

实验报告要做到文字工整、简明扼要、图表清晰、形式规范。实验报告的格式因实验内容的不同而有差异，下面列举出几种实验报告格式，仅供参考。

实验报告格式示例 1

实验名称：氯化钠的提纯

姓名：_____　　班级：_____　　实验时间：_____

组号：_____　　同组人：_____　　教师签名：_____

一、实验目的

（略）

二、实验原理

（略）

三、仪器、试剂、装置示意图

（略）

四、实验内容

1. 提纯

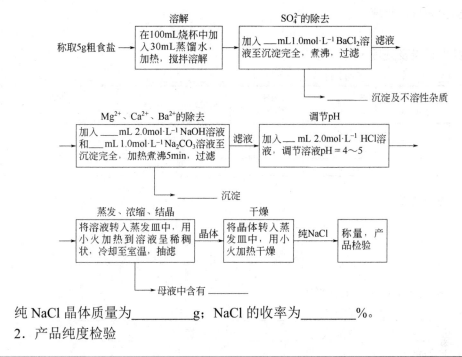

纯 NaCl 晶体质量为_____g；NaCl 的收率为_____%。

2. 产品纯度检验

检验项目	检验方法	粗盐		精盐	
		现象	结论	现象	结论
SO_4^{2-} 的检验	加入 $BaCl_2$ 溶液				
Ca^{2+} 的检验	加入 $(NH_4)_2C_2O_4$ 溶液				
Mg^{2+} 的检验	加入 NaOH 溶液和镁试剂				

有关的离子方程式：
（略）

五、问题与讨论
（略）

实验报告格式示例 2

实验名称：醋酸解离度及解离常数的测定

姓名：_____ 班级：_____ 实验时间：_____

组号：_____ 同组人：_____ 教师签名：_____

一、实验目的
（略）

二、实验原理
（略）

三、仪器、试剂

（略）

四、实验内容、步骤

（略）

五、数据记录及处理

室温：_____℃　　　pH 计型号：_____

溶液编号	$c(HAc)$ /mol·L^{-1}	pH	$c(H^+)$ /mol·L^{-1}	解离度 $\alpha/10^{-2}$	解离常数 $K_a^{\ominus}$	
					测定值	平均值
1						
2						
3						

六、问题与讨论

（略）

实验报告格式示例 3

实验名称：配位反应与配位平衡

姓名：_____　班级：_____　实验时间：_____

组号：_____　同组人：_____　教师签名：_____

一、实验目的

（略）

二、仪器、试剂

（略）

三、实验内容

实验内容		实验现象	反应方程式	解释及结论
1. 配离子稳定性的比较	（1）			
	（2）			
2. 配位平衡的移动	（1）			
	（2）			

四、问题与讨论

（略）

第 2 章

化学实验基本操作技能

2.1 无机化学常用仪器

2.1.1 实验室常用玻璃仪器的介绍

无机化学实验室常用玻璃仪器介绍见表 2-1。

表 2-1 无机化学实验室常用玻璃仪器一览表

仪器	规格	用途	注意事项
普通试管 / 离心试管	玻璃质,分硬质试管和软质试管、普通试管和离心试管等几种。一般以容积表示规格,有 5mL、10mL、15mL、20mL 等规格。无刻度试管按管口外径(mm)×管长(mm)分类,有 8×70、10×75、10×100 等规格。	用于少量试剂的反应容器,便于操作和观察。也可用于少量气体的收集。离心试管主要用于沉淀分离	普通试管可直接加热。硬质试管可至高温。加热时应用试管夹夹持。加热后不能骤冷。离心试管加热时应采用水浴加热,反应液不应超过容积的 1/2
烧杯	玻璃质或塑料质。分普通型、高型、有刻度和无刻度等几种。一般以容积表示规格,有 50mL、100mL、250mL、500mL、1000mL 等几种	用于较大量反应物的反应容器,反应物易混合均匀。也用作配制溶液时的容器或简易水浴的盛水器。塑料质(聚四氟乙烯)烧杯常用作为强碱性溶剂或氢氟酸分解样品的反应容器。加热温度一般不能超过 200℃	加热时应置于石棉网上,使受热均匀。反应液体不超过烧杯容量的 2/3

续表

仪器	规格	用途	注意事项
锥形瓶	玻璃质，分硬质和软质、有塞（磨口）和无塞、广口和细口等几种。一般以容积表示规格，有 50mL、100mL、250mL、500mL 等几种	用作反应容器、接受容器、滴定容器（便于震荡）和液体干燥器等	盛液不能太多。加热应下垫石棉网或置于水浴中
普通圆底烧瓶 磨口圆底烧瓶 蒸馏烧瓶	通常为玻璃质，分硬质和软质，有平底、圆底、长颈、短颈、细口、磨口和蒸馏烧瓶等。 一般以容积表示规格，有 50mL、100mL、250mL、500mL 等几种	用于化学反应的容器或液体的蒸馏	使用时液体的盛放量不能超过烧瓶容量的 2/3，一般固定在铁架台上使用
量筒	玻璃质，规格以刻度所能量度最大容积（mL）表示。上口大下部小的称作量杯	用于量度一定体积的液体	不能加热。 不能量热的液体。 不能用作反应容器

续表

仪器	规格	用途	注意事项
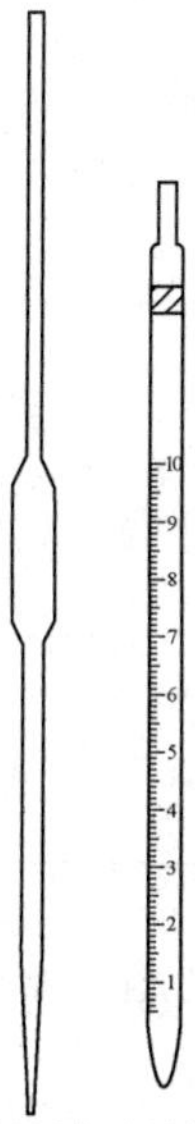 移液管 吸量管	玻璃质，分单刻度大肚型和刻度管型两种，一般以容积表示规格，常量的有1mL、2mL、5mL、10mL、25mL、50mL 等规格；微量的有0.1mL、0.25mL、0.5mL 等几种	用于精确移取一定体积的液体	不能加热。 用后应洗净，置于吸管架（板）上，避免发生污染
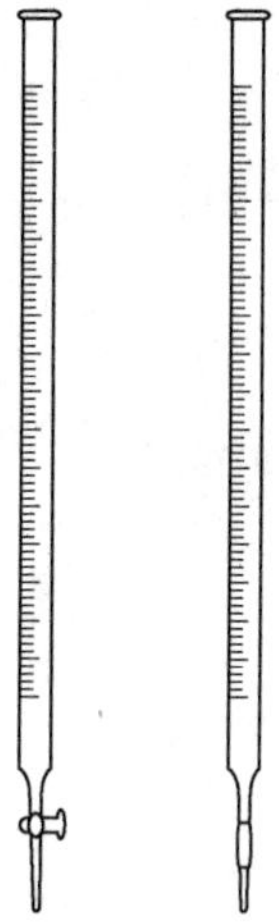 酸式滴定管 碱式滴定管	玻璃质。分酸式、碱式、酸碱通用三种；管身颜色为棕色或无色。 酸碱通用型与酸式滴定管相似，只是用聚四氟乙烯代替玻璃做活塞。 规格以刻度最大标度（mL）表示	用于滴定，或用于量取较准确体积的液体	不能加热及量取热的液体。 不能用毛刷洗涤内管壁。 酸管、碱管不能互换使用。 酸管与酸管的玻璃活塞配套使用，不能互换
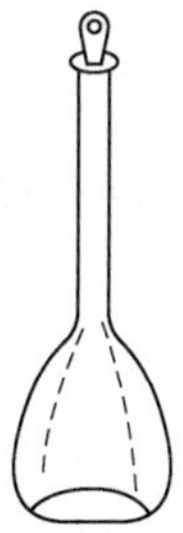 容量瓶	玻璃质。 一般以容积表示其规格，有的配以塑料瓶塞	用于配制准确浓度的溶液	不能加热。不能用毛刷洗涤。 瓶的磨口瓶塞配套使用，不能互换

第 2 章　化学实验基本操作技能

续表

仪器	规格	用途	注意事项
称量瓶	玻璃质。分高型和矮型两种。规格以外径（mm）×瓶高（mm）表示	需要准确称取一定量的固体样品时用	不能直接用火加热。盖与瓶配套，不能互换
干燥器	玻璃质。分普通干燥器和真空干燥器两种。以上口内径（mm）表示规格	内放干燥剂。用作样品干燥和保存	小心盖子滑动而打破。灼烧过的样品应稍冷后才能放入，并在冷却过程中要每隔一定时间开一开盖子，以调节器内压力
滴瓶　细口瓶　广口瓶	玻璃质。带磨口塞或滴管，有无色和棕色。以容量（mL）表示规格	滴瓶、细口瓶用于盛放液体药品。广口瓶用于盛放固体药品	不能直接加热。瓶塞不能互换。盛放碱液时要用橡胶塞，防止瓶塞被腐蚀粘牢
表面皿	玻璃质。规格以口径（mm）表示	盖在烧杯上，防止液体进溅或其他用途	不能用火直接加热
漏斗　长颈漏斗	玻璃质或陶瓷质。分为长颈和短颈。以斗径（mm）表示规格	用于过滤以及倾倒液体。长颈漏斗特别适用于定量分析中的过滤操作	不能用火直接加热，但可过滤热的液体
抽滤瓶和布氏漏斗	抽滤瓶为玻璃质，布氏漏斗为瓷质。抽滤瓶以容量（mL）、布氏漏斗以斗径（cm）表示规格	两者配套，用于制备中晶体或粗颗粒沉淀的减压抽滤	不能用火直接加热
砂芯漏斗	又称烧结漏斗、细菌漏斗。漏斗为玻璃质，砂芯滤板为烧结陶瓷。其规格以砂芯滤板平均孔径（μm）和漏斗的容积表示	用作细颗粒沉淀以及细菌的分离。也可用作气体洗涤和扩散实验	不能用于含氢氟酸、浓碱液及活性炭等物质体系的分离，避免腐蚀而造成微孔堵塞或发生污染。不能用火直接加热。用后应及时洗涤，以防滤渣堵塞滤板孔

续表

仪器	规格	用途	注意事项
分液漏斗	玻璃质。规格以容量（mL）和形状（球形、梨形、筒形、锥形）表示	用于互不相溶的液-液分离。也可用于少量气体发生装置中加液	不能用火直接加热。玻璃活塞、磨口漏斗塞与漏斗配套使用，不能互换
蒸发皿	瓷质，也有玻璃、石英或金属制的。以容量（mL）或口径（mm）表示规格	用于蒸发浓缩液体。根据液体的性质可选用不同质地的蒸发皿	能耐高温，但不能骤冷。蒸发溶液时一般放在石棉网上，也可直接用火加热
洗瓶	塑料材质。以容量（mL）表示规格	用于刷洗仪器或沉淀，其用液量少而且洗涤效果好	塑料洗瓶使用方便，用手握住洗瓶一捏，洗涤液自喷嘴挤出。其缺点是当用热洗涤液时，不能将塑料洗瓶直接加热，只能灌注加热好的溶液，或用热水浴间接加热（注：塑料洗瓶加热温度不宜高于60℃）
研钵	用瓷、玻璃、玛瑙或金属制成。以口径（mm）表示规格	用于研磨固体物质及固体物质的混合。按固体物质的性质和硬度选择	不能用火直接加热，不能敲击，只能研磨，不能研磨易爆物质，只能轻轻压碎

其他常用仪器见图2-1。

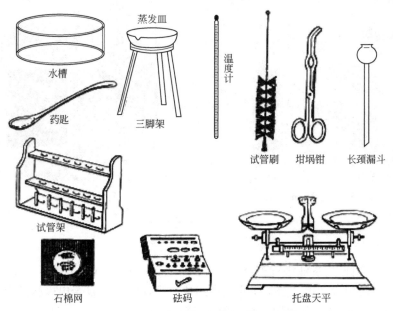

图2-1 无机化学实验室部分常用仪器

2.1.2 pH 计

pH 计（也称酸度计）是测量溶液 pH 最常用的仪器，其优点是使用方便、测量迅速。

2.1.2.1 分类

根据应用场合不同，分成 4 类：笔式 pH 计、便携式 pH 计、实验室 pH 计、工业 pH 计。

（1）笔式 pH 计

主要用于代替 pH 试纸的功能，具有精度低、使用方便的特点，见图 2-2、图 2-3。

（2）便携式 pH 计

主要用于现场和野外测方式，要求较高的精度和完善的功能，见图 2-4。

图 2-2　笔式 pH 计　　　图 2-3　笔式 pH 计测溶液 pH 值　　　图 2-4　便携式 pH 计

（3）实验室 pH 计

一种台式高精度分析仪表，要求精度高、功能全，包括打印输出、数据处理等，见图 2-5。

（4）工业 pH 计

用于工业流程的连续测量，不仅要有测量显示功能，还要有报警和控制功能，以及安装、清洗、抗干扰等等问题的考虑，见图 2-6。

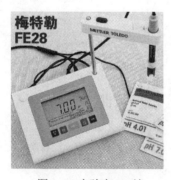 

图 2-5　实验室 pH 计　　　　　　　　图 2-6　工业 pH 计

2.1.2.2 原理

pH 计是利用电位测量法进行测量的，除了测量 pH 值外，还可以测量电池的电动势（V）。由指示电极、参比电极和电动势测量系统所组成。现在常用的复合电极就是由指示电极和参比电极复合而成。pH 的测量是将指示电极（玻璃电极）和参比电极（甘汞电极）一起插入待测溶液组成原电池。

指示电极 | 待测溶液 || 参比电极

由于在一定的温度下参比电极的电极电势是定值，且不随溶液 pH 的变化而改变，而指示电极的电极电势随溶液 pH 的变化而改变，所以它们组成的电池的电动势只随溶液 pH 而变化，设电动势的值为 E，则 25℃时

$$E = E_+ - E_- = E_{甘汞} - E_{玻璃} = 0.242 - E^{\ominus}_{玻璃} + 0.0591\text{pH}$$

所以 pH 值的计算公式为

$$\text{pH} = \frac{E - 0.242 + E^{\ominus}_{玻璃}}{0.0591} \tag{2-1}$$

其中，$E^{\ominus}_{玻璃}$ 可以由测定一个已知 pH 值的缓冲溶液的电动势求得。

当测定标准缓冲溶液时，利用定位器把读数调整到已知 pH（称定位或校正），在测量未知溶液时，从 pH 计上就可直接读出 pH。

2.1.2.3 使用方法

现以梅特勒 FE28 型精密 pH 计为例，对 pH 计使用方法进行介绍。

（1）开机

接通主机电源，短按"退出"键，仪器开机，使用前应提前开机预热 30min。

（2）检测

① 短按"模式设置"键，将测量模式调为 pH 测量模式。

② 根据需要，设置 pH 值测量的终点模式，长按"读数"键，可在自动和手动终点之间切换。

③ 用干净的滤纸擦净 pH 电极头，并将其浸入待测样液液面以下 3～5cm，然后短按"读数"键开始测量。

④ 观察仪器显示屏面，小数点开始闪烁，显示屏上显示出样品的 pH 值，当仪器选择了自动的终点模式并且信号稳定后，显示器将自动锁定读数，且小数点停止闪烁。当仪器选择了手动的终点模式并且信号稳定后，按下"读数"键以手动终点方式记录测量值。

⑤ 用蒸馏水冲洗净 pH 计、电极头，套上电极帽，长按"退出"键，关机。

（3）校准

① 短按"模式设置"键，将测量模式调为 pH 测量模式。

② 长按"模式设置"键，在设置菜单中选择缓冲液组，选择校准方式（Lin 线性校准或 Seg 线段校准），选择分辨率（0.1 或 0.01），选择温度单位（℃或℉），按下"读数"键进入测量界面。

③ 根据需要可进行 1 点校准或多点校准（采用 1 点校准，仅调节偏移；采用 2 点校准，斜率和偏移均得到更新；采用 3 点或以上校准，斜率或零点均得以更新，并显示在显示屏的相应位置）。

④ 将电极放入标准缓冲液中，短按"校准"键，开始测量，根据终点方式的不同，当信号稳定（自动终点方式）或按下"读数"键（手动终点方式）时仪器停止测量，屏幕显示已识别缓冲液在当前温度下的 pH 值。

⑤ 如果不希望 2 点校准，短按"读数"键完成 1 点校准。如果想进行 2 点校准，则按以下步骤进行。

⑥ 用去离子水冲洗电极，将电极放入下一校准缓冲液中，短按"校准"键，开始测量，根据终点方式的不同，当信号稳定（自动终点方式）或按下"读数"键（手动终点方式）时仪器停止测量，在终点，屏幕显示已识别缓冲液在当前温度下的 pH 值。

⑦ 如果不希望 3 点校准，短按"读数"键完成 2 点校准。如果想进行 3 点校准，则按以下步骤进行。

⑧ 用去离子水冲洗电极，将电极放入下一校准缓冲液中，短按"校准"键，开始测量，根据终点方式的不同，当信号稳定（自动终点方式）或按下"读数"键（手动终点方式）时仪器停止测量，屏幕显示已识别缓冲液在当前温度下的 pH 值。

⑨ 依次类推，可对设备进行 4 或 5 点校准。（注意：Seg 线段校准仅对 3 点或更多点校准有意义。）

（4）测量

① 确保 pH 读数方式已选。

② 将电极插入被测试液，轻摇烧杯，然后按"读数"键开始测量。

③ 小数点将闪烁，显示屏显示出样品的 pH 值。

④ 当选择了自动终点方式并且信号稳定后，显示屏将自动锁定，出现 $\sqrt{A}$，且小数点停止闪烁。如果自动端点之前按下"读数"按钮，显示屏将锁定，出现 $\sqrt{M}$。

⑤ 如果选择了手动终点方式，按下"读数"以手动终点方式记录测量值，显示屏锁定并出现 $\sqrt{M}$。

⑥ 测量后将电极清洗干净，并立即浸泡在 $3\text{mol} \cdot \text{L}^{-1}$ KCl 溶液中。如果很长时间不用，应用纯水清洗后，套上电极保护帽存放。

2.1.2.4 注意事项

① 饱和甘汞电极中的 KCl 溶液应保持饱和状态（其中应有少量 KCl 晶体），并保持液面覆盖甘汞柱。使用时必须取下侧支上的小胶塞，以保持电极内氯化钾溶液的液压差。不用时应将电极洗净沾干，置于橡胶套中，橡胶套中应该有足够的 KCl 等溶液，盖上加液孔。

② pH 玻璃电极敏感膜易碎，使用和储存时应予以特别注意。新的或长期不用的玻璃电极使用前必须在纯水中浸泡一昼夜以上，使敏感膜水化。同时，玻璃电极经过浸泡，可以使不对称电势大大降低并趋向稳定。经常使用的玻璃电极可以将电极下端的敏感膜浸泡于蒸馏水中，以便随时使用。

③ 使用前，检查玻璃电极前端的球泡。正常情况下，电极应该透明而无裂纹；球泡内要充满溶液，不能有气泡存在。

④ 如果测量的样品为酸性，使用 pH 4.01 和 pH 6.86 的缓冲溶液对电极进行校正；如果测量的样品为碱性，使用 pH 6.86 和 pH 9.18 的缓冲溶液对电极进行校正。

⑤ 清洗电极时，将电极下面的管套取下，妥善放好不要让里面的溶液倒出（KCl 或略酸性的缓冲溶液）。于电极下置一烧杯，用洗瓶吹水洗净电极，另以面纸沾干。见图 2-7。

⑥ 如测一组溶液，测量的顺序应按溶液浓度由稀至浓。

⑦ 待测溶液的最低液位应该高于甘汞电极处，见图 2-8。

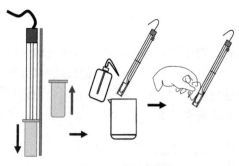
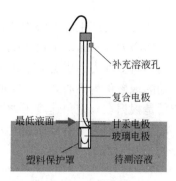

图 2-7 电极的清洗　　　　　　　图 2-8 液位要求

⑧ 被测溶液中如含有易污染敏感球泡或者堵塞液接界的物质，会使电极钝化，现象是电极斜率降低、响应时间延长、读数不稳定。应根据污染物的性质，以适当溶液清洗，相应清洗方法见表 2-2。

表 2-2　电极污染物的清洗方法

污染物	清洗剂
无机金属氧化物	低于 1mol·L^{-1} 稀酸
有机油脂类物	稀洗涤剂（弱碱性）
树脂高分子物质	酒精、乙醚
蛋白质血球沉淀物	5%胃蛋白酶 + 0.1mol·L^{-1} HCl 溶液
颜料类物质	稀漂白液、H_2O_2

2.1.3　离心机

离心是利用离心机转子高速旋转产生的强大的离心力，加快液体中颗粒的沉降速度，把样品中不同沉降系数和浮力密度的物质分离开。离心机就是利用离心力使得需要分离的不同物料得到加速分离的机器。离心机大量应用于化工、石油、食品、制药、选矿、煤炭、水处理和船舶等部门。

2.1.3.1　分类

实验用离心机是利用旋转转头产生的离心力，使悬浮液或乳浊液中不同密度、不同颗粒大小的物质分离开来，或在分离的同时进行分析的仪器。根据不同的功能，分类见表 2-3。

表 2-3　离心机的分类

分类依据	类型
用途	制备型、分析型和制备分析两用型
转速	低速、高速、超速等离心机
结构	台式、多管微量式、细胞涂片式、血液洗涤式、高速冷冻式、大容量低速冷冻式、台式低速自动平衡离心机等

2.1.3.2　原理

离心操作时，将装有等量试液的离心容器对称放置在转子四周的吊杯内，依靠电动机带动转子高速旋转所产生的离心力使试液分离。

(1) 离心力（centrifugal force，F_c）

当物体所受外力小于运动所需要的向心力时，物体将向远离圆心的方向运动。物体远离圆心运动的现象称为离心现象。也叫离心运动。离心运动是由于向心力消失或不足而造成的。离心作用是根据在一定角速度下做圆周运动的任何物体都受到一个向外的离心力进行的。离心力（F_c）的大小等于离心加速度 $\omega^2 r$ 与颗粒质量 m 的乘积，公式为

$$F_c = m\omega^2 r = m\left(\frac{2\pi N}{60}\right)^2 r = \frac{4\pi^2 N^2 rm}{3600} \tag{2-2}$$

式中，ω 是旋转角速度；N 是转头每分钟旋转次数；r 为离心半径；m 是质量。

(2) 相对离心力(relative centrifugal force，RCF)

相对离心力是指在离心力场中，作用于颗粒的离心力相当于地球重力的倍数，单位是重力加速度 "g"。由于各种离心机转子的半径或离心管至旋转轴中心的距离不同，离心力也不同，因此在文献中常用 "相对离心力" 或 "数字×g" 表示离心力，例如 25000×g 表示相对离心力为 25000。只要 RCF 值不变，一个样品可以在不同的离心机上获得相同的结果。一般情况下，低速离心时相对离心力常以转速 "r·min^{-1}" 来表示，高速离心时则以 "g" 表示。

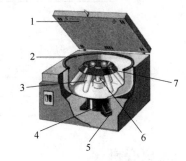

图 2-9 低速离心机结构

1—机盖；2—离心室；3—离心套管；4—电动机；5—底座；6—电机主轴；7—转盘

2.1.3.3 结构

实验室常用的低速离心机结构简单，由电动机、离心转盘、调速与底座等组成，其结构见图 2-9，离心机实物见图 2-10。

离心管的材质主要有塑料和不锈钢。玻璃离心管由于不能在高速或超速离心机上使用，因而在实验室中应用很少。塑料离心管常用的材质有：聚乙烯（PE）管、聚碳酸酯（PC）管、聚丙烯（PP）管等，其中 PP 管性能较好。塑料离心管优点显著，透明（或半透明），硬度小，缺点就是易变性，抗有机溶剂腐蚀性差，使用寿命短。离心管有各种大小，1.5mL 到 1000mL，见图 2-11。

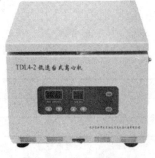

图 2-10 离心机实物图

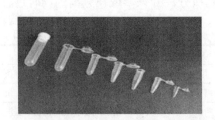

图 2-11 离心试管

2.1.3.4 使用方法

① 台式离心机的工作台应平整坚固，工作间应整齐清洁、干燥并通风良好。

② 开启离心盖，将内腔及转头擦拭干净。

③ 将离心的物质转移入合适的离心管中，其量以距离心管口 1~2cm 为宜，以免在离心时甩出。

④ 将待离心的离心管放在台秤上平衡，将平衡好的试管放在离心机十字转头的对称位置上。

⑤ 合上盖板、接通电源。

⑥ 设定定时。

⑦ 选择离心速度，离心机自行停止转动后，打开机盖，取出离心样品。

2.1.3.5 注意事项

① 一台离心机的套筒只能在该离心机上使用，不能在离心机之间（特别是不同型号的离心机之间）混用套筒。

② 离心机管套底部预先要放少许棉花或泡沫塑料等柔性物质，以免旋转时打破离心试管。

③ 使用各种离心机时，必须事先在天平上精密地平衡离心管和其内容物，转头中绝对不能装载单数的管子，当转头只是部分装载时，管子必须互相对称地放在转头中。

④ 装载溶液时，要根据各种离心机的具体操作说明进行。有的离心管无盖，液体不得装得过多，以防离心时甩出，造成转头不平衡、生锈或被腐蚀。而制备超速离心机的离心管，则常常要求必须将液体装满，以免离心时塑料离心管的上部凹陷变形。严禁使用显著变形、损伤或老化的离心管。

⑤ 若要在低于室温的温度下离心时，转头在使用前应放置在冰箱或置于离心机的转头室内预冷。

⑥ 开动离心机应从慢速开始，运转平稳后再转到快速。关机时要任其自然停止转动，绝不能用手强制它停止运转。

⑦ 转速和旋转时间视沉淀性状而定。一般晶形沉淀以 $1000r \cdot min^{-1}$，离心 1~2min 即可，非晶形沉淀以 $2000r \cdot min^{-1}$，离心 3~4min。

⑧ 离心过程中不得随意离开，应随时观察离心机上的仪表是否正常工作，如有异常的声音，应立即停机检查，及时排除故障。

2.1.4 分光光度计

一束光通过某物质时，该物质的分子、原子或离子与光子发生碰撞，光子的能量转移至分子、原子或离子上，使这些粒子发生能级变化，由基态跃迁至较高能态，这个过程即为吸收。分光光度法是基于物质对不同波长的光波具有选择性吸收能力而建立起来的鉴别物质或测定其含量的分析方法。分光光度计是利用分光光度法对物质进行定性或定量分析的仪器。

2.1.4.1 测量原理

当一束波长一定的单色光通过有色溶液时（见图 2-12），一部分光被溶液吸收，另一部分光则透过溶液，溶液对光的吸收程度越大，透过溶液的光就越少。物质分子对可见光或紫外光的选择性吸收在一定的实验条件下符合 Lambert – Beer（朗伯-比尔）定律，即溶液中的

吸光分子吸收一定波长光的吸光度 A 与溶液中该吸光分子的浓度 c 的关系如下

$$A = \lg \frac{I_0}{I_t} = \varepsilon bc \tag{2-3}$$

式中，A 为吸光度；ε 为摩尔吸收系数（与入射光的波长、吸光物质的性质、温度等有关）；b 为样品溶液的厚度，cm；c 为溶液中待测物质的物质的量浓度，$mol \cdot L^{-1}$。

根据 A 与 c 的线性关系，通过测定标准溶液和试样溶液的吸光度，用图解法或计算法，可求得试样中待测物质的浓度。

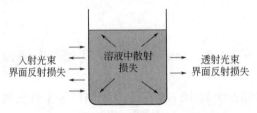

图2-12 溶液对光的作用示意图

2.1.4.2 分类

按工作波长范围分类，分光光度计一般可分为紫外-可见分光光度计、紫外分光光度计、可见分光光度计、红外分光光度计等。其中紫外-可见分光光度计使用得最多，主要应用于无机物和有机物含量的测定。分光光度计还分为单光束和双光束两类。目前在教学中常用的有721型、721B型、722型光栅分光光度计和7220型微电脑分光光度计。不同类型分光光度计结构框图见图2-13。

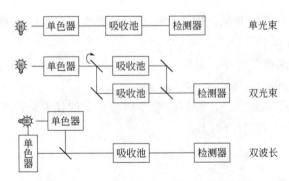

图2-13 不同类型分光光度计的结构框图

2.1.4.3 分光光度计的组成

下面对无机实验室常用的722型可见分光光度计做简要介绍。

① 光源　光源的功能是提供稳定的、强度大的连续光。钨灯或卤钨灯在可见区发光强度大，被用作可见区测定的光源；氢灯或氘灯在紫外区发光强度大，被用作紫外区测定的光源。

② 分光系统　分光系统也称单色器，其作用是将光源提供的混合光色散成单色光。现代分光光度计基本上都采用光栅作为分光元件，配以入射狭缝、准光镜、投影物镜、出射狭缝等光学器件构成分光系统。

③ 样品池　样品池即吸收池，也叫比色皿，用光学玻璃或石英制成，用于盛放试样溶液供测定用。普通单波长分光光度计测量时需要两个比色皿，一个装待测液，另一个装参比液。

④ 检测显示系统　检测显示系统可将透过吸收池的光转换成电信号，经放大和对数转换后，以模拟或是数字信号的形式显示吸光度（或浓度）值。

2.1.4.4　722型可见分光光度计的操作和使用方法

图 2-14 是 722 型可见分光光度计的外形图。这里以该型号的仪器为例，介绍可见分光光度计的一般使用方法。

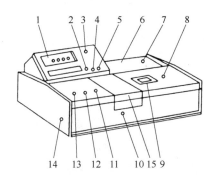

图 2-14　722 型可见分光光度计的外形图

1—数字显示器；2—吸光度调零旋钮；3—测量选择开关；4—吸光度斜率调节旋钮；5—浓度调节旋钮；
6—光源室；7—电源开关；8—波长调节旋钮；9—波长刻度窗；10—比色皿架拉杆；
11—100%T（透光率）调节旋钮；12—0%T（透光率）调节旋钮；
13—灵敏度调节旋钮；14—干燥器；15—比色室盖

① 使用仪器前，应先了解仪器的结构和工作原理，以及各个操作旋钮的功能。在未接通电源前，应对仪器的安全性进行检查，各个调节旋钮起始位置应该正确，然后再接通电源开关。

② 打开仪器电源开关 7，开启比色室盖 15，预热 20min。

③ 调节波长调节旋钮 8，波长调至测试用波长，见图 2-15。转动灵敏度调节旋钮 13，选择合适的灵敏度（尽可能选用低挡，即 1 挡；若步骤⑥不能调节透光率为 100%，可改为较高挡，如 2 挡；逐步提高。注意：每次改变灵敏度时，均需重复步骤⑤、⑥的操作）。测量选择开关 3 转为"T"（透光率）。

④ 将盛有参比液与待测液的比色皿放在比色皿架上，见图 2-16，并转入比色室（注意卡位）。

图 2-15　选择波长

图 2-16　比色皿放置示意图

⑤ 拉动比色皿架拉杆 10,将参比液对准光路。

⑥ 打开样品室盖(此时光门自动关闭),调节"0"旋钮,使数字显示为"0.000",盖上样品室盖,调节透过率"100%"旋钮,使数字显示为"100.0"。此时将测量选择开关 3 转为"A",则显示器 1 上显示值应为"0.000"。

⑦ 拉动比色皿架拉杆 10,将待测液对准光路,显示器 1 上指示的数字就是待测液的吸光度。

⑧ 若需改变波长进行测量,则每次改变波长时,必须重复步骤③~⑥的操作。

⑨ 若需测定浓度,可将测量选择开关 3 置于"浓度",再将已知浓度的标准样放入光路,用浓度调节旋钮 5 调节浓度值与标样浓度值相等。此后,拉动比色皿架拉杆 10,使待测液进入光路,显示值即为待测液的浓度值。

⑩ 测定完毕后,取出比色皿,洗净,倒置晾干后放入比色皿盒中;注意清洁比色架和比色室;关闭仪器电源后,盖上防尘罩。

2.1.4.5 比色皿的使用方法

① 拿比色皿时,手指只能捏住比色皿的毛玻璃面(图 2-17),不要碰比色皿的透光面,避免发生污染,不得将光学面与硬物或脏物接触。

② 盛装溶液时,高度为比色皿的 2/3 处(图 2-18)即可,光学面如有残液,可先用滤纸轻轻吸附(图 2-19),然后再用镜头纸或丝绸擦拭。

图 2-17 手拿比色皿示意图

图 2-18 比色皿装入量

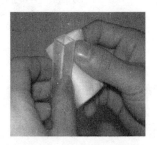
图 2-19 正确擦拭比色皿

③ 凡含有腐蚀玻璃或石英物质的溶液,不得长期盛放在比色皿中。

④ 比色皿在使用后,应立即用水冲洗干净。必要时可用 1:1 的盐酸浸泡,然后用水冲洗干净。不能用碱溶液或氧化性强的洗涤液洗比色皿,以免损坏。也不能用毛刷清洗比色皿,以免损伤它的透光面。每次做完实验时,应立即洗净比色皿。

⑤ 在测定一系列溶液的吸光度时,通常都按由稀到浓的顺序测定,以减小测量误差。

⑥ 不能将比色皿放在火焰或电炉上进行加热或干燥箱内烘烤。

⑦ 在测量时如对比色皿有怀疑,可自行检测。用户可将波长选择置实际使用的波长上,将一套比色皿都注入蒸馏水,将其中一只的透射比调至 95%(数字显示器调至 100%)处,测量其他各只的透射比,凡透射比之差不大于 0.5%即可配套使用。

2.1.4.6 使用注意事项

① 为避免光电管(或光电池)长时间受光照射引起的疲劳现象,应尽量减少光电管受

光照射的时间,不测定时应打开暗格箱盖,特别应避免光电管(或光电池)受强光照射。

② 若大幅度调整波长,应稍等一段时间再测定,让光电管有一定的适应时间。

③ 测定时,比色皿的位置一定要正好对准出光狭缝,稍有偏移,测出的吸光度的值就有很大误差。

④ 一般应把溶液浓度尽量控制在吸光度值 0.1～0.8 的范围内进行测定。这样所测得的读数误差较小。

⑤ 每改变一个波长,都要重新调透过率"0"和吸光度"100%"。

2.1.5 恒温水浴锅

2.1.5.1 构造

电热恒温水浴锅见图 2-20,一般都采用水槽式结构,分内外两层,内层用铝板或不锈钢板制成内胆,胆内底部设有电热管和托架。电热管是铜质管,管内装有电炉丝并用绝缘材料包裹,有导线连接温度控制器。外壳用薄钢板制成,外壳与内胆之间填充石棉等绝缘材料。温度控制器的全部电器部件均装在水浴锅右侧的电器箱内,控制器所带的感温管则插在内胆中,电器箱表面有电源开关、调温旋钮和指示灯。水浴锅左下侧有放水阀门,水浴锅顶上有一小孔可插温度计。

图 2-20 电热恒温水浴锅

2.1.5.2 性能

恒温水浴锅用电加热,电源电压为 220V。将水温自 20℃升至 100℃的时间约为 50min。

2.1.5.3 使用方法

① 向工作室水箱注入适量的洁净纯净水(至水槽内室 1/2～2/3 处)。
② 接通电源,开启电源开关。
③ 按一下 SET 键,使 PV 屏显示"SP",SV 屏显示当前设定的温度。
④ 按←键,通过↑或↓键,更改闪烁位数值,将 SV 屏设置为所需要的工作温度。
⑤ 再按两次 SET 键回到工作模式,即 PV 屏显示测量温度,SV 屏显示设定温度。
⑥ 放入需水浴的容器。
⑦ 工作完毕,切断电源,将水管向外拉出约 30cm,再拔出塞子放掉工作室内积水、擦干。

2.1.5.4 注意事项

① 水浴锅外壳必须有效接地，以保证使用安全。

② 在未加水前，切勿按下电源开关，以防烧坏电热管。

③ 当水浴锅发出声和光报警时，请先检查设定温度是否偏离正常范围，如未偏离，应停止使用，请专业维修人员检查。

④ 水浴锅内的水量不要超过其容积的 2/3，使用时一定要将待加热的容器浸入水浴中，水浴液面要高于容器中反应物的液面，且容器底不要接触水浴锅底，以免受热不均匀。

2.1.6 干燥箱

干燥箱是一种常用的仪器设备，主要用来干燥样品，也可以提供实验所需的温度环境。干燥箱一般分为镀锌钢板和不锈钢内胆的、指针的和数显的、自然对流和鼓风循环的、常规和真空类型等。

2.1.6.1 鼓风干燥箱

鼓风干燥箱也称热风循环干燥箱，见图 2-21。鼓风机的作用是使干燥箱内的空气水平对流循环，使箱内空气吹送到电加热器上加热后送到工作室，然后由工作室吸入风机再吹到电热管上加热，不断循环加热的同时也使箱内温度更加均匀。工作室的热空气可对潮湿的试样物品加热，水分也会因加热变成水蒸气混入热风中。好处是使得内部温度迅速分布均匀，所以温度的波动度和均匀度相对比较稳定。适用一般老化和烘焙实验、农业遗传研究、回湿实验、蛋白质和淀粉的消化、药物代谢、环氧树脂和塑料的固化实验、一般加热、玻璃器皿干燥、预加热、橡胶干燥浮颗粒物测量、纺织品干燥、橡胶硫化研究等。

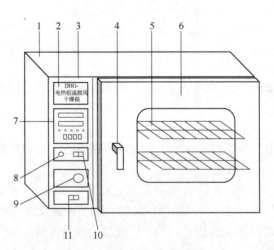

图 2-21 鼓风干燥箱结构示意图

1—箱体；2—铭牌；3—控制面板；4—门拉手；5—搁板；6—箱门；7—温度控制器；
8—电源指示灯；9—风门调节旋钮；10—电源开关；11—风机开关

（1）使用方法

① 使用前控温检查：第一次开机或使用一段时间或当季节(环境湿度)变化时．必须复核下工作室内测量温度和实际温度之间的误差，即控温精度。

② 样品放置：把需干燥处理的物品放入干燥箱内，上下四周应留存一定空间，保持工作室内气流畅通，关闭箱门。

③ 开机：打开电源及风机开关。此时电源指示灯亮，电机运转，控温仪显示。经过"自检"过程后，PV 屏应显示工作室内测量温度。SV 屏应显示使用中需干燥的设定温度，此时干燥箱即进入工作状态。

④ 设定温度、时间：点击"设定"键，进入温度设定状态，显示窗上排显示提示符 SU，再按↑、↓键修改所需要的设定值；再点击"设定"键进入到恒温时间设定状态，显示窗上排显示 ST1，可通过↑、↓键修改所需要的设定值（单位：min）；再点击"设定"键退出此设定状态，修改的数值自动保存。时间到 OUT 灯熄灭，ST 设定为 0 是没有定时功能。

⑤ 关机：干燥结束后．如需更换干燥物品，则在开箱门更换前先将风机开关关掉，以防干燥物被吹落掉；更换完干燥物品后（取出干燥物时，千万注意，小心烫伤），关好箱门，再打开风机开关，使干燥箱再次进入干燥过程；如不再继续干燥物品，把电源开关关掉，待箱内冷却至室温后，取出箱内干燥物品，将工作室擦干。

（2）注意事项

① 干燥箱外壳必须良好、有效接地，以保证安全。

② 干燥箱内不得放入易腐、易燃、易爆物品干燥。

③ 当干燥箱工作室温度接近设定温度时，加热指示灯忽亮忽暗，反复多次，属正常现象。一般情况下，在测定温度达到控制温度后 30min 左右，工作室内温度进入恒温状态。

④ 干燥箱在工作时，必须将风机开关打开，使其运转，否则箱内温度和测量温度误差很大，还会因此项操作引起电机或传感器烧坏。

⑤ 箱内应经常保持清洁，长期不用应套好塑料防尘罩，放置在干燥的环境室内。

2.1.6.2 真空干燥箱

所谓真空干燥就是将被干燥的物料处于真空条件下进行的加热干燥，它是利用真空泵进行抽气抽湿，使工作室内形成真空状态，降低水的沸点，加快了干燥速度，能在较低温度下得到较高的干燥速率，热量利用充分，在干燥过程中无任何不纯物混入，属于静态真空干燥，故不会对干燥物料的形体造成损坏。真空干燥箱专为干燥热敏性、易分解和易氧化物质而设计。电热真空干燥箱的抽空与充气均由电磁阀控制，电器箱在箱体的左侧或下部，电器箱的前面板上装有真空表、温控仪表及控制开关等，电器箱内装有电器元件，见图 2-22。

（1）使用方法

① 先将需要干燥处理的物品放入真空干燥箱内，将箱门关上，并关闭放气阀，接着开启真空阀，接通真空泵的电源开始抽气，使箱内真空度达到-0.1MPa 时，一定要先关闭真空阀，然后再关闭真空泵电源。

② 打开真空干燥箱的电源开关，选择所需的设定温度，箱内温度开始逐步上升，当箱内温度快要接近设定温度时，加热指示灯会忽亮忽熄，这样反复几次，一般 120min 以内就可进入恒温状态。

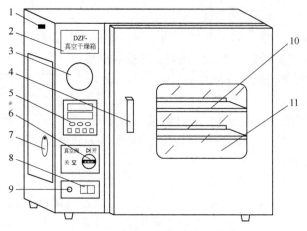

图 2-22 真空干燥箱结构示意图

1—放气孔；2—铭牌；3—真空表；4—门拉手；5—温度控制器；6—真空阀；7—抽气孔；
8—电源开关；9—电源指示灯；10—搁板；11—观察窗

③ 根据物品的潮湿程度，设定合适的干燥时间，如果干燥时间较长，真空度会随时间增长有所下降，需要再次抽气恢复真空度，应先打开真空泵电源，再开启真空阀。

④ 当所需工作温度较低时，可采用二次设定方法，如所需温度 60℃，首次可设定 50℃，等温度过冲开始回落后，再第二次设定 60℃。这样可降低甚至杜绝箱体内温度过冲现象，能够快速进入恒温状态。

⑤ 真空干燥箱干燥结束后应先关闭干燥箱电源，开启放气阀，解除箱内的真空状态，再打开箱取出物品。（解除真空后，如密封圈与玻璃门吸紧变形不易立即打开箱门，经过一段时间后，等密封圈恢复原形后，才能方便开启箱门。）

（2）注意事项

① 真空箱外壳必须有效接地，以保证使用安全。

② 真空箱应在相对湿度≤85%RH，周围无腐蚀性气体、无强烈震动源及强电磁场存在的环境中使用。

③ 真空箱工作室无防爆、防腐蚀等处理，不得放易燃、易爆、易产生腐蚀性气体的物品进行干燥。

④ 真空泵不能长时期工作，因此当真空度达到干燥物品要求时，应先关闭真空阀，再关闭真空泵电源，待真空度小于干燥物品要求时，再打开真空阀及真空泵电源，继续抽真空，这样可延长真空泵使用寿命。

⑤ 干燥的物品如潮湿，则在真空箱与真空泵之间最好加入过滤器，防止潮湿气体进入真空泵，造成真空泵故障。

⑥ 干燥的物品如干燥后改变为重量轻、体积小（为小颗粒状），应在工作室内抽真空口加隔阻网，以防干燥物吸入而损坏真空泵（或电磁阀）。

⑦ 真空箱经多次使用后，会产生不能抽真空的现象，此时应更换门封条或调整箱体上的门扣伸出距离来解决。当真空箱干燥温度高于 200℃时，可能会产生慢漏气现象，此时拆开箱体背后盖板用内六角扳手拧松加热器底座，调换密封圈或拧紧加热器底座来解决。

⑧ 放气阀橡胶塞若旋转困难，可在内涂上适量油脂润滑（如凡士林）。

⑨ 真空箱应经常保持清洁。箱门玻璃切忌用有反应的化学溶液擦拭，应用松软棉布擦拭。

⑩ 若真空箱长期不用,将露在外面的电镀件擦净后涂上中性油脂,以防腐蚀,并套上塑料薄膜防尘罩,放置于干燥的室内,以免电器元件受潮损坏,影响使用。

2.1.7 真空泵

"真空"一词来自拉丁语"vacuum",原意为"虚无""空的"。真空是指在给定空间内低于环境大气压力的气体状态,即给定空间内的气体分子密度低于该地区大气压力的气体分子密度,并不是没有物质的空间。真空泵是利用机械、物理、化学、物理化学等方法对容器进行抽气,以获得和维持真空的装置。真空泵和其他设备(如真空容器、真空阀、真空测量仪表、连接管路等)组成真空系统,广泛应用于电子、冶金、化工、食品、机械、医药、航天等部门。

随着真空应用的发展,真空泵的种类已发展了很多种,其抽速从每秒零点几升到每秒几十万、数百万升。极限压力(极限真空)从粗真空到 10~12Pa 以上的超高真空范围。水循环真空泵见图2-23,应用于低真空(10^5~10^3Pa)领域。由于真空应用部门所涉及的工作压力的范围很宽,因此任何一种类型的真空泵都不可能完全适用于所有的工作压力范围,只能根据不同的工作压力范围和不同的工作要求,使用不同类型的真空泵。为了使用方便和各种真空工艺过程的需要,有时将各种真空泵按其性能要求组合起来,以机组型式应用。

图 2-23 水循环真空泵实物图

2.1.7.1 使用方法

现以教学中常用的 SHB-Ⅲ型循环水多用真空泵(见图2-24),介绍其使用方法。

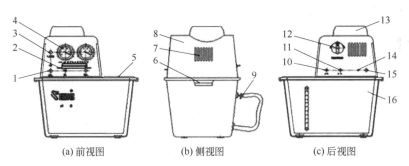

(a) 前视图   (b) 侧视图   (c) 后视图

图 2-24 SHB-Ⅲ型循环水多用真空泵外观示意图

1—电源开关;2—抽气嘴;3—电源指示灯;4—真空表;5—水箱小盖;6—扣手;7—散热窗;8—上帽;9—放水软管;10—循环进水嘴;11—循环出水嘴;12—循环水转动开关;13—电机风罩;14—电源进线;15—保险座;16—水箱

① 平稳放置,首次使用时,向水箱注清水至出水嘴下,重复开机可不再加水。

② 抽真空作业:将需要抽真空设备的抽气套管精密套接于本机抽气嘴上,关闭循环开关,接通电源,打开电源开关,即可开始抽真空作业。通过与抽气嘴对应的真空表观察真空度。

③ 当本机需要长时间连续作业时，水箱内的水温将会升高，影响真空度，此时，可将放水软管与水源（自来水）接通，溢水嘴作排水出口，适当控制自来水量，即可保持水箱内水温不升，使真空度稳定。

④ 当需要为反应装置提供冷却循环水时，在前面③操作的基础上，将需要冷却的装置进水、出水管分别接到本机后部的循环出水嘴、进水嘴上，转动循环水转动开关至 ON 位置，即可实现循环冷却水供应。

⑤ 抽真空完成后，先拔橡胶管与抽气嘴处的连接，再关闭电源。

2.1.7.2 注意事项

① 避免倒吸、无水运作。
② 保持水清洁。每星期至少更换一次水，如严重污染，则缩短更换时间。
③ 常见故障及排除方法见表 2-4。

表 2-4　SHB-Ⅲ型循环水多用真空泵常见故障及排除方法

故障	原因	排除方法
无真空或真空表指示不准	真空瓶、止回阀脏物堵塞或腐蚀	清理内部脏物或更换新瓶、新阀芯
	进水口、滤管网堵塞	清洗，掏出内部脏物
	叶轮脱落	更换叶轮
	真空表进水或漏气	甩干使表回零，或换表
	真空管堵塞或管龟裂	清洗管路或更换新管
水箱内水花翻腾	水位太低	向水箱注清水至溢水嘴下

2.1.8　马弗炉

马弗炉是实验室进行高温处理的一种实验仪器，马弗炉的英文为 Muffle furnace，意思是包裹起来的熔炉。国内马弗炉通常还有其他的叫法如：实验电炉、马福炉、电阻炉、高温炉等等，按照各地和各年代习惯均有所不同。高温炉由炉体和电炉温度控制两部分组成，配有一套控温系统，可以把温度控制在某一温度附近。电炉需要大的电流，通常和变压器联用。主要用于各种有机物和无机物的灰化、磺化、熔融、烘干、蜡烧除、熔合、热处理以及灼烧残渣、烧失量等的测试。

2.1.8.1　分类

对于马弗炉的分类，可以根据其适用条件、加热元件、额定温度、控制器和保温材料的不同而分类：

① 按适用条件分类有：管式炉、箱式炉、真空炉。管式炉的优点是保温效果好，升温速度快，适用需要通气情况下的实验，缺点是容积有限；箱式炉是实验室常用炉，适合不需要特殊保护的任何实验；真空炉适用于在真空条件下的实验。

② 按加热元件分类有：电炉丝马弗炉、硅碳棒马弗炉、硅钼棒马弗炉。

③ 按额定温度分类一般有：1000℃以下马弗炉，1000℃、1200℃马弗炉，1300℃、1400℃马弗炉，1600℃、1700℃、1800℃马弗炉。

④ 按控制器分类有：指针表，普通数字显示表，PID 调节控制表，程序控制表。

⑤ 按保温材料分类有：普通耐火砖和陶瓷纤维两种。

2.1.8.2 使用方法

现以 SX2-10-12NP 可程式箱式电阻炉为例（见图 2-25），介绍其使用方法。

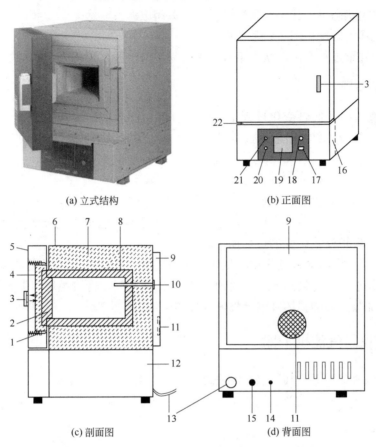

(a) 立式结构　　(b) 正面图

(c) 剖面图　　(d) 背面图

图 2-25　SX2-10-12NP 可程式箱式电阻炉炉体结构

1—内炉门滑动系统；2—炉门砖；3—炉门把手；4—内炉门；5—炉门；6—炉体外壳；7—保温层；8—炉膛；9—后盖；10—热电偶；11—降温风扇；12—电器配件室；13—电源线；14—接地线端子；15—控制电路保险；16—仪表室；17—电源开关；18—主电路启动按钮；19—温度控制仪表；20—加热指示灯；21—主电路启动指示灯；22—门保护开关

马弗炉主要操作步骤是在温度控制仪表上，电炉主体主要是开、关门及取出、放置物品。

操作流程：

① 按动炉门把手打开炉门，检查炉内应无杂物，放入样品关闭炉门；
② 打开电源开关，设置仪表温度；
③ 按动"启动"按钮给主电路供电，此时加热指示灯亮；
④ 电炉开始升温，仪表 PV 窗口温度值上升；
⑤ 打开炉门后，炉门"保护开关"自动启动，主电路断电，加热指示灯灯灭；
⑥ 关闭炉门后，炉门"保护开关"自动断开，主电路供电，加热指示灯灯亮。

当马弗炉首次使用或长期闲置又重新使用前，必须进行烘炉干燥，它是延长电炉使用寿命及防止漏电的有效手段。

烘炉步骤：
① 关闭炉门，将温度控制仪表设定200℃，按启动升温烘炉约3h；
② 再升至400℃烘炉约3h；
③ 升至600℃烘炉约2h；
④ 炉门关闭状态下，让炉温自然降温（可关闭电源）；
⑤ 至接近环境温度后即可正常使用；
⑥ 注意：升温过程及高温状态下打开炉门易造成炉膛、炉门开裂。

2.1.8.3 注意事项

① 因炉膛在高、低温变化过程中膨胀、收缩会产生或多或少的裂纹，这是目前无法解决的技术难题，超温使用更会加剧裂纹的产生，因此不要长时间在设计温度下使用马弗炉。

② 请不要在高温状态下开启炉门。

③ 因马弗炉保温材料易吸收水分，禁止烧结水分含量较高的物品，如物品过于潮湿，请先烘干处理后再放入马弗炉内烧结，否则马弗炉过于潮湿会降低马弗炉的电气安全（绝缘、耐压）指标并导致炉丝及炉壳的过早损坏。

④ 马弗炉禁止烧结含有氟化物、氯化物（如塑料、橡胶）、硫化物等物品，因高温状态下氟、氯、硫元素将加速加热元件的腐蚀（氧化）。而塑料、橡胶燃烧产生的絮状物（烟尘）易造成马弗炉加热元件的损坏及安全性能指标的降低。

2.1.9 玻璃仪器气流烘干器

玻璃仪器气流烘干器是利用热气流快速烘干玻璃器皿的小型干燥设备，是使用玻璃仪器的各类实验室、化验室干燥玻璃仪器的适用设备，见图2-26。

2.1.9.1 分类

根据材质和功能分A、B、C型三种型号：A型为基本型，无调温控制装置；B型为改造新型，有调温自动控制装置（可调温40～120℃）；C型为全不锈钢调温型。

根据规格可分为：①12孔、20孔和30孔；②标准管、异形管，粗细长度不等，可根据需要定做。

2.1.9.2 使用方法

① 根据需烘干的玻璃器皿的大小，将相应规格的风管接插到上盖的出风口上。

② 将温度设定旋钮旋至所需要的温度。连接电源，接通电源开关，则冷风指示绿灯亮，电机工作吹出冷风。再接通热风开关，则热风指示灯红灯亮，开始吹送热风。当气流温度升至设定温度附近时，热风指示灯灭，加热停止（吹风电机继续工作），当气流温度降到设定温度以下时，热风指示灯亮，继续加热。

图2-26 C-30玻璃仪器气流烘干器

③ 当玻璃器皿被烘干后，先关掉热风开关，等玻璃器皿被吹凉后取下，并确信吹出的气流为冷风时再关闭电源开关，切断电源。

2.1.9.3 注意事项

严禁烘干后直接关闭电源开关，以免剩余热量滞留于设备内部，烧坏电机和其他部件。

2.1.10 体视显微镜

体视显微镜亦称实体显微镜或解剖镜，是指一种具有正像立体感的目视仪器，见图2-27。体视显微镜放大率不如常规显微镜，但其工作距离很长，焦深大，便于观察被检物体的全层，视场直径大。被广泛地应用于生物学、医学、农林、工业及海洋生物各领域。对观察体无须加工制作，直接放入镜头下配合照明即可观察。

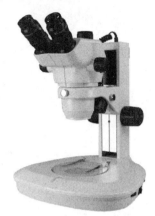

图 2-27　SMZ180 系列连续变倍体视显微镜

2.1.10.1 特点

（1）体视显微镜与生物显微镜的主要区别

① 体视显微镜放大倍数较低，通常为 80～100 倍，有的最高放大倍数可达 160～300 倍，但比生物显微镜的放大倍数小得多。

② 用体视显微镜观察标本，一般不经过制片手续，标本可直接放在物镜下观察。

③ 在体视显微镜下可对标本进行解剖，可随解剖、随观察。

④ 体视显微镜都是双目镜，模拟人的双眼两条视线，所观察的像有立体效果。

（2）体视显微镜的机械构造

① 体视显微镜只有粗调节，没有细调节，这是因为体视显微镜的焦点深度大。

② 体视显微镜无集光镜，也不用滤光片。

③ 体视显微镜载物台上没有标本推进器。

（3）体视显微镜光学系统

体视显微镜除目镜和物镜外，还附加有斯密特棱镜（用于倾斜式目镜）、反射棱镜系统（用于直立式目镜）和伽利略系统（加装在大物镜和小物镜之间，以转鼓改变放大倍数者即装有此种系统）。

2.1.10.2 结构与原理

体视显微镜的光学结构原理是由一个共用的低级物镜，对物体成像后的两个光束被两组中间物镜（亦称变焦镜）分开，并组成一定的角度（称为体视角，一般为 12°～15°），再经各自的目镜成像，它的倍率变化是由改变中间镜组之间的间隔而获得，因此又称为"连续变倍体视显微镜"（zoom-stereo microscope）。利用双通道光路，双目镜筒中的左右两光束不是平行，而是具有一定的夹角，为左右两眼提供一个具有立体感的图像。

2.1.10.3 使用方法

以 PXS5 体视显微镜为例，见图2-28，其使用方法如下。

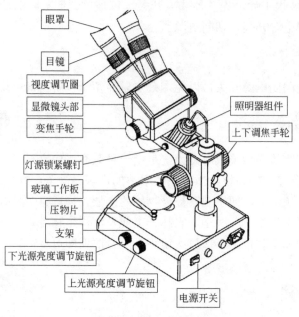

图 2-28 PXS5 结构图

① 把标本放在磨砂玻璃或黑白板载物台上,选择照明方式,打开开关,落射照明用于不透光标本,应选用塑料黑白板。透射照明用于透明或半透明标本内部结构的观察,此时应选用磨砂玻璃载物板。选择适当的亮度来满足观察的需要。

② 将目镜管视度调至 0 位,将变倍调节圈旋转至最高倍率位置,从目镜中观察工作台上的物体像,并转动调焦手轮,使物体像清晰。再将变倍调节圈旋转至最低倍率位置,若成像不清晰,可以分别调节左右视度调节圈,至物体像清晰。再将变倍调节圈旋转到最高倍率位置,观察物体像是否清晰,若像不清晰,转动调焦手轮,使物体像清晰即可。

③ 转动目镜座调节瞳距使左右两像合二而一。

④ 物镜放大倍率可以从变倍调节圈的标记处读出。物体像的总放大倍率:目镜倍数×变倍调节手轮系数×附加物镜倍数。

⑤ 调焦时若转动手轮感觉过紧或过松,可用一扳手旋转右边轴的松紧。

⑥ 在利用落射照明时可扳动落射照明架的角度,使光斑落在被观察的物体上,并根据需要调节照明的亮度。

2.1.10.4 注意事项

① 体视显微镜是高端仪器,对环境有一定要求,放置的地方一定要有光,防潮,灰尘少。潮湿的环境容易导致体视显微镜的损坏,影响功能,所以平时不用的时候要盖上防尘布,以免进入灰尘。

② 在调节物镜和其他装置的时候,要尽量小心,动作轻柔。因为它很多地方都用到调节,所以更要注意,调节不好容易损坏被观察物体,也容易损坏仪器。更换物镜和薄片时,要注意不要用力扳取。

③ 进行操作时,必须要保持右手握臂、左手托座的持镜姿势,千万不能一只手拿镜,

避免有的零件脱落或者碰撞到其他地方，对体视显微镜造成损坏。

④ 保持两眼同时睁开进行观察，在左眼观察视野的同时，右眼还要用来绘图。

⑤ 使用者要注意保持体视显微镜的清洁，其中光学和照明部分要求比较严格，做清洁时只能用擦镜纸擦拭，擦镜头要用专业的擦镜头的纸擦，动作不能过大。特别是杜绝用口吹、用手抹或者用布擦。不能让酸性、碱性等试剂流入载物台或者是镜头上，如果出现这种情况，应该及时擦干。

⑥ 使用过程中要坚持轻拿轻放的原则，注意不要随手把体视显微镜放在实验台面的边缘，防止一不小心碰翻落地。

⑦ 在放置玻片标本时，必须对准通光孔的中央，切记不能反放，以免压坏玻片或是碰坏物镜。另外操作者对仪器不要随意拆卸，以免损坏和影响使用效果。

⑧ 使用完体视显微镜，必须按照规定步骤进行复原，要检查是否关好电源，然后放回镜箱不要马上盖防尘布，要等到冷却后再盖上。还要将物镜调节到最低状态，平时要多检查是否有螺钉松动。

2.1.11 智能自动微波消解系统

微波是一种频率在 300MHz～300GHz，即波长在 100cm～0.1cm 范围内的电磁波。它位于电磁波谱的红外光谱和无线电波之间。通常用来加热的频率是 (2450 ± 50)MHz，其性能近似太阳光，波速与光速相同，波长为 12.24cm，振荡频率为每秒 24.5 亿次。

微波消解技术是利用微波的穿透性和激活反应能力加热密闭容器内的试剂和样品，可使制样容器内压力增加、反应温度提高，从而大大提高反应速率，缩短样品制备的时间。具有样品分解快速、完全，挥发性元素损失小，试剂消耗少，操作简单，处理效率高，污染小，空白低等显著特点，被誉为"绿色化学反应技术"。目前，微波消解技术已广泛地应用于分析检测中样品处理。

2.1.11.1 分类

微波消解根据所用仪器的类型分为高压密闭型和开放型，高压密闭型用于测定各种元素的样品处理，其特点是使用试剂少，速度快，污染少，最重要的是防止了砷、汞、硒等易挥发元素的损失，而开放型只使用于不易挥发元素的样品处理，但它解决了取样量少的问题。

2.1.11.2 原理

微波消解试样的原理：称取 0.2～1.0g 的试样置于消解罐中，加入约 2mL 的水、适量的酸。通常是选用 HNO_3、HCl、HF、H_2O_2 等，把罐盖好，放入炉中。当微波通过试样时，极性分子随微波频率快速变换取向，分子来回转动，与周围分子相互碰撞摩擦，分子的总能量增加，使试样温度急剧上升，同时，试液中的带电粒子（离子、水合离子等）在交变的电磁场中，受电场力的作用而来回迁移运动，也会与邻近分子撞击，使得试样温度升高。

2.1.11.3 结构

微波消解仪采用密闭聚丙烯罐、聚碳酸酯瓶和聚四氟乙烯的溶样器。聚丙烯罐、聚碳酸酯瓶和聚四氟乙烯具有优良的导热性、合适的热容量和可加工性，可对样品进行环绕立体均匀加热，样品各部位受热均匀，最大程度上防止了热量的散失，消除了同一样品不同部位的温度差。

新型智能微波消解仪采用高级双温度传感器设计和先进控温技术，因而其温度精度可达到 0.2℃。同时还具备过温保护、电流过流保护功能，采用智能控制器实现多步处理，可以根据需要设置无人值守程序，提高效率，节省人力和成本。经验证的成熟消解方法可随时存储和调用，还可实时显示温度曲线等。

2.1.11.4 使用方法

现以 APL 奥普乐智能高通量微波消解系统为例进行介绍。APL 奥普乐智能高通量微波消解系统具有加厚增强的 316L 不锈钢微波谐振腔腔体，可以容纳多种规格消解罐（70mL、100mL、110mL）和处理 1~40 个样品；同时配置全罐红外测温和全罐压力监控功能，采用 7in（1in=2.54cm，下同）触摸屏设计，中英文操作系统。

① 主机及附件见图 2-29、图 2-30。

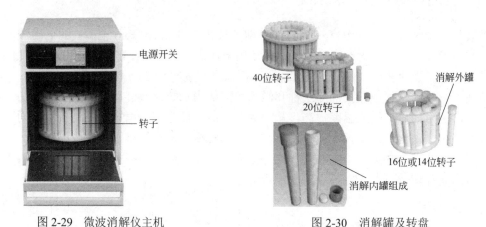

图 2-29　微波消解仪主机　　　图 2-30　消解罐及转盘

② 炉腔底部安装红外测温系统，注意防止灰尘并及时清洗。

③ 仪器接入 220V 电源后，打开电源开关，进入人机界面初始界面。

管理员：需要输入密码才可以进入本界面。

普通用户：开机 10s 后自动进入普通用户界面。

④ 进入管理员界面后可以修改方案（普通用户没有修改方案的权限）。

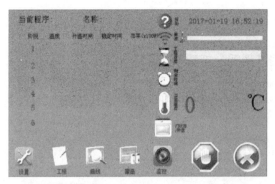

⑤ 点选"工程"按钮进入程序参数设定界面（管理员界面才有本权限）。

"温度"选项设置为需要达到并稳定的温度值，建议使用范围为 0～250，单位：℃；"时间"选项设置为在该进程中的运行时间，单位：min，"功率"设置为在该进程中，仪器运行时的功率大小，功率大小用数字代替，范围为 0～20，其中功率具体大小为设置的数字乘以 100W。

注意：为保证仪器的使用寿命，功率采取取小的原则，20 位及以上样品消解使用功率 12，20 位以下使用功率 10。

⑥ 曲线：点击曲线进入到曲线显示画面。

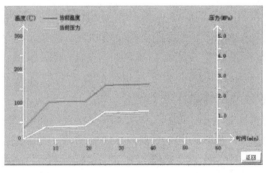

⑦ 加载：点加载，当前程序加载到主界面中。
⑧ 举例：茶叶、糕点、粮食等及类似样品的参考方案（表 2-5）。

表 2-5 参考方案表

阶段（N）	温度（T）/℃	升温时间（t_1）/min	稳定时间（t_2）/min	功率/W
1	120	5	3	10
2	160	5	15	10

⑨ 赶酸：为了保证样品消解液定容后酸度和标准液一致，消解完毕后需要对剩余的酸进行加热挥发（赶酸）。

⑩ 配套专用赶酸器（选配）赶酸（推荐采用此法）：将消解罐盖子拧开后，将消解罐放入专用赶酸器上，设置温度160℃，时间20min（根据消解液量可以适当延长或减少时间），也可以转移到烧杯中加热赶酸。本方法同样适用于样品的预消解（食品类有机质含量较高的样品，需要预处理防止消解过程压力迅速增大导致的爆罐）。

注意：赶酸器务必放入通风柜内。

2.1.11.5 注意事项

（1）消解罐

① 消解罐的使用　新消解罐在使用前须先清洗干净。清洗方法如下：加5mL硝酸于消解罐内，盖上内盖，旋紧外盖，于微波消解仪中。设定150℃，时间t_1为10min，t_2为10min，功率10W，溶去罐内沾污之物，再用去离子水冲洗干净。

② 消解罐的放置　多个样品同时消解放置优先在外圈均匀排列，外圈放满后放置内圈，并且保证消解罐内罐的外壁与外罐的内壁保持干燥。

（2）消解试样

① FT及FC系列消解罐只供在微波消解仪中制备试样之用。不能在电炉上直接加热；也不能在烘箱中密封增压分解试样。

② 微波消解试样应放在有抽风排气的通风橱或者毒气柜中进行。当由于某种原因产生超压泄气时，可将泄出的腐蚀性气体及时排出以保护操作人员的健康及良好的工作环境。

③ 一般情况下，干燥的固体样品，其取样量不大于0.3g。如果是含水分的样品如水果、动物组织等，可以按水分含量进行折算后，增大取样量，但干燥样量仍不超过0.3g。对于情况不明的样品，如不了解样品与溶剂在微波加热下发生的化学反应的剧烈程度，对此类样品应先取不大于0.1g的样品量进行消解实验，然后根据其消解的反应剧烈程度，再决定最后的合适的取样量进行消解。

④ 每个消解罐内所加消解试剂的总量最多不要超过消解罐内容积的1/3。

⑤ 不允许单独使用高氯酸和高沸点的硫酸、磷酸在罐内分解试样。否则，会产生严重的安全后果和损坏消解罐。因为密封增压用硝酸、王水、双氧水已有非常强烈的消化能力，也没有必要使用高氯酸。使用高氯酸非常容易引起爆炸，特别是存在有机物时更是如此。许多实验室禁止使用高氯酸分解试样以保证安全。

⑥ 消解水样测定COD时，使用$H_2SO_4\text{-}K_2Cr_2O_7$等混合氧化剂时，一定要小心加入罐中，切勿流淌在罐子外部、罐口和锥形斜面上。因为这些部位的硫酸或含硫酸的溶剂在受到微波加热时会逐渐失去水分，残留的硫酸吸收微波能而形成的局部高温足以使该部位的聚四氟乙烯分解，致使消解罐受损甚至破坏其密封性能。对于甘油、三甘油酯、脂肪及脂肪酸、纤维素等物质不允许单独使用浓硝酸在消解罐中进行密封消解。硝化甘油、硝化纤维素、硝化芳香化合物不可在消解罐中密封消解。对于易挥发的有机物如有机溶剂以及含大量易挥发物的物质等不能进行密封消解。如果一定要消解，则应预先将样品在开口容器中加热使易挥发物除去后，再进行消解，以确保安全。

⑦ 消解样品时，取适量试样于消解罐内，加入适量的溶剂后，应充分摇匀，勿使黏附于罐壁或浮在面上。可放置一段进行预消化。如果加入溶剂后反应剧烈，则应分次加入溶剂，

待反应平静后再加上内盖并旋紧外盖。为保证消解效果,外盖一定要旋紧。

⑧ 在微波消解中途若出现意外,应紧急按下停止,停止微波加热。其他未出现失败的消解罐应取出冷却,待重新设置消解条件后完成消解,以确保安全和消解效果。

⑨ 生物试样或含大量有机物的试样消解完毕后,虽然已经没有固态的残渣,但是一些有机物并没有破坏完全而残留于试液中。这对于其后的原子光谱测定,并没有多少妨碍。但是如果用极谱法尤其是催化极谱法和电位溶出法测定微量元素,这些残存的有机物会对电极行为产生不利影响。因此,消解试样时,可在最后阶段以中等功率适当延长消解时间,将残存的少量有机物彻底破坏。

⑩ 样品消解完毕后取出消解罐(热、烫!应戴上防护手套再拿取),使之冷却至100℃以下(可用冷水浸泡,但水位在罐子的1/2高度处即可,勿使冷却水浸入螺旋部位),然后再慢慢旋开外盖。此步骤操作应在有抽风的毒气柜中进行。操作人员应穿上防护工作服,戴上防护手套。最好是戴上防护口罩,以防被可能逸出的腐蚀性气体所伤害。

2.2 玻璃仪器的洗涤与干燥

视频

在无机化学实验工作中,洗涤玻璃仪器不仅是一项必须做的实验前的准备工作,也是一项技术性的工作。仪器洗涤是否符合要求,对检验结果的准确度和精密度均有影响。因此,在实验前必须将玻璃仪器清洗干净,这是化学实验中必不可少的一个重要环节。

2.2.1 玻璃仪器的洗涤

玻璃仪器的洗涤方法很多,应根据实验的要求、污物的性质及沾污的程度来选择。一般来说,附在仪器上的污物,既有可溶性的物质,也有尘土及其他难溶性的物质,还有油污等有机质。洗涤时应根据污物的性质和种类,采取不同的方法。

2.2.1.1 水洗

仪器中加入少量自来水,用毛刷轻轻刷洗,再用自来水冲洗几次,既可使可溶物溶去,又可使附着在仪器表面上不牢的灰尘及不溶物脱落下来,但洗不掉油污等有机质。

2.2.1.2 用去污粉洗

去污粉是由碳酸钠、白土、细沙等组成,能除去油污和有机物,由于去污粉中细沙的摩擦作用和白土的吸附作用,使洗涤效果比较好。对试管、烧杯、量筒等普通玻璃仪器进行洗涤时,先用少量自来水将仪器润湿,再用毛刷沾上少许去污粉刷洗仪器的内外壁,最后用自来水边冲边刷洗至肉眼看不见有去污粉,使仪器内外壁能被水均匀润湿而不挂带水珠,证实仪器洗涤干净。若有水珠,仍然需要重新洗涤,必要时用蒸馏水或去离子水冲洗2~3次。

2.2.1.3 用洗衣粉或合成洗涤剂洗

在进行精确的实验时,对仪器的洁净程度要求较高,一些具有精确刻度、形状特殊的仪器不宜用上述方法洗涤时，可用 0.1%～0.5%（质量分数）的合成洗涤剂洗涤。洗涤时，可往仪器中加入少量配好的洗涤液，摇动几分钟后，把洗涤液倒回原瓶，然后用自来水将洗涤液冲去。

2.2.1.4 用特殊洗液洗

在实验室，对一些顽固污渍还有专门配制的洗涤液，如铬酸洗液、碱性高锰酸钾洗液等。

（1）铬酸洗液

铬酸洗液是强氧化性洗液，是用重铬酸钾（$K_2Cr_2O_7$）和浓硫酸（H_2SO_4）配成。$K_2Cr_2O_7$ 在酸性溶液中，有很强的氧化能力，对油污及有机物的去污能力特别强，对玻璃仪器又极少有侵蚀作用。所以该洗液在实验室广泛使用。

配制浓度各有不同，从 5%～12%的各种浓度都有。配制方法大致相同：取一定量的 $K_2Cr_2O_7$，先用约 1～2 倍的水加热溶解，稍冷后，将浓 H_2SO_4 按所需体积徐徐加入 $K_2Cr_2O_7$ 水溶液中（千万不能将水或溶液加入浓 H_2SO_4 中），边倒边用玻璃棒搅拌，并注意不要溅出，混合均匀，待冷却后装入洗液瓶备用。新配制的洗液为红褐色，氧化能力很强。

例如，配制 12%的铬酸洗液 500mL。称取 60g $K_2Cr_2O_7$ 置于 100mL 水中（加水量不是固定不变的，以能溶解为度），加热溶解，冷却，徐徐加入 340mL 浓 H_2SO_4，边加边搅拌，冷后装瓶备用。

使用铬酸洗液时注意不能溅到身上，以防"烧破"衣服和损伤皮肤。如不慎洒在皮肤、衣服上，应立即用自来水冲洗。使用铬酸洗液前，应尽量将仪器中的水去掉，以防把洗液稀释。洗液倒入要洗的仪器中，应使仪器周壁全部浸洗后稍停一会儿再倒回洗液瓶，可反复使用。当洗液用久后变为绿色，即说明洗液已失效，不能继续使用了。第一次用少量水冲洗刚浸洗过的仪器后，废水不要倒在水池里和下水道中，长久会腐蚀水池和下水道，应倒在废液缸中。如果无废液缸，倒入水池时，要边倒边用大量的水冲洗。

（2）碱性高锰酸钾洗液

用碱性高锰酸钾作洗液，作用缓慢，适合用于洗涤有油污的器皿。洗后容器里的沾污处有褐色二氧化锰（MnO_2）析出，再用浓盐酸或草酸洗液等还原剂去除。配法：取 4g 高锰酸钾（$KMnO_4$）加少量水溶解后，再加入 100mL 10%氢氧化钠（NaOH）。

（3）纯酸、纯碱洗液

根据器皿污垢的性质，直接用浓盐酸（HCl）、浓硫酸（H_2SO_4）或浓硝酸（HNO_3）浸泡或浸煮器皿（温度不宜太高，否则浓酸挥发刺激人）。纯碱洗液多采用 10%以上的浓烧碱（NaOH）、氢氧化钾（KOH）或碳酸钠（Na_2CO_3）液浸泡或浸煮器皿（可以煮沸）。

（4）有机溶剂

带有脂肪性污物的器皿，可以用汽油、甲苯、二甲苯、丙酮、酒精、三氯甲烷、乙醚等有机溶剂擦洗或浸泡。使用时应注意其毒性及可燃性。

对于比较精密的仪器如容量瓶、移液管、滴定管，不宜用碱液、去污粉洗涤，不能用毛刷洗。已洗净的玻璃仪器应清洁透明，内壁被水均匀润湿。将仪器倒置时，可看到器壁上只留下一层均匀的水膜而不挂水珠。

洗涤玻璃仪器时要注意：凡是洗过的仪器内壁，绝不能用布或纸去擦拭；使用后的玻璃仪器需及时清洗。

2.2.2 玻璃仪器的干燥

实验中经常要用到的仪器应在每次实验完毕后洗净干燥备用。不同实验对仪器干燥有不同的要求，一般定量分析用的烧杯、锥形瓶等仪器洗净即可使用，而用于食品分析的仪器很多要求是干燥的，有的要求无水痕，有的要求无水。应根据不同要求进行干燥。

（1）晾干

不急用的、仅要求一般干燥的仪器，可在蒸馏水冲洗后，在无尘处倒置控去水分，然后自然干燥。可用安有斜木钉的架子或带有透气孔的玻璃柜放置仪器。

（2）烘干

洗净的玻璃仪器控去水分，仪器口向上放置在烘箱内烘干，玻璃塞应从仪器上取下，放在仪器的一旁，烘箱温度为 105～110℃烘 1h 左右。也可放在红外灯干燥箱中烘干。此法适用于一般仪器。称量瓶等在烘干后要放在干燥器中冷却和保存。带实心玻璃塞的及厚壁仪器烘干时要注意慢慢升温并且温度不可过高，以免破裂。量器不可放于烘箱中烘。

硬质试管可用酒精灯加热烘干，要从底部烤起，把管口向下，以免水珠倒流把试管炸裂，烘到无水珠后把试管口向上赶尽水汽。

（3）热（冷）风吹干

对于有刻度的仪器、急于干燥的仪器或不适于放入烘箱的较大的仪器可用吹干的办法。通常用少量乙醇、丙酮（或最后再用乙醚）倒入已控去水分的仪器中摇洗，然后用电吹风机吹，开始用冷风吹 1～2min，当大部分溶剂挥发后吹入热风至完全干燥，再用冷风吹去残余蒸汽，不使其又冷凝在容器内。此法要求通风好，防止中毒；不可接触明火，以防有机溶剂爆炸。

2.2.3 玻璃仪器的存放

玻璃仪器的存放要分门别类，便于取用。移液管洗净后应置于防尘的盒子中；滴定管用毕洗去内存的溶液，用纯水冲洗后，倒置夹于滴定管夹上，长期不用的酸式滴定管应去除凡士林后，垫上纸片并用皮筋拴好活塞保存；比色皿用后洗净，在小瓷盘或塑料盘中垫上滤纸，倒置其上晾干后收放于比色皿盒或洁净的器皿中；带磨口塞的玻璃仪器如容量瓶、比色管等最好在清洗前就用线绳或塑料细丝把塞和瓶口拴好，以免打破塞子或弄混，需长期保存的磨口仪器要在塞子和磨口间垫一纸片，以免日久粘住，磨口塞间有砂粒不要用力转动，也不要用去污粉擦洗磨口，以免降低其精度；成套仪器如索氏萃取器、气体分析器等用毕要立即洗净，放在专用的盒子里保存。

2.3 简单玻璃仪器的加工操作

在化学实验中，常常会用到一些小件的玻璃仪器及零件，如滴管、毛细管、搅拌棒等，尽管多数情况下可获得成品，但有时需要自己加工制作，因而学会简单的玻璃加工技术具有一定的实用价值，也是必备的基本实验技能之一。

2.3.1 玻璃管的切割

取一干净、直径小于 25mm 的玻璃管（棒），平放在桌面上，一手按住玻璃管（棒），一手用扁锉或三角锉、砂轮片用力划一道约为玻璃管（棒）圆周长的三分之一到四分之一的锉痕（只能向一个方向锉，不要来回锯划），锯痕应与玻璃管（棒）垂直。然后用两手握住玻璃管（棒），锉痕朝外，两拇指置于锉痕背后，轻轻用力向前推压，同时两手稍用力向两侧拉折，玻璃管（棒）即在锉痕处折断，见图 2-31。

新切断的玻璃管（棒）的断口很锋利，容易划伤皮肤、割破橡胶管，需要熔烧圆滑。将玻璃管（棒）的断口呈 45°角置于酒精灯的氧化焰边缘，边烧边转动，待截面变得光滑即可。熔烧时间不宜太长，以免玻璃管口缩小，玻璃管（棒）变形，见图 2-32。

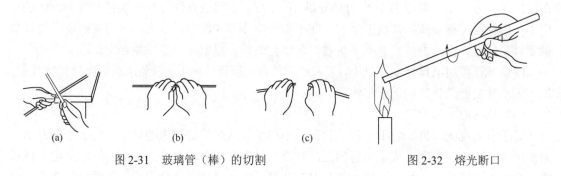

图 2-31　玻璃管（棒）的切割　　　　图 2-32　熔光断口

2.3.2 玻璃管的弯曲

实验中常用的玻璃弯管有 45°、75°、90°、135°等。下面介绍简易弯管方法：两手轻握玻璃管的两端，将要弯曲的部位斜插入氧化焰中加热，玻璃管加热部分要稍宽些，同时要不时转动使其受热均匀。当玻璃管软化后从火焰中取出，随着玻璃管中段软化向下弯曲，两手轻轻向上弯曲至所需角度，通常一次达不到所需角度，常需分几次弯；弯好的玻璃管应在同一平面上。合格弯管与不合格弯管见图 2-33。

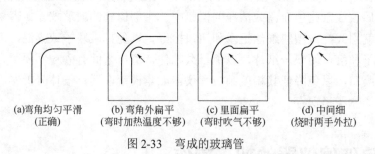

(a)弯角均匀平滑　　(b) 弯角外扁平　　(c) 里面扁平　　(d) 中间细
　（正确）　　　（弯时加热温度不够）（弯时吹气不够）（烧时两手外拉）

图 2-33　弯成的玻璃管

2.3.3 玻璃管的拉制（制作滴管和毛细管）

拉制滴管的方法是：截取一段玻璃管，在要拉细的地方先用文火预热，然后加大火焰，并不断转动玻璃管。当玻璃管发黄变软时，移离火焰，向两边缓慢地边拉边旋转至所需长度，直至玻璃完全变硬方能停转（图 2-34）。注意拉出的细管要与粗管保持同轴。截取所需长度，管尖略烧平滑。玻璃管另一端烧熔收缩，做成缩口，安上橡胶帽。

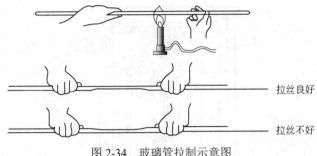

图 2-34　玻璃管拉制示意图

拉制毛细管的方法是：取直径 10mm、壁厚 1mm 左右的玻璃管，同上法在火焰上加热。当烧制变软时，离开火焰，两手同时握玻璃管作同方向来回转动，水平方向向两边拉开，先慢后快，拉成直径 1mm 左右的毛细管，截成小段，两端在火焰边缘用小火熔封，注意成 45°边烧边转。使用时从中间截开。

2.3.4　玻璃搅拌棒的制备

取一根一定长度的玻璃棒，在酒精喷灯火焰上将距一端约 2cm 处烧软后，先弯 135°，再将弯曲部分烧软化后放在石棉网（板）上，用老虎钳等硬物压扁即可。可装在电动搅拌头上，制备方法简单，搅拌效果良好。

2.3.5　玻璃燃烧匙的制作

选用直径 6mm 的玻璃管，在高温火焰中强热，不断转动，使一端熔融封口，封口后将玻璃管离开火焰，从管口向内均匀吹气，使熔封部分膨胀到约呈 12mm 玻泡，然后在火焰中加热玻泡的一边，使之软化，从管口吸气，软化部位凹陷成匙状，最后在接近匙旁的玻管部位，边转动边加热，待软化后弯成 90°，即成所需的燃烧匙。

2.4　天平的使用方法和称量方法

天平是进行化学实验必不可少的重要仪器。天平种类很多，按天平的平衡原理，可分为杠杆式天平和电磁力式天平等；按天平的使用目的，可分为分析天平和其他专用天平；按天平的精度，分析天平又分为常量（0.1mg）、半微量（0.01mg）、微量（0.001mg）天平等。使用时要根据称量精度的要求合理地选用天平。以下就重点介绍大学化学实验室中常用的分析天平：电光分析天平和电子天平。

2.4.1　电光分析天平

（1）电光分析天平的构造

电光天平也称半自动电光分析天平，能称准至 0.1mg。电光分析天平的构造见图 2-35，是由横梁、立柱、悬挂系统、光学读数装置、操作系统及天平箱构成。

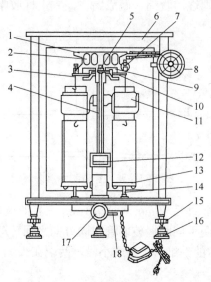

图 2-35　电光分析天平

1—横梁；2—平衡螺钉；3—吊耳；4—指针；5—支点刀；6—框罩；7—圈码；8—指数盘；9—支柱；10—托叶；11—阻尼器；12—投影屏；13—天平盘；14—盘托；15—螺旋脚；16—垫脚；17—升降旋钮；18—调屏拉杆

① 横梁　又称天平梁，是天平的主要部件，一般由铜或铝合金制成。梁上有三个三棱形的玛瑙刀，中间一个刀口向下，称支点刀，两端等距离处各有一个刀口向上的刀，称承重刀，三个刀口的锋利程度决定天平的灵敏度，因此应十分注意保护刀口。横梁上两边各有一个平衡螺钉，用于调节天平的零点。梁的正中下方有一细长的指针，指针下端固定着一透明的缩微标尺。称量时，通过光学读数装置可从标尺上读出 10mg 以下的重量。

② 立柱　立柱是天平梁的支柱，立柱上方嵌有玛瑙平板，天平工作时，玛瑙平板与支点刀接触，天平关闭时，装在立柱上的托叶上升，托起天平梁，使刀口与玛瑙平板脱离接触，保护刀口，立柱后方有一水准器，能指示天平的水平状态。调节天平箱下方螺旋脚的高度，可使天平达到水平。

③ 悬挂系统　悬挂系统包括吊耳、空气阻尼器及天平盘三个部分。天平工作时，两个承重刀上各挂着一个吊耳，吊耳上嵌着的玛瑙平板与承重刀口接触，天平关闭时则脱开。吊耳下各挂着一个天平盘，分别用于盛放被称量物和砝码。吊耳下还分别装有两个互相套合而又互不接触的铝合金圆筒组成的空气阻尼器，阻尼器的内筒挂在吊耳下面，外筒固定在立柱上，当天平工作时，由于空气的阻尼作用，可使横梁很快静止下来。

④ 光学读数装置　电光分析天平的机械加码装置可以添加 10mg 至 990mg 的质量。旋转内、外层圈码指数盘，与左边刻线对准的读数就是所加的圈码重量。此外，还有光学读数装置见图 2-36。只要旋开升降旋钮，使天平处于工作状态，天平后方灯座中的小灯泡即亮，灯光经过准直，将缩微标尺上的刻度投影到投影屏上，这时可以从投影屏上读出 0.1mg 至 10mg 的质量。

⑤ 操作系统　天平的操作系统除了机械加码装置外还有升降枢，它装在天平台下正中，连接托梁架、盘托和光源，由升降旋钮来控制。启动升降枢时，托梁即降下，梁上的三个刀口与相应的玛瑙刀承（平板）接触，盘托下降，吊耳和天平盘自由摆动，天平进入工作状态，

同时也接通了电源。在屏幕上看到标尺的投影。停止称量时，关闭升降枢，则天平梁与盘被托起，刀口与玛瑙平板脱离，天平进入休止状态，光源切断，光屏变黑。

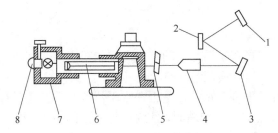

图 2-36　光学读数装置示意图

1—投影屏；2, 3—反射镜；4—物镜筒；5—微分标牌；6—聚光镜；7—照明筒；8—灯头座

⑥ 天平箱　为防止有害气体和尘埃的侵蚀，以及气流对称量的影响，天平安放在一个三方装有玻璃门的天平箱内。取放被称量物和砝码时，应开侧门，天平的正门只在调节和维修时使用。此外，每台天平都附有一盒配套的砝码。为了便于称量，砝码的大小有一定的组合形式，通常以 5、2、2、1 组合，并按固定的顺序放在砝码盒中。

(2) 电光分析天平的使用

电光分析天平是一种精密仪器，称量时一定要认真仔细。称量步骤一般是：

① 检查　称量前一定要检查天平是否水平，吊耳和圈码是否脱落，圈码指数盘是否指示"0.00"的位置，天平盘上是否有异物，箱内是否清洁等。

② 调节零点　接通电源，缓慢开启升降旋钮，这时可以看到缩微标尺的投影在光屏上移动。当投影稳定后，如果光标上的刻线不与标尺的"0.00"刻度重合，可以通过调屏拉杆，移动光标的位置，使刻线与标尺的"0.00"刻度重合，零点即调好。如果将光标移到尽头后，两者还不能重合，则需要调节天平梁上的平衡螺钉（这一操作由教师指导进行）。

③ 称量　打开侧门，把在台秤上粗称过的称量物放在右盘中央，关好天平门，调节砝码重量（加砝码按从大到小的顺序），慢慢开启升降旋钮，根据指针或缩微标尺偏转的方向（指针偏转方向与缩微标尺偏转的方向相反），决定加减砝码和圈码。如指针向左偏转（标尺向右偏转），表明物体比砝码重，应关闭升降旋钮，增加砝码后再称重。如指针向右偏转（标尺向左偏转），表明砝码比物体重，应关闭升降旋钮，减小砝码再称重。这样反复调整，直到开启升降旋钮时，投影屏上的刻线与缩微标尺上的刻度重合在 0.0～10.0mg 之间为止。

④ 读数　当缩微标尺稳定后，即可读出投影屏刻线与标尺重合处的数值。其中 1 大格为 1mg，1 小格为 0.1mg。若刻线在两小格之间，则按四舍五入的原则取舍。读取投影屏上的读数后立即关闭升降旋钮。

被称量物质量为砝码读数、圈码读数、投影屏上的读数之和。如称量结果是：砝码重 35 克，圈码重 230mg，投影屏上的读数为 1.6mg，见图 2-37，则被称量物质量为：

$$35 + 0.230 + 0.0016 = 35.2316(g)$$

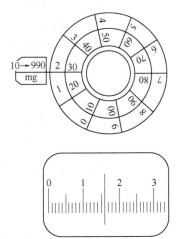

图 2-37　圈码指数盘和投影屏读数

⑤ 复原　称量完毕后必须检查：升降枢是否关闭；砝码是否齐全；称量物是否已取出；指数盘是否恢复到零位；两个侧门是否关好。最后罩上天平罩，在使用登记本上签字后方可离开。

（3）电光分析天平使用注意事项

① 电光分析天平应安置在室温均匀的室内，并放在牢固的台面上，应避免震动、潮湿、阳光直接照射，防止腐蚀气体的侵袭。

② 称量前，应检查天平是否正常，是否在水平位置。不要随意移动天平的位置。

③ 应从左右两门取放称量物和砝码，且放在天平盘的中央。绝不允许超过天平的负载，也不能称量热的物体，称量易吸水或腐蚀性物体时应放在密闭容器内。称量时，要关闭天平门。

④ 开启升降旋钮时，一定要轻轻放，以免损伤玛瑙刀口。每次加减砝码、圈码或取放称量物时，一定要先关闭升降旋钮。加完后，再开启旋钮，进行读数。

2.4.2　电子分析天平

视频

与电光分析天平相比，电子分析天平可直接进行称量，全程不需要砝码，操作方便快捷。常见电子分析天平的结构都是机电结合式的，由载荷接受与传递装置、测量与补偿装置等部件组成。电子分析天平的最基本功能：自动校准、自动调零、自动扣除空白和自动显示称量结果。电子分析天平已逐渐进入化学实验室为学生广泛使用。

（1）电子分析天平的工作原理

电子分析天平是基于电磁学原理制造的，它利用电子装置完成电磁力补偿的调节，使物体在重力场中实现力矩的平衡，或通过电磁力矩的调节使物体在重力场中实现力矩的平衡。电磁传感器电子分析天平主要由电源、电磁传感器、键盘和显示器、控制电路等几部分组成，其中的核心部分是传感器。天平空载时，电磁传感器处于平衡状态，加载后传感器的位置检测器信号发生变化，并通过放大器反馈使传感器线圈中的电流增大，该电流在恒定磁场中产生一个反馈力与所加载荷相平衡。同时，微处理器将使电磁传感器平衡的电流变化量转变为质量数字信号，由显示器显示出来。

（2）电子分析天平的结构

电子分析天平是高精密度电子测量仪器，可以精确地测量到 0.0001g，且称量准确而迅速。电子分析天平的型号很多，下面以岛津 AUY 系列为例，介绍电子分析天平的结构（见图 2-38）。

（3）电子分析天平的正确使用

① 将天平置于稳定的工作台上，避免振动、气流及阳光照射。

② 调整地脚螺栓高度，使水平仪内的气泡位于中央。

③ 接通电源，天平在初次接通电源时或长时间断电后，需预热 30min 以上。平时保持天平一直处于通电状态。

④ 轻按开关键，天平进行自检，当显示屏上显示 "0.0000g" 时，就可以称量了。但首次使用天平必须进行校正。

⑤ 校正：首先使其处于 "g" 显示，此时称量盘上应处于无物品状态。按 1 次校准键 "CAL"，显示屏上显示 "E-CAL"，按 "O/T" 零点显示闪烁，约经 30s 后确定已稳定时，应装载的砝

码值闪烁。打开称量室的玻璃门，装载显示出质量的砝码，关上玻璃门。稍等片刻，零点显示闪烁，将砝码从称量盘上取下，关上玻璃门。"CAL End"显示后返回到"0.0000g"显示时，灵敏度调整结束。

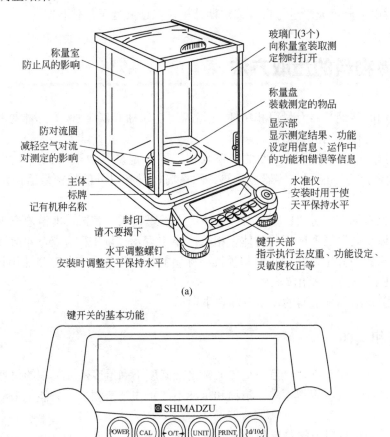

图 2-38　岛津 AUY 系列电子分析天平

POWER 键—开关键；UNIT 键—切换测定单位键；CAL 键—校准/菜单设定键；
PRINT 键—打印键；O/T 键—去皮键；1d/10d 键—切换测定量程键

⑥ 将样品瓶（或称量纸）放在天平的称量盘中，关上天平门，待读数稳定后记录显示数据。如需进行"去皮"称量，则按下去皮键"O/T"（或"TARE"），使显示为 0.0000g，然后放置样品进行称量。

⑦ 称量完毕，天平清零后，按住"OFF"（或"POEWER"）键，直到显示"OFF"，然后松开该键，即关闭天平。

（4）电子分析天平使用注意事项

① 读数时应关闭所有天平门，以免影响读数的稳定性。

② 药品不能直接放在天平盘上称量；易挥发和具有腐蚀性的物品，要盛放在密闭的容器中，以免腐蚀和损坏电子分析天平。

③ 操作要小心，在秤盘上加载物品时要轻拿轻放，以免撒落药品。若不小心撒落，要及时清理干净，以免腐蚀天平。

④ 操作天平不可过载使用，以免损坏天平。

⑤ 经常对电子分析天平进行自校或定期外校，保证其处于最佳状态。

2.5 液体物料的量取方法

实验室常用的玻璃量器有量筒和量杯、移液管、容量瓶和滴定管，一般根据量取精度（实验要求）的不同选择不同的量器。

量器是带有一定精确程度刻度的玻璃仪器，用于定量量取液体试剂。所有量器都不能取用热的液体，更不能用作容器被加热。除量筒、量杯以外的精密量器在使用前应进行校正。

精密量器上常标有符号"E"或"A"。"E"表示"量入"容器，即溶液充满至标线后，量器内溶液的体积与量器上所标明的体积相等；"A"表示"量出"容器，即溶液充满至刻度后，将溶液自量器中倾出，体积正好与量器上标明的体积相等。有些容量瓶用符号"In"表示"量入"，"Ex"表示"量出"。

下面将分别介绍各种量器的使用及注意事项。

2.5.1 量筒和量杯

视频

量筒和量杯（上粗下细，刻度不均匀）都是准确度不高量度液体体积的仪器，量杯的精度不及量筒的，在实验中用得不多。量筒和量杯不能用作精密测量，只能用来测量液体的大致体积。

量筒（杯）的规格以所能量度的最大容量（mL）表示，常用的有 10mL、25mL、50mL、100mL、250mL、500mL、1000mL 等。量筒越大，管径越粗，其精确度越小，实验中应根据所取溶液的体积，尽量选用能一次量取的最小规格的量筒。

向量筒（杯）里注入液体时，应用左手拿住量筒（杯），使量筒（杯）略倾斜，右手拿试剂瓶，使瓶口紧挨着量筒（杯）口，使液体缓缓流入。待注入的量比所需要的量稍少时，把量筒（杯）放平，改用胶头滴管滴加到所需要的量。注入液体后，等 1~2min，使附着在内壁上的液体流下来，再读出刻度值。否则，读出的数值偏小。

读数时，视线要与液面相平，即视线与量筒（杯）内液体的凹液面的最低处（弯月面底部）保持水平，读取与弯月面底部相切的刻度，见图 2-39。否则，读数会偏高或偏低。

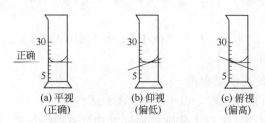

图 2-39 观察量筒内液体的体积

注意事项：量筒（杯）是不能加热的，也不能用于量取过热的液体，更不能在量筒中进行化学反应或配制溶液。

2.5.2 容量瓶

容量瓶主要是用来把精确称量的物质准确地配成一定体积的溶液，或将浓溶液准确地稀释成一定体积的稀溶液。容量瓶的外形是平底、细颈的梨形瓶，瓶口带有磨口玻璃塞或塑料塞，颈上有环形标线。瓶体标有体积，一般表示20℃时液体充满至刻度时的容积。常见的规格为10mL、50mL、100mL、250mL、500mL和1000mL等。此外还有1mL、2mL、5mL的小容量瓶，但用得较少。

（1）容量瓶的使用

容量瓶的使用包括检查和试漏，洗涤，转移，定容，摇匀。

① 检查和试漏　容量瓶使用前应先检查其标线是否离瓶口太近，如果太近，则不利于溶液混合，故不宜使用。另外还必须检查瓶塞是否漏水。检查时加自来水近刻度，盖好瓶塞用左手食指按住，同时用右手五指托住瓶底边缘，将瓶倒立2min，如不漏水，将瓶直立，把瓶塞转动180°，再倒立2min，若仍不渗水即可使用。

② 洗涤　容量瓶使用前同样应洗涤，可先用自来水冲洗，如洗不净，可加入适量的铬酸洗液，倾斜转动，使洗液充分润洗内壁，再倒回原洗液瓶中，用自来水冲洗干净后再用去离子水润洗2～3次备用。

③ 转移　当用固体配制一定体积的准确浓度的溶液时，将准确称量好的药品，倒入干净的小烧杯中，加入少量溶剂将其完全溶解后再定量转移至容量瓶中。定量转移时，右手持玻璃棒悬空放入容量瓶内，玻璃棒下端靠在瓶颈内壁（但不能与瓶口接触），左手拿烧杯，烧杯嘴紧靠玻璃棒，使溶液沿玻璃棒流入瓶内沿壁而下，见图2-40。烧杯中溶液流完后，将烧杯嘴沿玻璃棒上提，同时使烧杯直立。将玻璃棒取出放入烧杯，用少量溶剂冲洗玻璃棒和烧杯内壁，也同样转移到容量瓶中。如此重复操作三次以上。

④ 定容　补充溶剂，当容量瓶内溶液体积至3/4左右时，可初步摇荡混匀。再继续加溶剂至接近标线，最后改用滴管逐滴加入，直到溶液的弯月面恰好与标线相切。若为热溶液应冷至室温后，再加溶剂至标线。

⑤ 摇匀　盖上瓶塞，按图2-41将容量瓶倒置，待气泡上升至底部，再倒转过来，使气泡上升到顶部，如此反复10次以上，使溶液混匀。

图2-40　定量转移操作

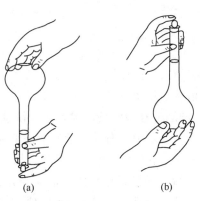

图2-41　溶液的混匀

当用浓溶液配制稀溶液时，则用移液管移取一定体积的浓溶液于容量瓶中，加水至标线。同上法混匀即可。

（2）注意事项

① 不要用容量瓶长期存放配好的溶液。配好的溶液如果需要长期存放，应该转移到干净的磨口试剂瓶中。转移前须用该溶液将洗净的试剂瓶润洗三遍。

② 容量瓶长期不用时，应该洗净，把塞子用纸垫上，以防时间久后，塞子打不开。

③ 容量瓶一般不要在烘箱中烘烤，如需使用干燥的容量瓶，可用电吹风机吹干容量瓶。用过的容量瓶，应立即洗净备用。

2.5.3 移液管和吸量管

移液管是用来准确移取一定体积溶液的量器，见图 2-42，准确度与滴定管相当。移液管是中部具有"胖肚"结构，无分刻度，两端细长，只有一个标线，"胖肚"上标有指定温度下的容积。常见的规格为 5mL、10mL、25mL、50mL、100mL 等。

吸量管是标有分刻度的玻璃管，见图 2-43，在管的上端标有指定温度下的容积。常见的规格有 1mL、2mL、5mL、10mL 等。一般只量取小体积的溶液，其准确度比"胖肚"移液管稍差。

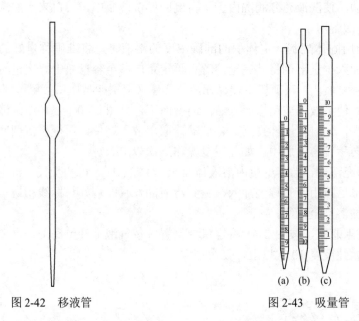

图 2-42　移液管　　　　　　　　图 2-43　吸量管

（1）移液管的使用

移液管的使用包括：洗涤，润洗和移液。

① 洗涤　移液管使用前要进行洗涤。洗涤时，在烧杯中盛自来水，将移液管（或吸量管）下部伸入水中，右手拇指和中指拿住管颈上部，左手拿洗耳球轻轻将水吸至"胖肚"的 1/2 处左右，用右手食指按住管口，取出后把管横放，左右两手的拇指和食指分别拿住管的上、下两端，转动管子使水布满全管，然后直立，将水放出。如水洗不净，可用铬酸洗液洗涤。方法如水洗，洗毕将洗液放回原瓶中，稍后用自来水冲洗，再用去离子水清洗 2~3

次备用。

② 润洗和移液　洗净后的移液管移液前必须用吸水纸吸净尖端内、外的残留水。然后用待取液润洗 2～3 次，以防改变溶液的浓度。润洗时，在小烧杯中倒入少量待取液，将待取液吸至"胖肚"约 1/4 处，方法同水洗。润洗后将溶液从下端放出，弃去不用。将润洗好的移液管插入待取溶液的液面下约 1～2cm 处（不能太浅以免吸空，也不能插至容器底部以免吸起沉渣），右手的拇指与中指拿住移液管标线以上部分。左手拿洗耳球，排出洗耳球内空气，将洗耳球尖端插入移液管上端，并封紧管口，逐步松开洗耳球，以吸取溶液。当液面上升至标线以上时，拿掉洗耳球，迅速用右手食指堵住管口，将移液管提出液面，倾斜容器，将管尖紧贴容器内壁成约 45°。稍待片刻，以除去管外壁的溶液，然后微微松动食指，并用拇指和中指慢慢转动移液管，使液面缓慢下降，直到溶液的弯月面与标线相切。此时，立即用食指按紧管口，使液体不再流出。将接受容器倾斜 45°，小心把移液管移入接受溶液的容器，使移液管的下端与容器内壁上方接触，见图 2-44。松开食指，让溶液自然流下，当溶液流尽后，再停 15s，取出移液管。注意，除标有"吹"字样的移液管外，不要把残留在管尖的液体吹出，因为在校准移液管容积时，没有算上这部分液体。

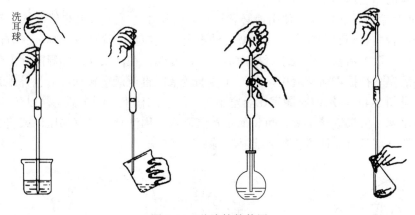

图 2-44　移液管的使用

（2）注意事项

① 移液管与容量瓶常配合使用，因此使用前常作两者的相对体积的校准。

② 为了减少测量误差，吸量管每次都应从最上面刻度为起始点，往下放出所需体积，而不是放出多少体积就吸取多少体积。

③ 移液管和吸量管一般不能在烘箱中烘干。

2.5.4　滴定管

滴定管是滴定分析中用于准确量度流出操作溶液体积的玻璃量器。常量滴定管容积为 50mL 及 25mL，其最小刻度为 0.1mL，读数可估计到 0.01mL。此外，还有容积为 10mL、5mL、2mL 和 1mL 的半微量和微量滴定管，最小分度值为 0.05mL、0.01mL 或 0.005mL。它们的形状各异。

根据控制溶液流速的装置不同，滴定管可分为酸式、碱式和酸碱两用三种。下端装有玻璃活塞的为酸式滴定管，用来盛放酸性或氧化性溶液。碱式滴定管下端用乳胶管连接一个带尖嘴的小玻璃管，乳胶管内有一玻璃珠用以控制溶液的流出。碱式管用来装碱性溶液和无氧化性溶液，不能用来装对橡胶有侵蚀作用的液体如 HCl、H_2SO_4、I_2、$KMnO_4$、$AgNO_3$ 溶液等。下端装有聚四氟乙烯活塞的为酸碱两用滴定管，它既可以装酸也可以装碱。

滴定管有无色和棕色两种。棕色主要用来装见光容易分解的溶液（如 $KMnO_4$、$AgNO_3$ 等溶液）。

（1）滴定管的使用

酸式滴定管的使用包括：洗涤、检漏及涂油、装液与排气泡、读数等步骤。

① **洗涤** 干净的滴定管如无明显油污，可直接用自来水冲洗或用滴定管刷蘸肥皂水或洗涤剂刷洗（但不能用去污粉），而后再用自来水冲洗。刷洗时应注意勿用刷头露出铁丝的毛刷以免划伤内壁。如有明显油污，则需用洗液浸洗。洗涤时向管内倒入 10mL 左右洗液（碱式滴定管将乳胶管内玻璃珠向上挤压封住管口），再将滴定管逐渐向管口倾斜，并不断旋转，使管壁与洗液充分接触，管口对着废液缸，以防洗液洒出。若油污较重，可装满洗液浸泡，浸泡时间的长短视沾污的程度而定。洗毕，洗液应倒回洗液瓶中，洗涤后应用大量自来水淋洗，并不断转动滴定管。至流出的液体无色，再用去离子水润洗三遍，洗净后的管内壁应均匀地润上薄薄的一层水而不挂水珠。

② **检漏及涂油** 滴定管在使用前必须检查是否漏水。若碱式滴定管漏水，可更换乳胶管或玻璃珠；若酸式滴定管漏水，或活塞转动不灵，则应重新涂抹凡士林。其方法是将滴定管放于实验台，取下活塞，用吸水纸擦净活塞及活塞套，在活塞孔两侧周围涂上薄薄一层凡士林，再将活塞平行插入活塞套中，单方向转动活塞，直至活塞转动灵活且外观为均匀透明状态为止（见图 2-45）。用橡胶圈套在活塞小头一端的凹槽上，固定活塞，以防其滑落打碎。如遇凡士林堵塞了尖嘴玻璃小孔，可将滴定管装满水，用洗耳球鼓气加压，或将尖嘴浸入热水中，再用洗耳球鼓气，便可以将凡士林排除。

(a) 活塞涂油　　(b) 活塞安装　　(c) 转动活塞

图 2-45　酸式滴定管活塞涂油、安装和转动的手法

③ **装液与排气泡** 洗净后的滴定管在装液前，应先用待装溶液润洗内壁 2～3 次，每次用量为 5～10mL 左右，以确保待装标准溶液不被残存的纯水稀释。关好旋塞，左手拿滴定管，略微倾斜，右手拿住瓶子或烧杯等容器向滴定管中注入标准溶液，至液面到"0"刻度线附近为止。装入滴定液的滴定管，应检查出口下端是否有气泡，如有应及时排除。其方法是：取下滴定管倾斜成约 30°。若为酸式滴定管，可用手迅速打开活塞（反复多次），使溶液冲出并带走气泡。若为碱式滴定管，则将橡胶管向上弯曲，捏起乳胶管使溶液从管口喷出，即可排除气泡，见图 2-46。排除气泡后，再把标准溶液加到"0"刻度线附近，然后再调整至零刻度线位置或稍下。滴定管下端如悬挂液滴，也应当除去。

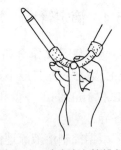

图 2-46　碱式滴定管排气泡

④ 读数　读数前，滴定管应垂直静置 1min。读数时，管内壁应无液珠，管出口的尖嘴内应无气泡，尖嘴外应不挂液滴，否则读数不准。读数方法见图 2-47：取下滴定管用右手大拇指和食指捏住滴定管上部无刻度处，使滴定管保持垂直，并使自己的视线与所读的液面处于同一水平上。不同的滴定管读数方法略有不同。对无色或浅色溶液，有乳白板蓝线衬背的滴定管读数应以两个弯月面相交的最尖部分为准。一般滴定管应读取弯月面最低点所对应的刻度。对深色溶液，则一律按液面两侧最高点相切处读取。对初学者，可使用读数卡，以使弯月面显得更清晰。读数卡是用贴有黑纸或涂有黑色的长方形的白纸板制成。读数时，将读数卡紧贴在滴定管的后面，把黑色部分放在弯月面下面约 1mm 处，使弯月面的反射层全部成为黑色，读取黑色弯月面的最低点。

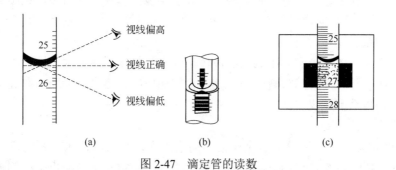

图 2-47　滴定管的读数

⑤ 滴定　读取初读数之后，立即将滴定管下端伸入锥形瓶口内约 1cm 处，再进行滴定。操作酸式滴定管时，左手拇指与食指跨握滴定管的活塞处，与中指一起控制活塞的转动，见图 2-48（a）。但应注意，不要过于紧张、手心用力，以免将活塞从大头推出造成漏液，而应将三手指略向手心回力，以塞紧活塞。操作碱式滴定管时，用左手的拇指与食指捏住玻璃球外侧的乳胶管向外捏，形成一条缝隙，溶液即可流出，见图 2-48（b）。控制缝隙的大小即可控制流速，但要注意不能使玻璃珠上下移动，更不能捏玻璃珠下部的乳胶管以免产生气泡。滴定时，边滴加边摇动锥形瓶，瓶底应向同一方向（顺时针）做圆周运动，见图 2-49（b）。不可前后振荡，以免溅出溶液。

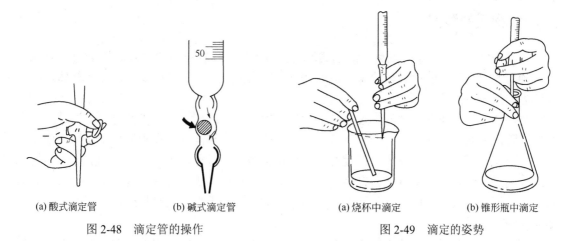

图 2-48　滴定管的操作　　　　　　　　图 2-49　滴定的姿势

⑥ 滴定速度　滴定时，速度不可过快，要使溶液逐滴流出而不成线。滴定时速度一般 10mL·min^{-1}，即 3~4 滴·s^{-1}。

滴定过程中，要注意观察标准溶液的落入点。开始滴定时，离终点很远，滴入标准溶液时一般不会引起可见的变化，直到滴落点周围会出现暂时性的颜色变化而立即消失。随着离终点越来越近，颜色消失渐慢，在接近终点的时候，新出现的颜色暂时地扩散到较大范围，但转动锥形瓶 1~2 圈后仍未完全消失。此时应加一滴摇匀一次，最后，每加半滴摇匀一次（加半滴操作，是使溶液悬而不滴，让其沿壁流入容器，再用少量去离子水冲洗内壁，并摇匀）。通常最后滴入半滴，溶液颜色突然变化且半分钟内不褪，则表示终点已到达。读取读数，立即记录。注意，在滴定过程中左手不应离开滴定管，以防流速失控。

滴定也可在烧杯中进行，滴定时边滴边用玻璃棒搅拌烧杯中的溶液，见图 2-49（a）。

⑦ 平行实验　平行滴定时，应该每次都将初刻度调整到"0"刻度或其附近，这样可减少滴定管刻度的系统误差。

滴定完毕后，应放出滴定管中剩余的液体，洗净，装满去离子水，罩上滴定管盖备用。对于酸式滴定管，若较长时间放置不用，还应将旋塞拔出，擦去润滑脂，在旋塞栓与柱管之间夹一小纸片，再系上橡皮筋。

（2）注意事项

① 滴定管用毕后，倒去管内剩余溶液，用水洗净，装入蒸馏水至刻度以上，用大试管套在管口上。这样，下次使用前可不必再用洗液清洗。滴定管洗净后也可以倒置夹在滴定管夹上。

② 酸式滴定管长期不用时，活塞部分应垫上纸。否则，时间一久，塞子不易打开。碱式滴定管不用时胶管应拔下，蘸些滑石粉保存。

2.6　溶解和溶液配制方法

当化学反应需要在液相中进行或者需要进行重结晶提纯等操作时，需要把试样量取后在适当的溶剂中溶解配制成溶液使用。

2.6.1　物质的溶解

一种物质以分子、原子或离子的形式均匀分散于另一种物质中的过程，称为物质的溶解，称这种均匀而又稳定的体系为溶液。溶液并不一定为液体，可以是固体、液体、气体。我们最熟悉的是液态溶液。

物质的溶解，通常经过两个过程：一种是溶质分子（或离子）的扩散过程，这种过程为物理过程，需要吸收热量；另一种是溶质分子（或离子）和溶剂（如水）分子作用，形成溶剂（水合）分子（或水合离子）的过程，这种过程是化学过程，放出热量。当放出的热量大于吸收热量时，溶液温度就会升高，如浓硫酸、氢氧化钠等；当放出的热量小于吸收的热量时，溶液温度就会降低，如硝酸铵等；当放出的热量等于吸收的热量时，溶液温度不变，如氯化钠、蔗糖等。

物质溶解与否，溶解能力的大小，一方面决定于物质（指的是溶剂和溶质）的本性；另一方面也与外界条件（如温度、压强、溶剂种类等）有关。在相同条件下，有些物质易于溶解，而有些物质则难于溶解，即不同物质在同一溶剂里溶解能力不同。通常把某一物质溶解在另一物质里的能力称为溶解性。溶剂种类与物质溶解性的关系可以被概括为："相似相溶"。意思是说，极性溶剂能够溶解离子化合物以及能离解的共价化合物，而非极性溶剂则只能够溶解非极性的共价化合物。溶解度是溶解性的定量表示，通常用每 100g 水中最多能溶解溶质的质量（g）表示。

溶解时，需根据溶质性质及实验要求选用适当的溶剂，溶剂需慢慢地沿玻璃棒或容器内壁倾入，以防止试样溅失。如有气体产生，容器需用表面皿盖好。需要加热时，应在水浴或石棉网上小火加热。溶解完成后，表面皿上溅着的试液需洗入该容器内。

2.6.2 溶液的配制方法

化学实验中，常用 $mol \cdot L^{-1}$ 或 $mol \cdot dm^{-3}$ 表示标准溶液的浓度，溶液的配制方法主要分为直接法和间接法两种。

（1）直接法

能用于直接配制或标定标准溶液的物质叫基准物质。

基准物质应具备的条件：

① 物质的组成与化学式应完全相符，若含结晶水，其含量也应与化学式相符；

② 具有较大的摩尔质量；

③ 物质必须具有足够高的纯度，即含量≥99.9%；

④ 性质稳定。

直接法配制标准溶液的步骤：准确称取一定质量的基准物质，溶解，定量转移到容量瓶中，稀释至刻度，摇匀。根据基准物质的质量和容量瓶的体积计算出标准溶液的准确浓度。

（2）间接法

先粗略地用台秤称取一定质量的固体或用量筒量取一定体积的液体，配制成接近于所需浓度的溶液，再利用基准物质或另一标准溶液来确定该溶液的准确浓度。

2.7 加热与冷却技术

在化学实验中，经常涉及需要加热、冷却的操作，下面就介绍一下实验室常用的加热器具和加热、冷却技术。

2.7.1 常用加热器具

实验室常用的加热方法有酒精灯加热、电加热和红外线加热三种，相应的器具有酒精灯、酒精喷灯、电炉、电热板、电热套、烘箱、马弗炉、红外灯等。

（1）酒精灯

酒精灯适用于不需太高加热温度的实验，加热温度为 400~500℃。酒精灯由灯罩、灯芯、灯壶三部分组成。正常酒精灯的火焰可分为焰心、内焰（还原焰）、外焰（氧化焰）三部分。外焰温度最高，内焰次之，焰心温度最低，所以加热时常用外焰。酒精灯的使用见图 2-50，应注意以下几点：
① 用漏斗将酒精加入酒精灯壶中，加入量应大于灯壶体积的 1/4 少于 2/3。
② 点燃之前，要先将灯头提起，吹去灯内的酒精蒸气。
③ 点燃时，要用燃着的火柴引燃，禁止用燃着的酒精灯引燃。
④ 熄灯时，不要用嘴吹，用灯罩盖上灯芯，隔绝空气，达到阻燃，火焰熄灭片刻后，再次提起灯罩盖一下，以免冷却后灯内产生负压，下次打开困难。
⑤ 用酒精灯加热液体时，可以使用试管、烧杯、烧瓶、蒸发皿等。在加热固体时可用干燥的试管、蒸发皿等。集气瓶、量筒、漏斗等器皿不能用酒精灯加热。烧杯、烧瓶不能直接在火焰上加热，需垫石棉网。

图 2-50 酒精灯的使用

（2）酒精喷灯

酒精喷灯是靠气化酒精的燃烧产生 700～1000℃的高温，主要用于需加强热的实验及玻璃加工等。常用酒精喷灯有座式和挂式两种类型。酒精喷灯都是金属制成，有灯管和一个燃烧酒精用的预热盘。座式酒精喷灯见图 2-51，其预热盘下面有一个储存酒精的空心灯座，挂式酒精喷灯见图 2-52，其预热盘下方有一支加热管，经橡胶管与酒精储罐相通。两种类型使用方法相似。使用前，先往预热盘上注入一些酒精，点燃酒精使灯管受热，待酒精接近烧完时开启开关使酒精从酒精储罐或灯座内进入灯管而受热气化，并与来自进气孔的空气混合。用火柴点燃，可得到高温火焰。实验完毕时只要关闭开关，就可熄灭。

 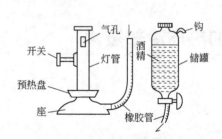

图 2-51 座式酒精喷灯　　　　图 2-52 挂式酒精喷灯

酒精喷灯的正常火焰分为三个区域：
内焰（焰心）——温度较低，约 300℃。
中层（还原焰）——酒精不完全燃烧，并分解为含碳产物，故这部分火焰具还原性，称为"还原焰"。这部分温度较高，火焰呈淡蓝色。
外焰（氧化焰）——酒精完全燃烧，过剩的空气使这一部分火焰具有氧化性，称为"氧化焰"，温度最高。最高温度处在还原焰顶端上部的氧化焰中，约 800～1000℃，火焰呈淡紫色，实验时一般用氧化焰来加热，见图 2-53。当酒精和空气的量都过大时，会产生临空焰；当酒精量小、空气量大时，会产生侵入焰，见图 2-54。这时要关闭酒精喷灯，待灯管冷却后重新调节再点燃。

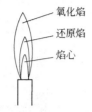
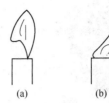

图 2-53　酒精喷灯的正常火焰　　　　图 2-54　临空焰（a）与侵入焰（b）

使用酒精喷灯应注意以下几点：
① 使用前需先用捅针捅一捅酒精蒸气出口，以保证出气口通畅。
② 灯管必须充分预热才能点燃，否则酒精在灯管内不能完全气化，开启蒸气开关时，会有液态酒精从管口喷出，形成"火雨"。这时应立即关闭蒸气开关，重新预热。
③ 座式喷灯一次最多连续使用半小时，挂式喷灯也不可将罐里的酒精一次用完。若连续使用时，应待喷灯熄灭，冷却，添加酒精后再次点燃。
④ 不用时，需将储罐口用盖子盖紧，以免酒精挥发或漏失。

（3）电炉

电炉是由底盘和在其上盘绕的电阻丝（一种镍铬合金）等组成，见图 2-55。根据功率，有 500W、800W、1000W、1500W、2000W 等规格。电炉适合直接加热盛有较多液体的横截面积较大的容器，如烧杯、锥形瓶等。使用时一般在炉盘上放一块石棉网，再放需要加热的容器，这样受热面积大、受热均匀、防止漏电、保护电炉丝。电炉温度的高低可以通过调节电阻来控制。使用时还应注意用电安全，远离易燃物，加热液体时搅拌要小心，不要把热的药品溅在电炉丝上。电炉凹槽中要经常保持清洁，及时清除灼伤焦板糊物（清除时必须断电），保持炉丝导电良好。

（4）电热板

电炉做成封闭式即为电热板，见图 2-56。电热板多为扁薄的板状设计，其使用方法与电炉基本相同，比电炉受热更均匀，因其受热是平面的，故不适合加热圆底容器，常用于直接加热平底烧瓶、烧杯、锥形瓶等平底容器，也多用作水浴和油浴的热源。许多电磁搅拌附加可调电热板。

电热板为封闭式加热，加热时无明火、无异味，安全性较好，但表面温度很高，使用时应注意安全，以免烫伤。

电热板有不锈钢电热板（云母电热板）、陶瓷电热板、铸铝电热板、铸铜电热板等。不锈钢电热板是将电阻发热丝缠绕在云母板（片）上的一种电加热器件，利用云母板（片）良好的绝缘性能和耐高温性能，可耐高温 500℃。陶瓷加热板所用陶瓷在工作温度下具有很好的电气绝缘性能，通电后表面发热而不带电，使用安全可靠。

（5）电热套

电热套是实验室专门用于加热圆底玻璃容器的一种电加热设备，见图 2-57。电热套由无碱玻璃纤维和金属加热丝编制的半球形加热内套及控制电路组成。具有升温快、温度高、操作简便、经久耐用的特点。主要用于在圆底烧瓶内进行的蒸馏、回流等需要精确控温加热的实验。电热套根据容积大小分为 100mL、250mL、500mL、1000mL 等，用于不同规格的烧瓶加热。电加热套内防止液体溅落导致漏电和影响其使用寿命。

图 2-55　电炉　　　　　　图 2-56　电热板　　　　　　图 2-57　电热套

（6）烘箱

烘箱又名恒温干燥箱，是利用电热丝隔层加热而使物体干燥的设备。实验室常用的有电热鼓风干燥箱和真空干燥箱等，主要用来干燥玻璃仪器或烘干固体化学试剂，也可以提供实验所需的温度环境。具体介绍和使用参考 2.1.6。

（7）马弗炉

又名箱式电炉，与管式电炉均属于用电热丝或硅碳棒加热的高温电炉，主要用于高温灼烧、熔解或进行高温反应。尽管它们的外形不同，但均由炉体和电炉温度控制两部分组成。当加热元件为电热丝时，最高温度为 900℃；当加热元件为硅碳棒时，最高温度为 1400℃。高温电炉配有一套控温系统，可以把温度控制在某一温度附近。电炉需要大的电流，通常和变压器联用。

马弗炉的炉膛呈长方形，使用时容易放入待加热的坩埚或其他耐高温的容器。具体介绍和使用参考 2.1.8。

（8）红外灯

红外加热时以电磁波方式传递能量，是一种非接触性、无须传递媒介的加热技术，加热效率极高。一般用于低沸点液体的加热或固体样品的快速干燥。使用时受热容器应正对灯面，中间留空隙，再用铝箔或玻璃布将容器和灯泡松包住，既保温又避免灯光刺激眼睛，并防止冷水或其他液体溅到灯上。

2.7.2　加热方法

加热方法主要有两种：一种是直接加热，即热源与受热物体间直接进行热交换；另一种是热浴间接加热，即先用热源加热某些介质，介质再将热量传递给被加热的物体。热浴加热物质受热均匀，温度可控制在一定范围内。

（1）直接加热

用酒精灯、酒精喷灯加热试管时应该用试管夹，不要用手直接拿，以免烫手。加热液体时液体的量不能超过试管高度的三分之一。试管应稍倾斜，管口向上，不能对着别人或自己，以免煮沸时溶液溅到脸上烫伤。加热时，应使液体各部分受热均匀，不时地上下移动，见图 2-58。

在试管中加热固体时，药品应平铺于试管的末端，管口应略向下倾斜，使释放出来的冷凝水珠不会倒流到试管的灼热处而使试管炸裂，见图 2-59。开始加热时，先移动灯焰将试管预热，由前端向末端移动，再将灯焰固定在固体部分加热。

用明火直接加热烧杯、锥形瓶、烧瓶等玻璃器皿中的液体时，必须放在石棉网上，所盛的液体不应超过烧杯的 1/2 或锥形瓶、烧瓶的 1/3。加热蒸发皿时，应放在石棉网或泥三角上，所盛的液体不要超过其体积的 2/3。

当需要高温加热固体时，可以把固体放在坩埚中灼烧，坩埚置于泥三角上，见图 2-60。先小火烘烧，使坩埚受热均匀，然后逐渐加大火焰灼烧。停止加热时先在泥三角上稍冷，再用坩埚钳夹至干燥器内冷却。必须使用干净的坩埚钳夹取高温下的坩埚，见图 2-61。使用前先在火焰旁预热一下坩埚钳的尖端，再夹取。坩埚钳用后，平放在桌上，为保证坩埚钳尖端洁净应使其尖端朝上。

（2）水浴加热

当被加热的物体温度不超过 100℃时，可采用水浴加热，它是利用热水或水蒸气使上面器皿里的物质升温。水浴可以用煤气灯直接加热水浴锅，被加热的容器放在水浴锅的铜圈或铝圈上。实验室也常用烧杯装水代替水浴锅，做简易水浴这样更为方便，见图 2-62。如果要求加热的温度稍高于 100℃，可选用无机盐类的饱和水溶液作为热浴液。

图 2-58 加热试管中的液体

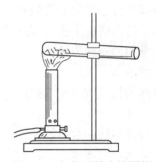

图 2-59 加热试管中的固体

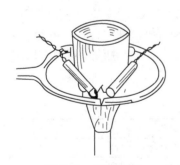

图 2-60 灼烧坩埚

图 2-61 坩埚钳

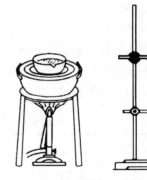

图 2-62 煤气灯进行水浴加热

实验室常用电热恒温水浴锅，它用电加热，可自动控制温度，能同时加热多个样品。若把恒温水浴锅里的水煮沸，用水蒸气来加热，即成蒸汽浴。恒温水浴锅的盖子是由一组大小不同的同心金属圆环组成，可根据被加热容器的大小来选择合适的圆环。水浴锅较长时间不用，应把水箱中的水排除，并用软布擦干晾干。恒温水浴锅的介绍和使用参考 2.1.5。

（3）油浴

油浴使用油作为加热的热浴物质，适用于100～250℃的加热。常用的油有甘油、液状石蜡油、植物油、硅油和真空泵油等。甘油可加热至140～150℃，温度过高易分解；液状石蜡油可加热至220℃，温度再高虽不分解，但易着火燃烧；植物油加热一般不超过200℃，温度过高会分解，达到闪点可能燃烧；硅油和真空泵油在250℃以上温度，透明度好，但价格较贵，普通实验室不常用。

油浴的操作方法同水浴，但操作一定要谨慎，以防油温过高冒烟失火。若油浴着火，应立即撤除热源，用石棉布盖灭火焰，切勿水浇。

（4）沙浴

沙浴是使用沙作为加热的热浴物质，适用于80～400℃的加热，操作方法同水浴。沙浴是在铁质沙盘中装入细沙，使用煤气灯或电炉加热沙盘。沙浴一般使用黄沙，但沙子的传热性差，升温慢，故需将被加热的容器半埋沙中，四周沙厚，底部沙薄。沙子各部位温度不尽相同，故测量温度时应紧靠容器。

2.7.3 冷却方法

在化学实验的过程中，有些反应或操作需要在低温下进行，这就需要选择合适的冷却方法。降温冷却的方法通常是将装有待冷却物质的容器浸入制冷剂中，通过容器壁的传热达到冷却的目的。特殊情况下也将制冷剂直接加入被冷却的物质中。冷却方法操作简单，容易进行。实验室常用的冷却方法如下。

（1）自然冷却

直接将热的物质放置空气中或干燥器中，使其自然冷却至室温。

（2）水冷却

将盛有被冷却物的容器放在冷水浴中，也可将容器直接用流动的自来水冷却。根据需要还可将水和碎冰做成冰水浴，能冷却至0～5℃。若水不影响欲冷却的物质或正在进行的反应，也可以直接投入干净的碎冰。

（3）冰盐浴冷却

冰盐浴由容器和制冷剂（冰与无机盐或水与无机盐的混合物）组成，可冷却到0℃（273K）以下。冰盐的比例和无机盐的品种决定了冰盐浴的温度。干冰和有机溶剂混合时，可冷至更低的温度。为了保证冰盐浴的制冷效果，要选择绝热较好的容器，如杜瓦瓶等。常用的制冷剂及对应的冷却温度见表2-6。

表2-6 常用的制冷剂及对应的冷却温度

制冷剂	T/K	制冷剂	T/K
30份NH_4Cl+100份水	270	125份$CaCl_2 \cdot 6H_2O$+100份碎冰	233
4份$CaCl_2 \cdot 6H_2O$+100份碎冰	264	150份$CaCl_2 \cdot 6H_2O$+100份碎冰	224
29gNH_4Cl+18gKNO_3+冰水	263	5份$CaCl_2 \cdot 6H_2O$+4份冰块	218
100份NH_4NO_3+100份水	261	干冰+二氯乙烯	213
75gNH_4SCN+15gKNO_3+冰水	253	干冰+乙醇	201
1份NaCl（细）+3份冰水	252	干冰+乙醚	196
100份NH_4NO_3+100份$NaNO_3$+冰水	238	干冰+丙酮	195

2.8 分离和提纯技术

2.8.1 固-液分离

在基础化学实验中，经常要进行蒸发（浓缩）、结晶（重结晶）、溶液与结晶（沉淀）的分离（过滤、离心分离）、洗涤和干燥等一系列操作。

2.8.1.1 蒸发（浓缩）

为了使溶质从溶液中析出，常采用加热的方法，使溶液逐渐浓缩析出晶体。蒸发通常在蒸发皿中进行，它的表面积较大，有利于液体蒸发。加入蒸发皿中的液体的量不得超过其容积的 2/3，以防液体溅出。如果液体量较多，蒸发皿一次盛不下，可随水的蒸发而继续添加液体。注意不要使蒸发皿骤冷，以免炸裂。根据溶质的热稳定性，可以选用酒精灯直接加热，或用水浴间接加热。若溶质的溶解度较大时，应加热到溶液出现晶膜时停止加热；若溶质的溶解度较小，或高温时溶解度较大而室温时溶解度较小，则不必蒸至液面出现晶膜就可以冷却。

用蒸发的方法还可以除去溶液中的某些组分，例如，加入硫酸并加热产生大量二氧化硫白烟时，可以除去 Cl^- 和 NO_3^-。若要除去溶液中的有机物，可加入硫酸蒸发至产生白烟，这时再加入硝酸使最后微量的有机物氧化。

2.8.1.2 结晶（重结晶）

利用不同溶质在同一溶剂中的溶解度的差异，可以对含有杂质的化合物进行提纯。所谓杂质是指含量较少的一些物质，包括不溶性杂质和可溶性杂质两类。在实际操作中，是先在加热的情况下，使被提纯的物质溶于一定量的水中形成饱和溶液。趁热过滤，除去不溶性杂质，将滤液冷却，被提纯物质从溶液中结晶析出，而可溶性杂质仍留在母液中，过滤使晶体和母液分离，便得到较纯净的晶体物质。这种操作过程称为结晶。如果一次结晶达不到提纯的目的，可进行第二次重结晶。有时甚至需要进行多次结晶，才能得到纯净的物质。重结晶提纯物质的方法，只适用于那些溶解度随温度升高而增大的物质，对于溶解度受温度影响较小的物质则不适用。若溶液产生过饱和现象，可采用搅动、摩擦容器内壁或投入几粒小晶体（晶种）等方法，使溶质结晶析出。

2.8.1.3 倾析法

当沉淀的结晶颗粒较大或密度较大，静置后容易沉降到容器底部时，可用倾析法将沉淀与溶液快速分离。有时为了充分洗涤沉淀，也可用倾析法来洗涤沉淀。这种方法的优点是沉淀与洗涤液充分混合，杂质容易洗净；倾出上层清液，沉淀留在烧杯里，分离速率较快。用倾析法分离沉淀时，先将溶液静置，使沉淀沉降。待沉淀沉降完全后，将清液沿玻璃棒倾出，沉淀则留在烧杯里而得以分离，见图 2-63。

(a) 静置沉降　　　　(b) 沿玻璃棒倾出清液

图 2-63　倾析法分离沉淀

2.8.1.4　过滤法

过滤是最常用的分离方法之一。当溶液和沉淀的混合物通过过滤器时，沉淀就留在过滤器上，溶液则通过过滤器而进入接受容器中。溶液的温度、黏度、过滤时的压力、过滤器孔隙的大小及沉淀物的状态，都会影响过滤的速率。热溶液比冷溶液容易过滤；溶液的黏度越大，过滤速率越慢；减压过滤的速率比常压过滤快。过滤器的孔隙要大小适当，太大会透过沉淀，太小易被沉淀堵塞，使过滤难于进行。沉淀若呈现胶状时，必须加热破坏，否则沉淀会透过滤纸。总之，要考虑各方面的因素来选用不同的过滤方法。

常用的三种过滤方法是常压过滤、减压过滤和热过滤，现分述如下。

（1）常压过滤

常压过滤最为简便和常用。过滤时，先取正方形滤纸一张，把滤纸折叠成四层并剪成扇形（圆形滤纸不用剪），见图 2-64。展开后呈一圆锥体，一边为三层，另一边为一层，将其放入玻璃漏斗中。滤纸放入漏斗后，其边沿应略低于漏斗的边沿。标准规格的漏斗的内角应为 60°，滤纸可以完全贴在漏斗壁上。如漏斗规格不标准，滤纸和漏斗不能密合，这时需要重新折叠滤纸，把它折成适当的角度，使滤纸与漏斗密合。撕去折好滤纸外层折角的一个小角，用食指把滤纸按在漏斗内壁上，用水润湿滤纸，并使它紧贴在漏斗壁上，赶去滤纸与漏斗壁之间的气泡。否则，存在气泡将减慢过滤速率。过滤时，先将放好滤纸的漏斗安放在漏斗架上，把体积大于全部溶液体积 2 倍的清洁烧杯放在漏斗下面，并使漏斗颈末端与烧杯内壁接触。将溶液和沉淀沿玻璃棒靠近三层滤纸一边缓慢倒入漏斗中，见图 2-65。这样，滤液可沿着烧杯内壁下流，不易溅失。溶液过滤后，用洗瓶挤出少量蒸馏水，洗涤原烧杯内壁和玻璃棒，再将此洗涤液倒入漏斗中。待洗涤液过滤完毕，再用洗瓶挤出少量蒸馏水，冲洗滤纸和沉淀。

常压过滤操作应注意以下几点：

① 漏斗必须放在漏斗架或铁架台的铁圈上，不得用手拿着。

② 漏斗下要放清洁的接受器（通常是烧杯），而且漏斗颈末端要靠在接受器的内壁上，不得离开器壁。

③ 过滤时，必须沿玻璃棒倾泻过滤溶液，不得直接倒入漏斗中。

④ 引流的玻璃棒下端应靠近三层滤纸一边，以免滤纸破损，达不到过滤目的。

⑤ 每次倾入漏斗中的待过滤溶液，不能超过滤纸高度的 2/3。

⑥ 过滤完毕，要用少量蒸馏水冲洗玻璃棒和盛放待过滤溶液的烧杯，最后用少量蒸馏水冲洗滤纸和沉淀。

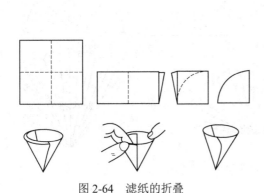
图 2-64　滤纸的折叠

图 2-65　常压过滤

（2）减压过滤

减压过滤又称抽滤，其装置见图 2-66。减压过滤时，水泵中急速的水流不断将空气带走，使吸滤瓶内压力减小，从而在布氏漏斗内的液面与吸滤瓶内造成一个压力差，提高了过滤速率。在连接水泵的橡胶管和吸滤瓶之间需安装一安全瓶，用以防止关闭水阀或水泵内流速变化引起自来水倒吸。在停止过滤时，应首先从吸滤瓶上拔掉橡胶管，然后再关闭自来水龙头，以防止自来水吸入瓶内。循环水式多用真空泵的介绍和使用参考 2.1.7。

抽滤用的滤纸应比布氏漏斗的内径略小，但又能把瓷孔全部盖住。将滤纸放入漏斗润湿后，慢慢打开自来水龙头，先抽气使滤纸贴紧，然后再往漏斗里转移溶液。其他操作与常压过滤相同。

（3）热过滤

如果溶质在温度降低时容易结晶析出，又不希望它在过滤时留在滤纸上，这时就需要热过滤。过滤时可把玻璃滤斗放在铜质的热漏斗内，热漏斗可用酒精灯加热，见图 2-67。也可以在过滤前把普通漏斗放在水浴上用蒸汽加热或加入热水，然后使用。热过滤选用的漏斗的颈部越短越好，以免溶液在漏斗颈内停留时间过长，因降温析出晶体而堵塞漏斗。

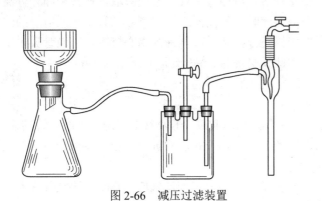
图 2-66　减压过滤装置

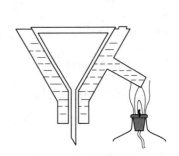
图 2-67　热过滤用漏斗

第 2 章　化学实验基本操作技能

为了尽量利用滤纸的有效面积以加快过滤速度,过滤热的饱和溶液时,常使用折叠式滤纸,其折叠方法见图 2-68。

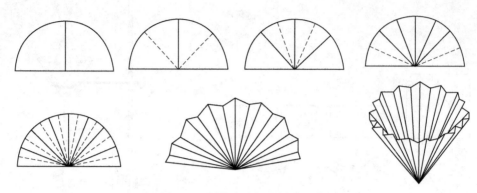

图 2-68　折叠式滤纸的折叠方法

在每次折叠时,在折纹近中点处,切勿对折纹重压,否则过滤时滤纸的中央易破,使用前宜将折好的滤纸翻转并作整理后放入漏斗中。过滤时,把热的饱和溶液逐渐倒入漏斗中;在漏斗中的液体不宜积太多,以免析出晶体,堵塞漏斗。

2.8.1.5　离心分离法

少量溶液与沉淀的混合物,可用离心机进行离心分离,以代替过滤。离心机的介绍和使用参考 2.1.3。离心分离时,在离心试管中加入含有沉淀的溶液,把离心试管放在离心机内的套管内。如果是手摇离心机,插上摇柄,按顺时针方向摇动,启动时要慢,逐渐加快。停止离心操作时,应先取下摇柄,任试管套管自然停止转动。不可用手去按离心机轴,否则不仅容易损坏离心机,而且骤然停止转动会使已沉降的沉淀又翻腾起来。如果是电动离心机,接通电源后,用转速选择开关选择适宜的转速,启动离心机即可。为了防止由于质量不均衡引起振动而造成离心机轴的磨损,不允许只在一支套管中放离心试管,必须在其对称位置上放入质量相当的另一支试管后,才能进行离心操作。如果只有一支试管中的沉淀需要分离,则可另取一支试管盛以相应质量的水,放入对称位置的套管中。离心沉降后,用滴管轻轻吸出上层清液。用滴管吸清液时,应先用手在外面挤压滴管的橡胶帽,排除其中空气后,再伸入试管清液处吸取,试管中即为分离的沉淀。洗涤沉淀时,先往盛沉淀的离心试管中加入适量的洗涤液,用尖头棒充分搅拌后,再进行离心沉降,用滴管吸出上层洗涤液,如此反复洗涤 2~3 次即可,见图 2-69。

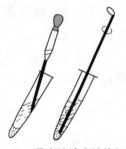

图 2-69　吸出溶液和洗涤沉淀

2.8.1.6　干燥器的使用

干燥器是用来保持物体干燥的仪器,由厚壁玻璃制成。干燥器上端是一个磨口边的盖子,器内底部放有干燥剂,中部有一个可取出的、带有若干孔洞的圆形瓷板,供盛放待干燥物体的容器用。

水平方向推开,见图 2-70(a)。打开盖子后,要把它翻过来放在桌上,不要使涂有凡士林的磨口边触及桌面。放入或取出物品后,必须将盖子盖好,此时仍应把盖子往水平方向推移，使盖子的磨口边与干燥器口吻合。搬动干燥器时，必须用两手的大拇指将盖子按住，见图 2-70（b），以防盖子滑落。温度高的物体必须冷却至略高于室温时，方可放入干燥器内。否则，干燥器内的空气受热膨胀可能将盖子冲掉。即使盖子能盖好，也往往因冷却后干燥器内压力低于干燥器外的空气压力，使盖子难以打开。故放入温热的物体时，应先将盖子留一缝隙，稍等几分钟后再盖严。

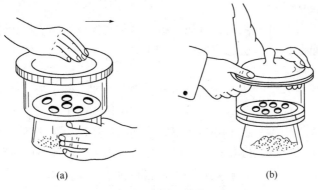

图 2-70　干燥器的使用

2.8.2　液-液分离（蒸馏）

蒸馏的方法主要是用来分离液体达到提纯的目的。一般蒸馏的装置，见图 2-71，主要由蒸馏烧瓶、冷凝管和承受器三部分组成。

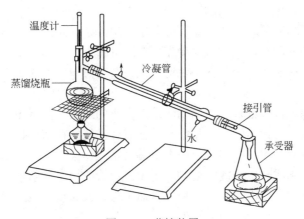

图 2-71　蒸馏装置

液体在蒸馏烧瓶中加热沸腾后，蒸气进入冷凝管，在冷凝管中冷凝为液体，然后经接引管而流入承受器中。通常在蒸馏烧瓶顶端的塞子中插入一温度计，用以指示蒸气的温度，温度计的水银球应对准蒸馏烧瓶的侧管。为了保持液体沸腾的平衡和避免过热现象的产生，可预先在烧瓶中放一些小块无釉瓷片（也可用一端封闭的长的毛细管或玻璃珠代替）。因为无釉瓷片能吸附气体，成为液体汽化的中心，可使沸腾平衡，不致产生过热或崩沸的现象。如果在蒸馏过程中要补充新的瓷片，必须在液体冷却后再加，否则也会产生崩沸的现象。

2.8.3 色谱分离法

色谱分离法又称层析法、色谱法。是一种分离混合物组分的分析方法，在分析化学、有机化学、生物化学等领域有着非常广泛的应用。色谱法利用不同物质在不同相态的选择性分配，以流动相对固定相中的混合物进行洗脱，混合物中不同的物质会以不同的速度沿固定相移动，最终达到分离的效果。

根据分离原理，分为吸附色谱、分配色谱、离子交换色谱与凝胶色谱等方法。根据固定相类型不同，分为纸色谱、薄层色谱和柱色谱。

(1) 纸色谱法

以纸为载体，用单一溶剂或混合溶剂进行分配。亦即以纸上所含水分或其他物质为固定相，用流动相进行展开的分配色谱法。所用滤纸应质地均匀平整，具有一定机械强度，必须不含会影响色谱效果的杂质，也不应与所用显色剂起作用，以免影响分离和鉴别效果，必要时可做特殊处理后再用。试样经层析后可用比移值（R_f）表示各组成成分的位置，如下

$$R_f = \frac{原点中心至色谱斑点中心的距离}{原点中心至流动相前沿的距离} \quad (2-4)$$

由于影响比移值的因素较多，因此一般采用在相同实验条件下与对照物质对比以确定其异同。作为单体鉴别时，试样所显主色谱斑点的颜色（或荧光）与位置，应与对照（标准）样所显主色谱的斑点或供试品-对照品（1∶1）混合所显的主色谱斑点相同。作为质量指标（纯度）检查时，可取一定量的试样，经展开后，按各单体的规定，检视其所显杂质色谱斑点的个数或呈色（或荧光）的强度。作为含量测定时，可将色谱斑点剪下洗脱后，再用适宜的方法测定，也可用色谱扫描仪测定。

① 下行法　所用色谱缸一般为圆形或长方形玻璃缸，缸上有磨口玻璃盖，应能密闭，盖上有孔，可插入分液漏斗，以加入流动相。在近缸顶端有一用支架架起的玻璃槽作为流动相的容器，槽内有一玻璃棒，用以支持色谱滤纸使其自然下垂，避免流动相沿滤纸与溶剂槽之间发生虹吸现象。

取适当的色谱滤纸按纤维长丝方向切成适当大小的纸条，离纸条上端适当的距离（使色谱纸上端能足够浸入溶剂槽内的流动相中，并使点样基线能在溶剂槽侧的玻璃支持棒下数厘米处）用铅笔画出点样基线，必要时色谱纸下端可切成锯齿形，以便于流动相滴下。将试样溶于适当的溶剂中，制成一定浓度的溶剂。用微量吸管或微量注射器吸取溶剂，点于点样基线上，溶液宜分次点加，每次点加后，使其自然干燥、低温烘干或经温热气流吹干。样点直径一般不超过 0.5cm，样点通常应为圆形。

将点样后的色谱滤纸上端放在溶剂槽内，并用玻璃棒压住，使色谱纸通过槽侧玻璃支持棒自然下垂，点样基线在支持棒下数厘米处。色谱开始前，色谱缸内用各单体中所规定的溶剂的蒸气饱和，一般可在色谱缸底部放一装有流动相的平皿，或将浸有流动相的滤纸条附着在色谱缸的内壁上，放置一定时间，溶剂挥发使缸内充满饱和蒸气。然后添加流动相使浸没溶剂槽内滤纸，流动相即经毛细管作用沿滤纸移动进行展开，至规定距离后取出滤纸，标明流动相前沿位置，待流动相挥散后按规定方法检出色谱斑点。

② 上行法　色谱缸基本和下行法相似，唯除去溶剂槽和支架，并在色谱缸盖上的孔中加塞，塞中插入玻璃悬钩，以便将点样后的色谱滤纸挂在钩上。色谱滤纸一般长约 25cm，宽

度则视需要而定。必要时可将色谱滤纸卷成筒形。点样基线距底边约 2.5cm，点样方法与下行法相同。色谱缸内加入适量流动相，放置，待流动相蒸气饱和后，再下降悬钩，使色谱滤纸浸入流动相约 0.5cm，流动相即经毛细管作用沿色谱滤纸上升。除另有规定外，一般展开至 15cm 后，取出晾干，按规定方法检视。

色谱可以向一个方向进行，即单向色谱；也可进行双向色谱，即先向一个方向展开，取出，待流动相完全挥发后，将滤纸转 90°，再用原流动相或另一种流动相进行展开。亦可多次展开、连续展或径向色谱等。

（2）薄层色谱法

薄层色谱法（简称 TLC）通常指以吸附剂为固定相的一种液相色谱法。即将固定相在玻璃、金属或塑料等光洁的表面上均匀地铺成薄层，试样点在薄层的一端，流动相借毛细作用流经固定相，使被分离的物质展开。目前由于薄层色谱不断地发展，这一微量分离技术已显示比纸色谱法更具有应用价值。其特点如下。

① 混合物展开分离迅速　一般展开一次约在 15～60min，而纸色谱多在几小时至十几小时，因此薄层色谱法更适于快速鉴定。

② 分离效能比纸色谱好　由于展开距离比较短，因此斑点比较致密。

③ 样品溶液需要量少　一般为 1 微升至几十微升。

④ 操作简便　不需要特殊昂贵而又复杂的仪器，便于普及。

⑤ 灵敏度高　与纸色谱比较，其灵敏度约高 10～100 倍。

⑥ 受温度变化影响不大。

⑦ 可以使用强腐蚀性的显色剂　因静相物质多为惰性无机化合物，所以可以使用浓硫酸、浓硝酸、氢氧化钠等强腐蚀性显色试剂。

操作方法概述如下。

先制备薄层板，即在大小适当的玻璃板上，均匀涂上吸附剂，厚度在 1mm 以内，然后在距底边 1.5cm 处点上样品溶液，形成一个小点，称为"原点"。再将薄层板置于盛有流动相溶剂的玻缸内，此溶剂称为"展开溶剂"，玻缸称为"展开槽"。当溶剂沿薄层扩散到距原点以上一定距离时（一般 10～12cm），取出薄层板，记录展开溶剂扩展前沿距原点的距离。然后用喷洒显色试剂或紫外光线照射的方法使被分离的化合物显色，此过程称为"显谱"，见图 2-72～图 2-74。

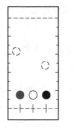

图 2-72　薄层板谱示意图

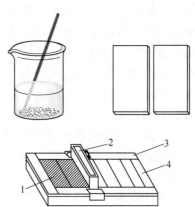

图 2-73　薄层板的制作

1—吸附剂薄层；2—涂布器；3—玻璃夹板；4—玻璃板

观察并记录所显斑点的中心距原点的距离。斑点在薄层板上的位置通常用比移值（R_f）表示。R_f 值是与物质在两相中分配系数相关的数值，因此，在特定条件下为一常数。不同的物质由于在特定色谱条件下的两相间分配系数的差异，而有着不同的 R_f 值，这样就达到薄层色谱分离的目的。

（3）柱色谱法

柱色谱法是通过色谱柱来实现分离的，见图 2-75。色谱柱内装有固体吸附剂（固定相），如氧化铝或者硅胶。液体试样从柱顶加入，在柱的顶部被吸附剂吸附。然后从柱顶部加入有机溶剂（洗脱剂）。由于吸附剂对各组分的吸附能力不同，各组分以不同的速度下移［被吸附较弱的组分在流动相（洗脱剂）里的含量比被吸附较强的组分要高，以较快的速度向下移动］。

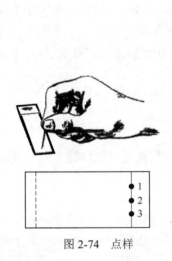

图 2-74　点样

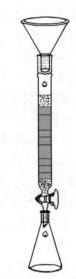

图 2-75　色谱柱示意图

各组分随溶剂按一定顺序从色谱柱下端流出，可以用容器分别收集。如各组分为有色物质，则可以直接观察到不同颜色的谱带，但如为无色物质，则不能直接观察到谱带。有时一些物质在紫外灯照射下能发出荧光，则可用紫外灯照射。有时则可分段集取一定体积的洗脱液，再分别鉴定。如果有一个或几个组分移动得很慢，可把洗脱剂推出柱外，切开不同的谱带，分别用溶剂萃取。柱色谱用吸附剂与薄层色谱类同，但一般颗粒较大，为 100μm 左右。所以分离效果不及薄层色谱好，但是由于柱内吸附剂填充量远大于薄层色谱，且柱的大小可以调节，因此分离的量较大，可达数十甚至数百毫克。

柱色谱常用的洗脱剂以及洗脱能力，按照次序排列如下：己烷<环己烷<甲苯<二氯甲烷<氯仿<乙酸乙酯<四氢呋喃<正丙醇<乙醇<甲醇。

极性溶剂对于洗脱极性化合物是有效的，非极性溶剂对于洗脱非极性化合物是有效的，若分离复杂组分的混合物，通常选用混合溶剂。

色谱柱的大小取决于分离物的量和吸附剂性质，一般的规格是柱的直径为其长度的 1/10～1/4。实验室中常用的色谱柱的直径在 0.5～1.0cm 之间。

装柱时要求吸附剂必须均匀地填充在柱内，不能有气泡和裂缝，否则将影响洗脱和分离。通常采用糊状填料法，即把柱竖直固定好，关闭下端旋塞，底部用少量脱脂棉或玻璃棉轻轻塞紧，加入约 1cm 厚的洗净干燥的石英砂层，然后加入溶剂到柱体积的 1/4；用一定量的溶剂和吸附剂在烧杯内调成糊状，打开柱下端的旋塞，让溶剂一滴一滴地滴入锥形瓶中，把糊状物快速倒入柱中，吸附剂通过溶剂慢慢下沉，进行均匀填料。也可以将溶剂倒入柱中，打开柱下端的旋塞，在不断敲打柱身的情况下，填加固体吸附剂。柱填好后上面再覆盖一层 1cm 厚的石英砂。注意自始至终不要使柱内的液面降到吸附剂高度以下，否则将会出现气泡或者裂缝。柱顶部 1/4 处一般不填充吸附剂，以便使吸附剂上面始终保持一液层。

（4）离子交换分离

离子交换分离就是利用离子交换剂与溶液中的离子发生交换反应进行分离的方法，是一种固-液分离法。在分析化学中应用较多的是有机离子交换剂，又称离子交换树脂。它具有分离效果高、选择性好、适用性强、应用广泛、多相操作、分离容易等优点，广泛地应用于化工生产、环境保护、湿法冶金、原子能工业、食品工业、医药工业、分析化学等许多领域。

迄今为止，人们从自然界或者通过人工合成，已经找到了许多物质可以作为离子交换剂，离子交换剂的种类很多，主要分为无机离子交换剂和有机离子交换剂两大类。无机离子交换剂有目前自然界存在的黏土和沸石，人工制备的金属氧化物或难溶盐等；有机离子交换剂有离子交换树脂，它们是人工合成的带有离子交换功能的有机高分子聚合物。

离子交换分离中常用的是柱上色谱分离法。这种方法是将颗粒状的离子交换树脂或无机离子交换剂装柱后使用。此外，也可以加工成离子交换膜等形式，以纸上色谱法、薄层色谱法等形式用于化学分离和分析或者纯化。

离子交换分离操作方法：首先要选择合适的离子交换树脂，对离子交换树脂进行预处理，包括研磨、过筛、浸泡和净化等。离子交换分离操作分为两种，一种是间隙操作或称为静态法，一种是柱上操作或称为动态法。

间隙操作是将离子交换树脂置于含有欲分离组分的溶液中，经不断搅拌或连续振荡，一定时间后，使之达到交换平衡，将离子交换树脂滤出后使两相分开，并用少量溶液洗涤，这样可使某些元素达到部分分离或几乎完全分离，这种方法的离子交换效率低，常用于离子交换现象的研究。

柱上操作是将离子交换树脂填充在玻璃管中制成交换柱，试液一般由上而下地流经交换柱。这种方法离子交换效率高，在分析工作中常用柱上操作。装柱前树脂需要经过净化处理和浸泡溶胀，用已经溶胀的树脂装柱十分重要，因为用干燥的树脂在交换过程中吸收水分会堵塞交换柱。装柱的方法和注意事项类似于柱色谱法，这里不再赘述。

交换完毕后进行洗涤，洗涤的目的是将留在交换柱中不发生交换的离子洗下，洗净后交换柱就可以进行洗脱过程。洗脱过程可将被交换的离子洗脱下来，也可在洗脱液中测定该组分。通过洗脱过程，大多数情况下，树脂可以再生（用去离子水洗净后可以重复使用）。

2.9 试纸的使用

试纸是浸过指示剂或试剂溶液的小纸条，常用于定性检验某些溶液的性质或某种化合物、元素或离子的存在，见表 2-7。操作简单，使用方便。

表 2-7　常见试纸的用途

试纸	用途
红色石蕊试纸	被 pH≥8.0 的溶液润湿时变蓝；用纯水浸湿后遇碱性蒸气（溶于水溶液 pH≥8.0 的气体如氨气）变蓝。常用于检验碱性溶液或氨气等
蓝色石蕊试纸	被 pH≤5 的溶液浸湿时变红；用纯水浸湿后遇酸性蒸气或溶于水呈酸性的气体时变红。常用于检验酸性溶液或蒸气等
酚酞试纸，白色	遇碱性溶液变红，用水润湿后遇碱性气体（如氨气）变红，常用于检验 pH>8.3 的稀碱溶液或氨气等
淀粉碘化钾试纸，白色	用于检测能氧化 I^- 的氧化剂如 Cl_2、Br_2、NO_2、O_3、$HClO$、H_2O_2 等，润湿的试纸遇上述氧化剂变蓝，也可以用来检测 I_2
淀粉试纸，白色	润湿时遇 I_2 变蓝。用于检测 I_2 及其溶液
醋酸铅试纸，白色	遇 H_2S 变黑色，用于检验痕量的 H_2S
铁氰化钾试纸，淡黄色	遇含 Fe^{2+} 的溶液变成蓝色，用于检验溶液中的 Fe^{2+}
亚铁氰化钾试纸，淡黄色	遇含 Fe^{3+} 的溶液呈蓝色，用于检验溶液中的 Fe^{3+}
pH 试纸	有精密和广泛 2 种，通过与比色卡比色来检测溶液的 pH

在使用试纸检验溶液的性质时，一般取一小块试纸在表面皿或玻璃片上，用沾有待测液的玻璃棒点试纸的中部，不可将试纸直接伸入溶液中。观察颜色的变化，判断溶液的性质。

在使用试纸检验气体的性质时，一般先用蒸馏水把试纸润湿（pH 试纸不能用蒸馏水润湿），粘在玻璃棒的一端，用玻璃棒把试纸放到盛有待测气体的试管口或集气瓶口（注意不要接触），观察颜色的变化，判断气体的性质。用后的试纸不要丢在水槽内，以免堵塞下水道。

第3章
基本化学常数测定及反应原理实验

实验1　摩尔气体常数的测定

视频

【实验目的】
1. 掌握一种测定摩尔气体常数的方法。
2. 熟悉分压定律与理想气体状态方程式。

【实验原理】
本实验通过金属镁和过量稀硫酸反应生成氢气的体积来测定摩尔气体常数 R。反应式如下：

$$Mg + H_2SO_4 \rightleftharpoons MgSO_4 + H_2 \uparrow$$

由理想气体状态方程式 $pV = nRT$，得

$$R = \frac{pV}{nT} \tag{3-1}$$

在一定温度 T 和压力 p 下，准确称取一定质量 m 的镁条，使之与过量的稀硫酸作用，测出氢气的体积 V。氢气的分压为实验时大气压减去该温度下水的饱和蒸气压，如下

$$p(H_2) = p - p(H_2O) \tag{3-2}$$

氢的物质的量 n 可由镁条的质量求得，将以上各项数据代入式（3-1）中，可求得摩尔气体常数 R。

【仪器和试剂】
仪器：电子分析天平，量气管（50mL 碱式滴定管），长颈漏斗，试管（20mL），蝶形夹，铁架台，橡胶管，精密气压温度计。

试剂：镁条，H_2SO_4（3mol·L^{-1}）。

【实验步骤】
1. 在电子分析天平上准确称取 3 份已用砂纸打磨擦去表面氧化膜的镁条，其质量范围在 0.0200~0.0300g 内。
2. 按图 3-1 所示安装好仪器装置，取下反应管塞，移动漏斗，使量气管中的水面略低于

刻度，然后把漏斗固定。

3．在反应试管中用滴管加入 6mL 3mol·L^{-1}H$_2$SO$_4$，注意不要使硫酸沾湿反应管液面以上的管壁。将已称重的镁条蘸取少量水，贴在试管内壁上，切勿使其与硫酸接触，最后塞紧带玻璃管的胶塞。

4．检查装置的气密性。方法如下：把漏斗 2 向下移动一段距离后，固定漏斗，如果量气管内液面只在初始时稍下降，后维持不变（观察 2min），表明装置不漏气，若量气管中液面不断下降，则装置漏气。应检查各接口处是否严密，直至确定不漏气为止。

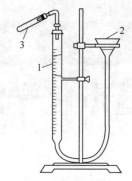

图 3-1　测定摩尔气体常数的装置
1—量气管；2—长颈漏斗；3—试管

5．如果装置不漏气，调整漏斗的位置，使量气管内水面与漏斗内水面在同一水平面上（为什么？），然后准确读出量气管内液面凹面最低点的精确读数 V_1。

6．轻轻摇动试管，使镁条落入稀硫酸中，镁条和稀硫酸反应而放出氢气。此时量气管内液面即开始下降。为了不使量气管内气压增大而造成漏气，在量气管水平面下降的同时，应慢慢下移漏斗，使漏斗内的液面和量气管内的液面基本保持水平。反应停止后，待试管冷却至室温（约 10min），移动漏斗，使漏斗内的液面和量气管内的液面相平，然后读出反应后量气管内液面凹面最低点的精确读数 V_2。

7．记录实验时的室温 t 和大气压 p，从附录中查出该室温时水的饱和蒸气压。平行测定 3～5 次。

【数据处理】

表 3-1　实验数据记录与处理

项目	1	2	3
镁条的质量 m/g			
反应前量气管中液面读数 V_1/mL			
反应后量气管中液面读数 V_2/mL			
室温/℃			
大气压/Pa			
氢气体积/mL			
室温时水的饱和蒸气压/Pa			
氢气分压/Pa			
氢气的物质的量/mol			
摩尔气体常数 R/kPa·L·mol^{-1}·K^{-1}			
相对误差 E_r			

注：镁条质量读数准确至 0.0001g，量气管读数精确至 0.01mL。

【思考题】

1．本实验中置换出的氢气的体积是如何计算的？为什么读数时必须使漏斗内液面与量气管内液面保持在同一水平面上？

2. 如何检测本实验体系是否漏气？其根据是什么？
3. 量气管中的气泡未赶尽对实验结果有何影响？

实验2　二氧化碳分子量的测定

【实验目的】
1. 掌握关于气体的发生和净化操作。
2. 掌握用理想气体状态方程和阿伏伽德罗原理测定气体分子量的方法。

【实验原理】
根据阿伏伽德罗原理，在同温同压下相同体积的各种气体都含有相同数目的分子。因此，在相同温度和压力下测定两种相同体积气体的质量，其中一种气体分子量已知，则另一种气体分子量即可求出。

本实验是称量相同体积的二氧化碳和空气的质量，由空气的平均分子量（29.0），可求二氧化碳相分子量 $M_r(CO_2)$。

$$M_r(CO_2) = \frac{m(CO_2)}{m(空气)} \times 29.0 \quad (3\text{-}3)$$

式中，$M_r(CO_2)$ 为 CO_2 的分子量；$m(CO_2)$ 为 CO_2 的质量；$m(空气)$ 为空气的质量。

【仪器和试剂】
仪器：启普发生器，洗气瓶，锥形瓶，台秤，电子天平，胶塞，玻璃丝。
试剂：浓盐酸，浓硫酸，大理石。

【实验步骤】
1. 称量空气的质量（瓶+塞+空气）

取一个干燥的100mL的锥形瓶，选好合适的胶塞塞紧后，画出胶塞伸入瓶口中的位置（在塞或者锥形瓶上画出记号）。先用台秤粗称，然后用电子天平准确称量其质量，用 m_1 表示。

2. 称量二氧化碳的质量（瓶+塞+CO_2）

从启普发生器中产生的 CO_2 气体，经过水洗、浓硫酸干燥后导入锥形瓶中（如图3-2所示）。1~2min后，缓缓取出导管，用塞子塞到原来的位置，在电子天平上准确称出其质量 m_2。重复通入 CO_2 和称量操作，直到前后两次的质量相差不超过1mg为止。

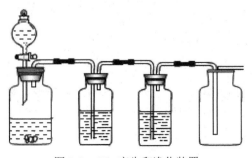

图3-2　CO_2 产生和净化装置

3．称量水的质量（瓶+塞+水）

在称量 CO_2 气体的锥形瓶中充水至塞子塞入的深度（锥形瓶或塞子上画有记号），同塞子（塞子不必塞上）一起在台秤上称量其质量 m_3。

若数据不理想，可重复进行实验。

【注意事项】

1．CO_2 的导管一定要插到瓶底。

2．启普发生器一定要装有净化和干燥装置。

3．在测定 CO_2 气体的质量的时候一定要达到恒重。

【数据处理】

表 3-2 实验数据记录与处理

项目	实验编号		
	1	2	3
室温/℃			
大气压/Pa			
（瓶+塞+空气）的质量 m_1/g			
空气的质量/g			
（瓶+塞+CO_2）的质量 m_2/g			
CO_2 的质量/g			
（瓶+塞+水）的质量 m_3/g			
瓶的容积 V/mL			
CO_2 的分子量			

【思考题】

1．CO_2 导管为什么要插入集气瓶的底部？

2．为什么称气体、塞子和集气瓶需要用电子天平，而称量水、塞子和集气瓶时用台秤就可以？

实验 3　阿伏伽德罗常数的测定

【实验目的】

1．掌握电解法测定阿伏伽德罗常数的原理。

2．掌握电解的基本操作。

【实验原理】

阿伏伽德罗常数是重要的物理常数之一，有多种测定方法。本实验主要介绍电解法，用两块铜片作电极，以 $CuSO_4$ 溶液为电解质进行电解。Cu^{2+} 在阴极上得到电子析出金属铜，使铜片增重，作阳极的铜片溶解而减重。

电解反应：

阴极 $Cu^{2+} + 2e \rightleftharpoons Cu$

阳极 $Cu \rightleftharpoons Cu^{2+} + 2e$

电解时,当电流强度为 I(A),则在时间 t(s)内通过的总电荷量为 Q(C)

$$Q = It \tag{3-4}$$

已知一个电子的电荷量为 1.60×10^{-19} C,一个 Cu^{2+} 所带电荷量为 3.20×10^{-19} C,阴极铜片电极增加的质量为 m(g),则析出铜原子数为

$$N(Cu) = \frac{It}{2 \times 1.60 \times 10^{-19}} \tag{3-5}$$

析出铜的物质的量为 $m/63.5\text{g} \cdot \text{mol}^{-1}$,析出 1mol 铜时所含铜原子个数即为阿伏伽德罗常数 N_A,表示如下

$$N_A = \frac{It \times 63.5}{2 \times 1.60 \times 10^{-19} m} \tag{3-6}$$

理论上,Cu^{2+} 从阴极得到的电子数目和阳极 Cu 失去的电子数目应该相等,即阴极增加的质量应该等于阳极减少的质量。但是由于铜片不纯等原因,阳极失去的质量一般比阴极增加的质量大,所以由阴极增加的质量计算 N_A 结果较准确。

【仪器和试剂】

仪器:台秤,烧杯,直流稳压电源,毫安表,电子天平,滑线电阻,导线,砂纸。

试剂:铜片,硫酸铜溶液,乙醇。

【实验步骤】

1. 电极处理

取两块纯铜片,用砂纸擦去表面的氧化物,用水洗净后,再用乙醇漂洗,晾干。用电子天平精确称量铜片的质量,准备作阴极和阳极进行电解。

2. 连接电路

按图 3-3 所示连接好电路,打开直流稳压电源预热约 10min。在 100mL 烧杯中加入 $CuSO_4$ 溶液,取另两块铜片(公用)作为电极将其 2/3 左右浸入 $CuSO_4$ 溶液中,两极间距离约 1.5cm。按下开关,调节稳压电源,输出电压约 10V,移动滑线电阻 R 使电流为 100mA。关闭开关。

3. 电解

换上准确称量的两块铜片,按下开关,立即调节电阻使电流为 100mA,同时记下时间。在电解过程中,电流如有变化,应随时调节电阻以维持电流强度恒定。通电 1h 后,停止电解,取下电极用水漂洗后,再用乙醇漂洗,晾干后用电子天平准确称取电极的质量。

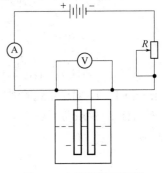

图 3-3 电解装置示意图

【注意事项】

1. 硫酸铜溶液回收。
2. 打磨电极时一定要将表面氧化膜除尽。
3. 电解过程要保持电流稳定。

【数据处理】

表 3-3 实验数据记录与处理

项目	电解前质量 m_1/g	电解后质量 m_2/g	质量变化 Δm/g	N_A
正极				
负极				

【思考题】

1. 铜片质量不纯会对实验有何影响？
2. 电解实验过程中电流不稳定对实验结果有何影响？
3. 电解法测定的主要量是什么？
4. 正负极质量差异的原因是什么？

实验 4 醋酸的解离常数和解离度的测定

视频

【实验目的】

1. 测定醋酸的解离常数和解离度，学习正确使用 pH 计。
2. 巩固移液管的基本操作和容量瓶的使用。
3. 初步掌握滴定管的使用及标定原理。

【实验原理】

醋酸（简写成 HAc）是弱电解质，在溶液中存在如下的解离平衡：

$$HAc(aq) \rightleftharpoons H^+(aq) + Ac^-(aq)$$

其标准解离常数 $K_{HAc}^{\ominus}$ 的表达式为

$$K_{HAc}^{\ominus} = \frac{\{c(H^+)/c^{\ominus}\}\{c(Ac^-)/c^{\ominus}\}}{c(HAc)/c^{\ominus}} \tag{3-7}$$

式中，$c(H^+)$、$c(Ac^-)$、$c(HAc)$ 分别为 H^+、Ac^-、HAc 的平衡浓度；$c^{\ominus}$ 为标准浓度（即 $1\,mol \cdot L^{-1}$）。对于单纯的醋酸溶液，若以 c 代表 HAc 的起始浓度，则平衡时 $c(HAc) = c - c(H^+)$，而 $c(H^+) \approx c(Ac^-)$，则

$$K_{HAc}^{\ominus} = \frac{\{c(H^+)/c^{\ominus}\}^2}{\{c - c(H^+)\}/c^{\ominus}} \tag{3-8}$$

另外，HAc 的解离度 α 可表示为

$$\alpha = \frac{c(H^+)}{c} \tag{3-9}$$

在一定温度下用酸度计测出已知浓度的 HAc 溶液的 pH，根据式（3-8）和式（3-9），即可求得 $K_{HAc}^{\ominus}$ 和 α。

【仪器和试剂】

仪器：pH 计，50mL 容量瓶，锥形瓶，烧杯，移液管（25mL），吸量管，洗耳球，滴定管。

试剂：HAc 溶液（约 0.2mol·L^{-1}），NaOH 标准溶液（约 0.20mol·L^{-1}），标准缓冲溶液（pH=4.01，pH=6.86），酚酞溶液。

【实验步骤】

1. 醋酸溶液浓度的标定

移取 25.00mL HAc 溶液于 250mL 锥形瓶中，加 2 滴酚酞，用装有 NaOH 标准溶液的滴定管滴至浅红色，30s 不褪，记录消耗的体积。平行测定 3 次。将实验数据记录于表 3-4。

2. 配制不同浓度的醋酸溶液

用吸量管或移液管分别移取 5.00mL、10.00mL、25.00mL 已知浓度的 HAc 溶液，加入 3 个 50mL 容量瓶中，分别编号 1、2、3，用蒸馏水稀释至刻度，摇匀。未稀释的 HAc 标准溶液约 30mL 倒入到 4 号干燥的 50mL 烧杯中，可得到四种浓度不同的溶液，由稀到浓依次编号为 1、2、3、4。

3. 不同浓度的 HAc 溶液 pH 的测定

将上述 1、2、3 号容量瓶中的 HAc 溶液，各取约 30mL 倒入 3 只干燥的 50mL 烧杯，用 pH 计按 1～4 号烧杯顺序（HAc 溶液浓度由稀到浓）测定它们的 pH 值（准确至 0.01），并将实验数据记录于表 3-5，算出 $K_{HAc}^{\ominus}$ 和 α。

【数据处理】

表 3-4 醋酸溶液浓度的标定

滴定序号		Ⅰ	Ⅱ	Ⅲ
NaOH 浓度/mol·L^{-1}				
HAc 体积/mL				
NaOH 的初读数/mL				
NaOH 的终读数/mL				
NaOH 的体积/mL				
HAc 浓度/mol·L^{-1}	测定值			
	平均值			

表 3-5 醋酸的解离度和解离常数

温度_____℃   pH 计编号_____

编号	c/mol·L^{-1}	pH	$c(H^+)$/mol·L^{-1}	α	$K_{HAc}^{\ominus}$
1					
2					
3					
4					

表 3-5 所测得 4 个 $K_{HAc}^{\ominus}$，由于实验误差可能不完全相同，可用下列方法处理，求 $pK_{HAc平均}^{\ominus}$ 和标准偏差 s，结果填入表 3-6：

$$pK_{HAc平均}^{\ominus} = \frac{\sum_{i=1}^{n} pK_{HAc实验}^{\ominus}}{n} \tag{3-10}$$

误差 Δ_i：
$$\Delta_i = pK_{HAc平均}^{\ominus} - pK_{HAc实验}^{\ominus}$$

标准偏差 s：
$$s = \sqrt{\frac{\sum_{i=1}^{n} \Delta_i^2}{n-1}} \tag{3-11}$$

表 3-6　实验结果处理

序号	1	2	3	4
pH				
$pK_{HAc实验}^{\ominus}$				
$pK_{HAc平均}^{\ominus}$				
Δ_i				
s				

【思考题】

1. 如果改变所测 HAc 溶液的浓度或温度，则解离度和标准解离常数有无变化？
2. 配制不同浓度的 HAc 溶液时，玻璃器皿是否要干燥，为什么？
3. 测定不同浓度 HAc 溶液的 pH 时，测定顺序应由稀到浓，为什么？
4. 使用酸度计应注意哪些问题？
5. 实验测定 HAc 解离常数是否存在误差？为什么？

实验 5　光度法测定碘酸铜的溶度积常数

视频

【实验目的】

1. 了解测定溶度积常数的原理和方法。
2. 学习分光光度计的使用方法。
3. 测定碘酸铜溶度积常数。

【实验原理】

碘酸铜是难溶性强电解质，在一定温度下，饱和溶液中的 Cu^{2+} 和 IO_3^- 与固体 $Cu(IO_3)_2$ 之间存在下列平衡：

$$Cu(IO_3)_2 \rightleftharpoons Cu^{2+} + 2IO_3^-$$

平衡时离子相对浓度乘积为一个常数：

$$K_{sp}^{\ominus} = [Cu^{2+}][IO_3^-]^2$$

式中，$[Cu^{2+}]$ 和 $[IO_3^-]$ 为平衡浓度（更确切地说应该是活度，但由于难溶性强电解质的溶解度很小，离子强度也很小，可以用浓度代替活度）。温度恒定时，$K_{sp}^{\ominus}$ 为常数，它不随 $[Cu^{2+}]$ 或 $[IO_3^-]$ 的变化而改变。在一定的温度下，新制得的碘酸铜固体溶于水后，只要形成饱和溶液，$[IO_3^-]$ 就是 $[Cu^{2+}]$ 的 2 倍，代入上式则 $K_{sp}^{\ominus}=4[Cu^{2+}]^3$。

碘酸铜饱和溶液中的 Cu^{2+} 与过量的 $NH_3 \cdot H_2O$ 作用生成深蓝色的配离子 $[Cu(NH_3)_4]^{2+}$：

$$Cu^{2+} + 4NH_3 \rightleftharpoons [Cu(NH_3)_4]^{2+}$$

在实验条件下，氨水无色，Cu^{2+} 浓度很小，也几乎不吸收可见光。因此，测定溶液的吸光度只与有色的配离子浓度成正比，其原理是朗伯-比尔定律：

$$A = \varepsilon bc$$

式中，ε 为摩尔吸光系数；b 为溶液厚度；c 为溶液浓度。

由吸光度-铜离子含量工作曲线确定出 $[Cu^{2+}]$，即可求出溶度积常数 $K_{sp}^{\ominus}$。

【仪器和试剂】

仪器：电子天平，分光光度计，容量瓶（250mL、50mL），吸量管（1mL、2mL、5mL、10mL），洗耳球，移液管（25mL），量筒（100mL），锥形瓶（250mL），长颈漏斗，烧杯（50mL、250mL），滤纸，玻璃棒，洗瓶，水浴锅，铁圈。

试剂：精铜，浓硝酸，$CuSO_4$（0.2mol·L^{-1}），HIO_3（0.4mol·L^{-1}），$NH_3 \cdot H_2O$（1mol·L^{-1}）。

【实验步骤】

1. 工作曲线的绘制

① 准确称取 $CuSO_4 \cdot 5H_2O$ 固体 0.9766g 于小烧杯中，加少量蒸馏水溶解，待全部溶解后，将溶液定量转移至 250mL 容量瓶中，用蒸馏水稀释至刻度，Cu^{2+} 质量浓度为 1mg·mL^{-1}。

② 用吸量管分别取 0mL、2.00mL、4.00mL、6.00mL、8.00mL、10.00mL 标准铜离子溶液到 6 个 50mL 容量瓶中，在各容量瓶中分别加入 25mL 1mol·L^{-1} 的氨水，用蒸馏水定容至刻度线，充分混匀备用。

③ 用分光光度计测定上述溶液的吸光度 A，实验条件：5cm 比色皿，未加铜离子标准溶液的氨水为空白液，波长 610nm。将结果填入表 3-7。

表 3-7 工作曲线溶液的吸光度

$V(CuSO_4)$/mL	2.00	4.00	6.00	8.00	10.00
$m(Cu^{2+})$/mg					
A					

2. 碘酸铜溶度积常数的测定

（1）碘酸铜饱和溶液的制备

用电子台秤称取 1.5g $CuSO_4 \cdot 5H_2O$ 固体放入 100mL 烧杯中，加 20.0mL 蒸馏水溶解。称取 2.7g KIO_3 放入烧杯中，加 50.0mL 蒸馏水加热溶解，将 $CuSO_4$ 溶液倒入 KIO_3 溶液中，不断搅拌并加热至近沸。冷却，搅拌至析出大量蓝色 $Cu(IO_3)_2$ 沉淀，静置，弃去上清液。用 20.0mL 蒸馏水以倾析法洗涤沉淀两三次，得蓝色 $Cu(IO_3)_2$ 沉淀。

将上述制得的 $Cu(IO_3)_2$ 沉淀置于 250mL 烧杯中，加入 100.0mL 蒸馏水，边加热边搅拌近沸，自然冷却至室温（冷却过程中不时搅拌）。用干燥的漏斗和滤纸将饱和溶液过滤，滤液收集于一个干燥的烧杯中（滤液一定要保证澄清）。

②测定吸光度

准确移取 25mL 过滤后的饱和 $Cu(IO_3)_2$ 溶液 2 份，分别转入 2 个 50mL 容量瓶中，然后用 $1mol·L^{-1}$ 氨水定容至刻度线，摇匀备用。按照上述测工作曲线同样的条件测定其吸光度。根据工作曲线求得对应饱和 $Cu(IO_3)_2$ 溶液中 Cu^{2+} 的浓度，计算 $K_{sp}^{\ominus}$。

【数据处理】

1．作吸光度-铜离子含量工作曲线

以吸光度 A 为纵坐标、每份溶液中含 Cu^{2+} 的质量为横坐标，绘制工作曲线。曲线上应标明波长、空白液、比色皿规格和温度等。

2．数据记录与结果处理

表 3-8　样品溶液的吸光度

实验序号	1	2
取样体积 V/mL	25.00	25.00
吸光度 A		
$m(Cu^{2+})$/mg		
$c(Cu^{2+})$/mol·L^{-1}		
溶度积常数 $K_{sp}^{\ominus}$		

3．结果讨论

查溶度积常数或由热力学数据求出 $K_{sp}^{\ominus}$ 的理论值，并将测定值与其比较，说明产生误差的原因。

【思考题】

1．实验室用新制备的 $Cu(IO_3)_2$ 固体配制饱和溶液时，多次洗涤的作用是什么？

2．下列情况对实验结果有无影响？

（1）溶液未饱和；

（2）过滤时滤纸用水润湿或烧杯、漏斗不干燥；

（3）过滤时有 $Cu(IO_3)_2$ 固体透滤。

3．可否在室温下直接制备饱和溶液？

实验 6　银氨配离子配位数及稳定常数的测定

【实验目的】

1．应用配位平衡和溶度积规则测定 $[Ag(NH_3)_2]^+$ 的配位数和稳定常数。

2．进一步熟练掌握数据处理和作图方法。

【实验原理】

在 $AgNO_3$ 溶液中加入过量氨水，有稳定的 $[Ag(NH_3)_2]^+$ 生成：

$$Ag^+(aq) + nNH_3(aq) \rightleftharpoons [Ag(NH_3)_n]^+(aq)$$

$$K_f^\ominus [Ag(NH_3)_n]^+ = \frac{c[Ag(NH_3)_n]^+/c^\ominus}{[c(Ag^+)/c^\ominus][c(NH_3)/c^\ominus]^n} \quad (3\text{-}12)$$

再往溶液中逐滴滴加 KBr 溶液，直到溶液中刚出现淡黄色的 AgBr 沉淀：

$$AgBr(s) \rightleftharpoons Ag^+(aq) + Br^-(aq)$$

$$K_{sp}^\ominus (AgBr) = [c(Ag^+)/c^\ominus][c(Br^-)/c^\ominus] \quad (3\text{-}13)$$

总的化学平衡为：

$$[Ag(NH_3)_n]^+(aq) + Br^-(aq) \rightleftharpoons AgBr(s) + nNH_3(aq)$$

$$K^\ominus = \frac{[c(NH_3)/c^\ominus]^n}{[c[Ag(NH_3)_n]^+/c^\ominus][c(Br^-)/c^\ominus]} = \frac{1}{K_f^\ominus K_{sp}^\ominus} \quad (3\text{-}14)$$

当氨水大大过量时，生成最高配位数的配合物 $[Ag(NH_3)_2]^+$ 和 AgBr 沉淀，没有其他副反应发生。

设取用 $AgNO_3$ 溶液的体积 $V(Ag^+)$，初始浓度为 $c_0(Ag^+)$。若加入氨水大大过量，则达到竞争平衡时有：

$$c[Ag(NH_3)_n]^+ = \frac{c_0(Ag^+)V(Ag^+)}{V_{总}}$$

$$c(NH_3) = \frac{c_0(NH_3)V(NH_3)}{V_{总}} - nc[Ag(NH_3)_n]^+ \approx \frac{c_0(NH_3)V(NH_3)}{V_{总}}$$

滴加 KBr 到有浅黄色沉淀出现时：

$$c(Br^-) = \frac{c_0(KBr)V(KBr)}{V_{总}}$$

$$V_{总} = V(AgNO_3) + V(NH_3) + V(KBr) + V(H_2O)$$

由 $K^\ominus = \dfrac{[c(NH_3)/c^\ominus]^n}{c[Ag(NH_3)_n]^+/c^\ominus[c(Br^-)/c^\ominus]} = \dfrac{1}{K_f^\ominus K_{sp}^\ominus}$ 得

$$\lg\{c[Ag(NH_3)_n]^+ c(Br^-)\} = n\lg c(NH_3) + \lg(K_f^\ominus K_{sp}^\ominus) \quad (3\text{-}15)$$

以 $\lg\{c[Ag(NH_3)_n]^+c(Br^-)\}$ 为纵坐标、$\lg c(NH_3)$ 为横坐标作图，直线的斜率即为配位数 n，截距为 $\lg(K_f^\ominus K_{sp}^\ominus)$，由此求得配合物的稳定常数 $K_f^\ominus$。

【仪器和试剂】

仪器：锥形瓶，吸量管（10mL、20mL），量筒（25mL），滴定管。

试剂：$AgNO_3$（0.010mol·L^{-1}），$NH_3·H_2O$（2.0mol·L^{-1}），KBr（0.010mol·L^{-1}）。上述溶液均需在用前标定准确浓度。

【实验步骤】

按表 3-9 中各编号所列数据，依次加入 0.010mol·L^{-1} $AgNO_3$ 溶液、2.0mol·L^{-1} $NH_3·H_2O$ 溶液及蒸馏水于各锥形瓶中，然后在不断摇动下从滴定管中逐滴滴加 0.010mol·L^{-1}

KBr 溶液，直到溶液中刚出现浑浊并不再消失为止，记下消耗 KBr 的体积及溶液的总体积 $V_{总}$。

表 3-9 数据记录与结果

项目	1	2	3	4	5	6	7
$V(Ag^+)$/mL	5.00	5.00	5.00	5.00	5.00	5.00	5.00
$V(NH_3)$/mL	20.00	18.00	16.00	14.00	12.00	10.00	8.00
$V(H_2O)$/mL	5.00	7.00	9.00	11.00	13.00	15.00	17.00
$V(KBr)$/mL							
$V_{总}$/mL							
$c[Ag(NH_3)_n^+]$/mol·L^{-1}							
$c(NH_3)$/mol·L^{-1}							
$c(Br^-)$/mol·L^{-1}							
$\lg\{c[Ag(NH_3)_n^+]c(Br^-)\}$							
$\lg c(NH_3)$							

【数据处理】

以 $\lg c(NH_3)$ 为横坐标、$\lg\{c[Ag(NH_3)_n]^+ c(Br^-)\}$ 为纵坐标作图，直线的斜率即为配位数 n，直线在纵坐标上的截距为 $\lg(K_f^{\ominus} K_{sp}^{\ominus})$，由此求得配合物的稳定常数 $K_f^{\ominus}$。

已知 $K_{sp}^{\ominus}(AgBr) = 5.3 \times 10^{-13}$。

注意：由于终点 AgBr 的量很少，观察沉淀较困难。仔细观察现象，至锥形瓶中出现 AgBr 胶状浑浊即为终点。

【思考题】

1．AgNO$_3$ 溶液要放在什么颜色的试剂瓶中？还有哪些试剂有类似的要求？

2．在其他实验条件完全相同的情况下，能否用相同浓度的 NaCl 溶液进行本实验？为什么？

实验 7　分光光度法测定[Ti(H$_2$O)$_6$]$^{3+}$的分裂能

【实验目的】

1．学习应用分光光度法测定配合物的分裂能。
2．学会分光光度计的使用方法。

【实验原理】

过渡金属的 5 个 d 轨道在自由原子或离子中能量简并；当处于电场中时，由于受电场作用，轨道的能量升高；若电场是球形对称的，各轨道能量升高的幅度一致，能量仍简并；若处于非球形电场中，由于电场的对称性不同，各轨道能量升高的幅度不相同，即原来的简并轨道发生能级分裂。在配合物中，中心离子 M 处于配体 L 形成的静电场中，配体产生的静电作用称为配合物的晶体场；过渡金属离子形成配合物时其 d 轨道在晶体场的作用下发生能级分裂；分裂能就是指在晶体场中，d 轨道分裂后，最高能量的 d 轨道与最低能量的 d 轨道之间的能量差。

5 个 d 轨道的分裂情况与配体的空间分布及 d 轨道中的电子数有关。对于八面体构型的 $[Ti(H_2O)_6]^{3+}$ 配离子，中心离子的 d 轨道只有一个电子，在八面场的影响下 Ti^{3+} 的 5 个简并的 d 轨道分裂为两组：二重简并的 e_g 轨道和三重简并的 t_{2g} 轨道。e_g 轨道和 t_{2g} 轨道的能量差即为分裂能 Δ，如图 3-4 所示。

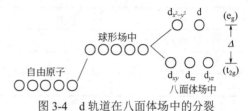

图 3-4　d 轨道在八面体场中的分裂

过渡金属离子的 d 轨道没有被电子充满时，处于低能量 d 轨道上的电子吸收了一定波长的可见光后，就跃迁到高能量的 d 轨道。对于 $[Ti(H_2O)_6]^{3+}$ 的中心离子 Ti^{3+}，仅有 1 个 3d 电子，在基态时，电子处于能量较低的 t_{2g} 轨道，当吸收可见光的能量后，就会产生 d-d 跃迁，由 t_{2g} 轨道跃迁到能量较高的 e_g 轨道，e_g 轨道和 t_{2g} 轨道的能量差等于 $[Ti(H_2O)_6]^{3+}$ 分裂能 Δ。这种 d-d 跃迁的能量差即分裂能 Δ 可以通过实验测定，由

$$E_{光} = E_{e_g} - E_{t_{2g}} = \Delta \tag{3-16}$$

$$E_{光} = h\gamma = hc/\lambda \tag{3-17}$$

式中，h 为普朗克常数，其值为 6.626×10^{-34} J·s；c 为光速，其值为 2.9979×10^{10} cm·s^{-1}；$E_{光}$ 为可见光光子能量，J·mol^{-1}；γ 为频率，s^{-1}；λ 为波长，nm。

因为 h 和 c 都是常数，当 1mol 电子跃迁时，$E_{光} = \Delta = 6.022\times10^{23}\dfrac{hc}{\lambda}$，而 $E_{光}$ 常用波数的单位 cm^{-1} 表示（1cm^{-1} = 1.196×10^{-2} kJ·mol^{-1}），代入上式，所以

$$\Delta = \frac{1}{\lambda\times10^{-7}} \text{ (cm}^{-1}\text{)} \tag{3-18}$$

式中，λ 是 $[Ti(H_2O)_6]^{3+}$ 吸收光谱中吸收峰对应的波长，单位是 nm（1nm = 10^{-7}cm）。

【仪器和试剂】

仪器：电子分析天平，722 型分光光度计，烧杯，移液管，洗耳球，容量瓶。

试剂：15%TiCl₃（A.R.）水溶液。

【实验步骤】

1. $[Ti(H_2O)_6]^{3+}$ 溶液的配制

量取 5mL 15%TiCl₃ 的水溶液，用蒸馏水稀释定容至 50mL 容量瓶中。

2. 吸光度 A 值的测定

以蒸馏水为参比液，在 722 型分光光度计 460～550nm 波长范围内，每间隔 10nm 波长分别测定一次 $[Ti(H_2O)_6]^{3+}$ 溶液的吸光度 A 值。（在吸收峰最大值附近，波长间隔 5nm 测定一次。）

【数据处理】

1. 按照表 3-10 方式记录实验有关数据。

表 3-10 $[Ti(H_2O)_6]^{3+}$ 溶液在可见光区的相应吸光度 A 值

λ/nm	吸光度 A 值	λ/nm	吸光度 A 值
460		505	
470		510	
480		520	
490		530	
495		540	
500		550	

2．实验结果处理

（1）由实验测得的波长 λ 和相应的吸光度 A 绘制 $[Ti(H_2O)_6]^{3+}$ 的吸收曲线，分别计算出这些配离子的 Δ 值。

（2）在吸收曲线上找出最高峰所对应的波长 λ_{max}，计算出 $[Ti(H_2O)_6]^{3+}$ 的分裂能 Δ 值。

【注意事项】

1．每调一次波长，用蒸馏水参比调一次 $T=100\%$，$A=0$。

2．测吸光度值时，若 A 值太大而超出读数范围，应将溶液稀释后重新测。

【思考题】

1．如何测定配合物的分裂能？

2．分光光度计如何正确使用？

实验 8　硫酸铜晶体中结晶水含量的测定

【实验目的】

1．学习测定晶体里结晶水含量的方法。

2．练习坩埚的使用方法，初步学会研磨操作。

【实验原理】

很多离子型的盐类从水溶液中析出时，通常含有一定量的结晶水（或称水合水）。结晶水一般与盐类结合得比较牢固，但受热到一定温度时，可以脱去一部分结晶水或全部的结晶水。五水硫酸铜晶体是一种蓝色晶体，比较稳定，在不同温度下逐渐脱水，当加热到 150℃ 左右时失去全部结晶水成白色粉末状无水硫酸铜。

本实验是将已知质量的五水硫酸铜加热，除去所有结晶水后称量，根据加热前后的质量差，可计算出水合硫酸铜中结晶水的分子数量。

$$CuSO_4 \cdot xH_2O \rightleftharpoons CuSO_4 + xH_2O$$

$$W(结晶水) = \frac{m(结晶水)}{m(硫酸铜结晶体)} \times 100\% = \frac{18x}{160+18x} \times 100\%$$

【仪器和试剂】

仪器：电子天平（精确至 1mg），研钵，玻璃棒，铁架台（带铁圈），泥三角，瓷坩埚，坩埚钳，干燥器，封闭电炉。

试剂：硫酸铜晶体（$CuSO_4 \cdot xH_2O$）。

【实验步骤】

1．研磨

在研钵中将硫酸铜晶体研碎，以防止加热时可能发生迸溅。

2．称量

取一干净干燥的坩埚称重（精确至 1mg），其中放入约 2.0g 的已经研磨的硫酸铜晶体再称重，记下坩埚和硫酸铜晶体的总质量。

3．加热

将盛有硫酸铜晶体的坩埚放在铁圈上的泥三角上，用电炉缓慢加热，同时用玻璃棒轻轻搅拌硫酸铜晶体，直到蓝色硫酸铜晶体完全变成白色粉末，且不再有水蒸气逸出，然后将坩埚放在干燥器里冷却。

4．称量

待坩埚在干燥器里冷却后，将坩埚放在天平上称量，记下坩埚和无水硫酸铜的总质量。

5．再加热称量

把盛有无水硫酸铜的坩埚按上述方法再加热，然后放在干燥器里冷却后再称量，记下质量，直至连续两次称量的质量差不超过 5mg 为止，即按本实验的要求可认为无水硫酸铜已经为"恒重"。

【数据处理】

1．根据实验数据计算硫酸铜晶体里结晶水的质量分数。

2．根据实验数据计算化学式中 x 的实验值。

【注意事项】

1．加热脱水一定要完全，晶体完全变为灰白色，不能是浅蓝色。

2．为了避免加热时间过长或温度过高造成 $CuSO_4$ 分解，采取多次加热的方法，控制脱水温度，以尽可能地使晶体中的结晶水全部失去。

【思考题】

1．为了保证硫酸铜晶体结晶水分解完全，可采取哪些措施？

2．加热后的坩埚为什么一定要在干燥器中冷却至室温才能称量？

实验 9　水溶液中的解离平衡

【实验目的】

1．加深理解弱电解质的解离平衡、同离子效应的基本原理。

2．掌握缓冲溶液的配制及其性质。

3. 学习快速测量溶液 pH 的方法和操作技术。

【实验原理】

1. 酸碱的概念

酸碱质子理论认为,凡是能够给出质子（H^+）的物质都是酸,凡是能够接受质子（H^+）的物质都是碱,酸、碱既可以是中性分子,也可以是带正、负电荷的离子。酸给出质子后变为该酸的共轭碱,碱接受质子后变为该碱的共轭酸,其关系式可表示如下

$$酸 \rightleftharpoons 质子 + 碱$$

2. 弱电解质的解离平衡及其移动

弱电解质在水溶液中发生部分解离,在一定温度下,弱电解质（如 HAc）存在下列解离平衡

$$HAc + H_2O \rightleftharpoons H_3O^+ + Ac^-$$

若在平衡体系中,加入与弱电解质含有相同离子的另一强电解质,解离平衡向生成弱电解质的方向移动,使弱电解质的解离度降低,这种现象称为同离子效应。

3. 缓冲溶液

弱酸及其共轭碱（如 HAc-NaAc）或弱碱及其共轭酸（如 $NH_3 \cdot H_2O$-NH_4Cl）所组成的混合溶液,在一定程度上可以抵抗外加的少量酸、碱或稀释,而溶液的 pH 不发生显著变化,这种溶液称为缓冲溶液。缓冲溶液的 pH 值由下列公式近似计算

$$pH = pK_a - \lg \frac{c_{酸}}{c_{盐}}$$

【仪器和试剂】

仪器及材料：试管,量筒（10mL）,点滴板,pH 试纸。

试剂：NaOH（$0.1mol \cdot L^{-1}$）,HCl（$0.1mol \cdot L^{-1}$、$6mol \cdot L^{-1}$）,HAc（$0.1mol \cdot L^{-1}$）,$NH_3 \cdot H_2O$（$0.1mol \cdot L^{-1}$）,NaCl（$0.1mol \cdot L^{-1}$）,NH_4Cl（$0.1mol \cdot L^{-1}$,S）,NH_4Ac（$0.1mol \cdot L^{-1}$）,NaAc（$0.1mol \cdot L^{-1}$,s）,$BiCl_3$（s）,甲基橙指示剂,酚酞指示剂。

【实验步骤】

1. 强、弱电解质的比较

在点滴板上用 pH 试纸依次测定浓度均为 $0.1mol \cdot L^{-1}$ 的 HCl、HAc、$NH_3 \cdot H_2O$、NaOH、NH_4Ac、NH_4Cl、NaAc、NaCl 溶液的 pH,并与计算值比较。

表3-11 强弱电解质 pH 值的比较

试剂	HCl	HAc	$NH_3 \cdot H_2O$	NaOH	NH_4Ac	NH_4Cl	NaAc	NaCl
pH（测定）								
pH（计算）								

2. 同离子效应

（1）取 1mL $0.1mol \cdot L^{-1}$ HAc 溶液于试管中,加 1 滴甲基橙,混合均匀,观察溶液的颜色。然后加入少量 NaAc 固体,振摇试管使其溶解,观察现象并解释。

（2）取 1mL 0.1mol·L^{-1} 的 NH$_3$·H$_2$O 溶液于试管中，加 1 滴酚酞，混合均匀，观察溶液的颜色。然后加入少量 NH$_4$Cl 固体，振摇试管使其溶解，观察现象并解释。

3．缓冲溶液

（1）在 2 支试管中各加入 5mL 蒸馏水，用 pH 试纸测其 pH，然后往一支中加 2 滴 0.1mol·L^{-1} 的 HCl 溶液，另一支中加入 2 滴 0.1mol·L^{-1} 的 NaOH 溶液，摇匀后测其 pH，观察 pH 值的变化。

（2）在 1 支试管中加入 5mL 0.1mol·L^{-1} 的 HAc 和 5mL 0.1mol·L^{-1} 的 NaAc 溶液，摇匀后用 pH 试纸测其 pH。将溶液分成 2 份，一份加入 2 滴 0.1mol·L^{-1} 的 HCl 溶液，另一份加入 2 滴 0.1mol·L^{-1} 的 NaOH 溶液，摇匀后测其 pH，观察 pH 值的变化。

比较两组实验结果，可得出什么结论？

4．弱电解质的解离平衡

（1）取一支试管，加入少量固体 NaAc，滴加少量蒸馏水使其溶解，加入 1 滴酚酞，观察溶液颜色。在小火上将溶液加热，观察酚酞颜色有何变化。

（2）取一支试管，加入少量固体 BiCl$_3$，加蒸馏水使其溶解，观察现象，测定溶液的 pH 值。往该溶液中滴加 6mol·L^{-1} HCl 溶液，观察现象，再加水稀释，观察现象。用平衡移动原理解释这一系列现象。

【注意事项】

1．看清滴瓶上的标签再取用试剂，取用后立即把胶头滴管放回原滴瓶。
2．加热试管中液体时要小心操作，不能将试管口朝向他人或自己。
3．实验后的含金属离子的废液倒入指定废液桶内，统一处理。

【思考题】

1．使用 pH 试纸测定溶液的 pH 值，如何正确操作？
2．什么是同离子效应？
3．通过计算说明下列溶液是否具有缓冲能力：
（1）20mL 0.2mol·L^{-1} NaAc 溶液和 10mL 0.2mol·L^{-1} 的 HCl 溶液混合；
（2）20mL 0.2mol·L^{-1} HAc 溶液和 10mL 0.2mol·L^{-1} 的 NaOH 溶液混合。
4．实验室如何配制 Sn^{2+}、Bi^{2+}、Sb^{2+}、Fe^{2+} 等盐的水溶液？

实验10　酸碱反应与缓冲溶液

视频

【实验目的】

1．掌握酸碱质子理论有关概念。
2．理解同离子效应、盐类的水解及其影响因素。
3．理解缓冲溶液的原理，学会缓冲溶液的配制方法，了解缓冲溶液的缓冲性能。
4．熟悉酸度计的使用方法。

【实验原理】

根据酸碱质子理论，给出质子（H$^+$）的物质称为酸，接受质子（H$^+$）的物质称为碱。酸给出 1 个质子后即成为对应的共轭碱，碱接受 1 个质子后成为其共轭酸。酸碱反应是质子转移的反应。

1. 同离子效应

强电解质在水中完全解离。弱电解质在水中部分电离。在一定温度下，弱酸、弱碱的解离平衡如下：

$$HAc(aq)+H_2O(l) \rightleftharpoons H_3O^+(aq)+Ac^-(aq)$$

$$NH_3(aq)+H_2O(l) \rightleftharpoons NH_4^+(aq)+OH^-(aq)$$

如果向 HAc 溶液中加入共轭碱 Ac^- 溶液，必使 HAc 的解离平衡逆向移动，即使 HAc 解离度下降，使得 HAc 溶液中的 H^+ 浓度减小，pH 值升高。同样，若向 NH_3 水溶液中加入共轭酸 NH_4^+ 溶液，必使 NH_3 的解离平衡逆向移动，即使 NH_3 解离度下降，使得 NH_3 溶液中的 OH^- 浓度减小，pH 值减小。这种共轭酸碱对之间对解离反应的相互抑制作用，称为同离子效应。

2. 盐类的水解（盐溶液的酸碱平衡）

部分盐在水中完全解离产生的阴、阳离子，能与水发生质子转移的反应，称为盐类的水解反应。这些离子因能与水发生质子转移反应，称为离子酸或离子碱。

盐类的水解反应是酸碱中和反应的逆反应。水解后溶液的酸碱性决定于盐的类型。强酸弱碱盐（离子酸）水解后溶液呈酸性，其 pH<7；强碱弱酸盐（离子碱）水解后溶液呈碱性，pH>7；弱酸弱碱盐强烈水解，其溶液的酸碱性取决于生成的弱酸和弱碱的相对强弱。因水解反应是一吸热反应，因此，升高温度有利于盐类的水解。

3. 缓冲溶液

弱酸及其盐或弱碱及其盐的混合溶液，能在一定程度上对少量外来的酸或碱起缓冲作用，即当外加少量酸或碱或适当稀释时，溶液的 pH 基本上保持不变，这种溶液叫作缓冲溶液。该溶液的 pH 为

$$pH = pK_a - \lg \frac{c_{酸}}{c_{盐}} \tag{3-19}$$

$$pOH = pK_b - \lg \frac{c_{碱}}{c_{盐}} \tag{3-20}$$

缓冲溶液的缓冲能力与组成缓冲溶液的弱酸（或弱碱）及其共轭碱（或共轭酸）的浓度有关，当弱酸（或弱碱）与它的共轭碱（或共轭酸）浓度较高时，其缓冲能力较强。此外，缓冲能力还与 $c_{酸}/c_{盐}$ 或 $c_{碱}/c_{盐}$ 的比值有关，当比值接近 1 时，其缓冲能力最强。

【仪器和试剂】

仪器：酸度计，试管，烧杯，电热板。

试剂：$6mol \cdot L^{-1}$ HCl，$0.1mol \cdot L^{-1}$ HCl，浓硫酸，$0.1mol \cdot L^{-1}$ HAc，$1mol \cdot L^{-1}$ HAc，$0.1mol \cdot L^{-1}$ NaOH，$0.1mol \cdot L^{-1}$ $NH_3 \cdot H_2O$，$1mol \cdot L^{-1}$ $NH_3 \cdot H_2O$，$0.1mol \cdot L^{-1}$ NH_4Cl，$1mol \cdot L^{-1}$ NH_4Cl，$0.1mol \cdot L^{-1}$ NH_4Ac，$1mol \cdot L^{-1}$ NH_4Ac，$0.1mol \cdot L^{-1}$ NaCl，$0.1mol \cdot L^{-1}$ NaAc，$1mol \cdot L^{-1}$ NaAc，固体 NH_4Cl，固体 NaAc，固体 $Fe_2(SO_4)_3 \cdot 9H_2O$，固体 $BiCl_3$，甲基橙指示剂，酚酞指示剂。

【实验步骤】

1. 同离子效应

（1）在试管中加入 2.0mL 0.1mol·L^{-1} 的 HAc 溶液，加一滴甲基橙，然后再加少量固体 NaAc，观察溶液颜色变化？说明什么？

（2）在试管中加入 2.0mL 0.1mol·L^{-1} 的 $NH_3·H_2O$ 溶液，加一滴酚酞指示剂，然后再加少量固体 NH_4Cl，观察溶液颜色变化？说明什么？

2. 盐类的水解

（1）A、B、C、D 是四种失去标签的盐溶液，只知它们是 0.1mol·L^{-1} 的 NaCl、NaAc、NH_4Cl、Na_2CO_3 溶液，试用 pH 试纸测定其 pH 并结合理论计算确定 A、B、C、D 各为何物？

（2）取少量固体 $Fe_2(SO_4)_3·9H_2O$ 于试管中，用水溶解后，观察溶液颜色，然后将其分成三份。第一份留做比较，第二份加 5 滴浓硫酸，摇匀，第三份试液用小火加热，将三份溶液进行比较，各有什么不同？并解释实验现象。

（3）在一试管中加入少量固体 $BiCl_3$，用水溶解，有什么现象？测试溶液的 pH 值；往溶液中滴加 6mol·L^{-1} 的 HCl，注意观察实验现象，再加水稀释，又有何现象？怎样用平衡移动原理解释这一系列现象？由此可知，实验室配制 $BiCl_3$ 溶液时该如何做？

3. 缓冲溶液

（1）按表 3-12 中试剂用量筒配制 4 种缓冲溶液，用酸度计分别测定其 pH，并与计算值进行比较。

（2）在 1 号缓冲溶液中加入 0.5mL（约 10 滴） 0.1mol·L^{-1} HCl 溶液摇匀，用酸度计测定其 pH；再加入 1mL（约 20 滴） 0.1mol·L^{-1} NaOH 溶液摇匀，测定其 pH，并与计算值进行比较。

（3）欲配制 10mL pH=4.1 的缓冲溶液，实验室现有 0.1mol·L^{-1} 的 HAc 和 0.1mol·L^{-1} 的 NaAc 溶液，应如何配制？先经过计算，再按计算的量配溶液，并用精密 pH 试纸测试是否符合要求。

【数据处理】

表 3-12　几种缓冲溶液的 pH 值

编号	配制缓冲溶液（用量筒量取）	pH 计算值	pH 测定值
1	10.0mL 1mol·L^{-1} HAc 中加入 10.0mL 1mol·L^{-1} NaAc		
2	10.0mL 0.1mol·L^{-1} HAc 中加入 10.0mL 0.1mol·L^{-1} NaAc		
3	10.0mL 0.1mol·L^{-1} HAc 中加入 2 滴酚酞，滴加 0.1mol·L^{-1} NaOH 溶液至酚酞变红，30s 不消失，再加入 10.0mL 0.1mol·L^{-1} HAc		
4	10.0mL 1mol·L^{-1} $NH_3·H_2O$ 中加入 10.0mL 1mol·L^{-1} NH_4Cl		

【思考题】

1. 缓冲溶液的 pH 由哪些因素决定？其中主要的决定因素是什么？

2. 将 10mL 0.2mol·L^{-1} 的 HAc 溶液和 10mL 0.1mol·L^{-1} 的 NaOH 溶液混合，所得溶液是否具有缓冲能力？

3. 如何配制 $SbCl_3$ 溶液、$SnCl_2$ 溶液和 $Bi(NO_3)_3$ 溶液？写出它们水解反应的方程式。

实验 11　配合物的生成与性质

【实验目的】

1. 了解配合物的生成和组成。
2. 了解配合物与简单化合物、复盐的区别。
3. 了解配位平衡及其影响因素。
4. 了解螯合物的形成条件及稳定性。

【实验原理】

中心离子（或原子）和一定数目的配位体（中性分子或阴离子）以配位键结合而形成的复杂结构单元称配合单元，凡是由配合单元组成的化合物称配位化合物。配合物的组成一般分为内界和外界，内界和外界之间以离子键结合，在水溶液中完全解离。

配合物在水溶液中存在有配合平衡，如：

$$Cu^{2+} + 4NH_3 \rightleftharpoons [Cu(NH_3)_4]^{2+}$$

相应配合物的稳定性可用平衡常数 $K_f^{\ominus}$ 来衡量，对于相同类型的配合物，其 $K_f^{\ominus}$ 数值越大配合物越稳定。根据化学平衡的知识可知，增加配体或金属离子的浓度有利于配合物的生成，而降低配体或金属离子浓度有利于配合物的解离。因此，弱酸或弱碱作为配体时，溶液酸碱性的改变有利于配合物的解离。若有沉淀剂能与中心离子形成沉淀反应，则会减少中心离子的浓度，使配合平衡朝解离的方向移动。若另加入一种配体，能与中心离子形成稳定性较好的配合物，则又可能使沉淀溶解。总之，配合平衡与沉淀平衡的关系是朝着生成更难解离或更难溶解的物质的方向移动。

中心离子与配体结合形成配合物后，由于中心离子的浓度发生了改变，因此电极电势数值也改变，从而改变了中心离子的氧化还原能力。

由配离子组成的盐类称为配盐，配盐解离出来的配离子一般较稳定，而复盐则全部解离为简单离子。

配盐　　　　　　　　$K_4[Fe(CN)_6] \rightleftharpoons 4K^+ + [Fe(CN)_6]^{4-}$

复盐　　　　　　　　$KAl(SO_4)_2 \cdot 12H_2O \rightleftharpoons K^+ + Al^{3+} + 2SO_4^{2-} + 12H_2O$

中心离子与多基配体反应可生成具有环状结构的稳定性很好的螯合物。螯合物的环上有几个原子就称为几元环，一般五元环或六元环的螯合物比较稳定。配位反应应用广泛，如利用金属离子生成配离子后的颜色、溶解度、氧化还原性等一系列性质的改变，进行离子鉴定，干扰离子的掩蔽反应等。

【仪器和试剂】

仪器：试管，试管架，滴管，烧杯。

试剂：$HgCl_2$（$0.1mol \cdot L^{-1}$），KI（$0.1mol \cdot L^{-1}$），$CuSO_4$（$0.1mol \cdot L^{-1}$），$NH_3 \cdot H_2O$（$6mol \cdot L^{-1}$），NaOH（$0.1mol \cdot L^{-1}$），$BaCl_2$（$0.1mol \cdot L^{-1}$），无水乙醇，$FeCl_3$（$0.1mol \cdot L^{-1}$），NaOH（$2mol \cdot L^{-1}$），$K_3Fe(CN)_6$（$0.1mol \cdot L^{-1}$），CCl_4，KSCN（$0.1mol \cdot L^{-1}$），NH_4F（$1mol \cdot L^{-1}$），$AgNO_3$（$0.1mol \cdot L^{-1}$），

KBr（0.1mol·L^{-1}），Na$_2$S$_2$O$_3$（0.1mol·L^{-1}），NH$_3$·H$_2$O（2mol·L^{-1}），CoCl$_2$（0.5mol·L^{-1}），丙酮，KSCN（25%），H$_2$SO$_4$（2mol·L^{-1}），磺基水杨酸（0.03mol·L^{-1}），EDTA（0.1mol·L^{-1}），NiCl$_2$（0.1mol·L^{-1}），丁二酮肟（镍试剂）（1%）。

【实验步骤】

1．配合物的生成和组成

（1）取一支试管加入 3～4 滴 0.1mol·L^{-1} HgCl$_2$ 溶液（注意有毒！），逐滴滴加 0.1mol·L^{-1} KI 溶液至生成沉淀，观察现象。再继续加入过量的 KI 溶液至沉淀溶解，写出反应方程式。

（2）取一支试管加入 1mL 0.1mol·L^{-1} CuSO$_4$ 溶液，逐滴加入 6mol·L^{-1} 的 NH$_3$·H$_2$O，边加边振荡，至生成浅蓝色沉淀，继续滴加 NH$_3$·H$_2$O 至沉淀溶解而形成深蓝色溶液，写出反应方程式。

在上述试管中多加一些 NH$_3$·H$_2$O，将此溶液分成 3 份，一份加入 0.1mol·L^{-1} BaCl$_2$ 溶液，一份加入 0.1mol·L^{-1} NaOH 溶液，另一份加入少许无水乙醇，观察实验现象，写出反应方程式。

（3）取三支试管，各加入 5 滴 0.1mol·L^{-1} CuSO$_4$ 溶液，再分别向试管中滴加以下试剂，一支滴入 0.1mol·L^{-1} BaCl$_2$ 溶液，一支滴入 0.1mol·L^{-1} NaOH 溶液，另一支滴加少许无水乙醇，观察现象，写出反应方程式。

根据以上（2）和（3）的实验结果，分析配合物的内界和外界组成。

2．简单离子与配离子的区别

（1）取一支试管加入少量 0.1mol·L^{-1} FeCl$_3$ 溶液，逐滴加入少量 2mol·L^{-1} NaOH 溶液，观察现象，写出反应方程式。

以 0.1mol·L^{-1} K$_3$Fe(CN)$_6$ 溶液代替 FeCl$_3$ 溶液做同样的实验，观察现象有何不同，并解释。

（2）取一支试管加入少量 0.1mol·L^{-1} FeCl$_3$ 溶液，滴加 2 滴 0.1mol·L^{-1} KI 溶液，然后加入 5～6 滴 CCl$_4$，振摇后观察 CCl$_4$ 层的颜色，写出反应方程式。

以 0.1mol·L^{-1} K$_3$Fe(CN)$_6$ 溶液代替 FeCl$_3$ 溶液做同样的实验，观察现象有何不同，并解释。

3．配离子稳定性的比较

（1）取一支试管加入少量 0.1mol·L^{-1} FeCl$_3$ 溶液，加入几滴 0.1mol·L^{-1} KSCN 溶液，观察现象，然后加入少量 1mol·L^{-1} NH$_4$F 溶液至溶液变为无色，解释实验现象。

（2）取一支试管加入少量 0.1mol·L^{-1} AgNO$_3$ 溶液，滴加少量 0.1mol·L^{-1} KBr 溶液，观察沉淀的生成。将上述沉淀分为 2 份，一份加入 0.1mol·L^{-1} Na$_2$S$_2$O$_3$ 溶液，另一份加入 2mol·L^{-1} NH$_3$·H$_2$O 溶液，观察实验现象，并解释。

根据以上实验结果，比较配离子稳定性的大小。

4．配位平衡的移动

（1）取一支试管，加入 3 滴 0.1mol·L^{-1} FeCl$_3$ 溶液，然后加入 3 滴 0.1mol·L^{-1} KSCN 溶液，加水 10mL 稀释后将溶液分为 3 份：第一份加入 5 滴 0.1mol·L^{-1} FeCl$_3$ 溶液，第二份加入 5 滴 0.1mol·L^{-1} KSCN 溶液，第三份留作比较，观察现象并解释。

（2）取一支试管，加入 0.5mol·L^{-1} CoCl$_2$ 溶液，滴加少量 0.1mol·L^{-1} KSCN 溶液，观察溶液颜色有何变化，然后再加入 25% KSCN 溶液，观察实验现象。将此溶液分为 2 份，一份加入 5～6 滴丙酮，振摇，观察颜色变化；另一份加水稀释，观察颜色变化，并解释。

（3）取一支试管加入少量 0.1mol·L^{-1} CuSO$_4$ 溶液，滴加 6mol·L^{-1} 的 NH$_3$·H$_2$O 至沉淀刚好溶解，然后逐滴加入 2mol·L^{-1} H$_2$SO$_4$，观察实验现象，并解释。

5．螯合物的生成

（1）取一支试管加入 1 滴 0.1mol·L^{-1} FeCl$_3$ 溶液，加入 9 滴水稀释，再加入 2 滴 0.03mol·L^{-1} 磺基水杨酸溶液，观察溶液颜色。然后再加入 2 滴 0.1mol·L^{-1} EDTA 溶液，观察溶液颜色并解释。

（2）取一支试管加入 5 滴 0.1mol·L^{-1} NiCl$_2$ 溶液、1 滴 6mol·L^{-1} 的 NH$_3$·H$_2$O 使溶液呈碱性，然后加入 2 滴 1%丁二酮肟（镍试剂）溶液，观察实验现象，并解释。

【知识拓展】

Ni^{2+}在弱碱性条件下，加入丁二酮肟生成难溶于水的鲜红色螯合物沉淀二(丁二酮肟)合镍(Ⅱ)。

简写为：Ni^{2+} + 2HDMG + 2NH$_3$ ⇌ Ni(DMG)$_2$(s) + 2NH$_4^+$

【注意事项】

1．HgCl$_2$ 毒性很大，使用时要注意安全。切勿使其入口或与伤口接触，用完试剂后必须洗手，剩余的废液不能随便倒入下水道。

2．在性质实验中一般来说，凡是生成沉淀的步骤，沉淀量要少，即刚生成沉淀为宜。凡是使沉淀溶解的步骤，加入溶液量越少越好，即使沉淀刚溶解为宜。因此，溶液必须逐滴加入，且边滴边振摇。

3．NH$_4$F 试剂对玻璃有腐蚀作用，储藏时最好放在塑料瓶中。

【思考题】

1．试总结影响配位平衡的主要因素有哪些？
2．配合物与复盐的区别是什么？
3．实验中所用 EDTA 是什么物质？它与单基配体相比有何特点？
4．硫氰化铁溶液呈血红色，有哪些方法可以使其褪色？

实验 12　沉淀的生成与溶解平衡

【实验目的】

1．加深理解沉淀溶解平衡原理和溶度积规则的应用。
2．了解沉淀的生成、溶解、分步沉淀和沉淀转化的基本原理。

【实验原理】

1. 溶度积规则

在一定温度下，难溶电解质与其饱和溶液中的相应离子处于平衡状态，称为沉淀溶解平衡，用通式表示如下：

$$A_mB_n \rightleftharpoons mA^{n+} + nB^{m-}$$

其溶度积常数为：

$$K_{sp}^{\ominus}(A_mB_n) = [c(A^{n+})/c^{\ominus}]^m [c(B^{m-})/c^{\ominus}]^n \quad (3\text{-}21)$$

根据溶度积规则，可以判断沉淀的生成或溶解。

当 $Q < K_{sp}^{\ominus}$ 时，溶液为不饱和溶液，无沉淀析出或平衡向右移动，原来的沉淀溶解。

当 $Q = K_{sp}^{\ominus}$ 时，溶液为饱和溶液，反应达到沉淀溶解平衡。

当 $Q > K_{sp}^{\ominus}$ 时，溶液为过饱和溶液，有沉淀析出，平衡向左移动。

2. 分步沉淀

若在某一溶液中同时含有两种或两种以上的离子都能与同一沉淀剂发生沉淀反应，由于形成的沉淀在溶液中的溶解度不同，这些离子就会按一定的顺序先后析出，这种现象就称为分步沉淀。对于相同类型的难溶电解质，可以根据其溶度积的相对大小判断沉淀生成的先后顺序。对于不同类型的难溶电解质，则要根据计算所需沉淀剂的浓度的大小来判断沉淀生成的先后顺序。

3. 沉淀的转化

根据平衡移动原理，可以将一种难溶电解质转化为另一种难溶电解质，这种过程称为沉淀的转化。对于同类型的难溶电解质，转化方向是溶度积大的向溶度积小的转化；不同类型的难溶电解质，转化方向是溶解度大的向溶解度小的转化。

【仪器和试剂】

仪器：试管。

试剂：$MgCl_2$（0.1mol·L^{-1}），$NH_3·H_2O$（2mol·L^{-1}），HCl（6mol·L^{-1}），NH_4Cl（饱和），$CaCl_2$（0.1mol·L^{-1}），$(NH_4)_2C_2O_4$（饱和），HAc（2mol·L^{-1}），NaCl（0.1mol·L^{-1}），K_2CrO_4（0.1mol·L^{-1}），$AgNO_3$（0.1mol·L^{-1}），$Pb(NO_3)_2$（0.1mol·L^{-1}），NaCl（1.0mol·L^{-1}），Na_2S（0.1mol·L^{-1}）。

【实验步骤】

1. 沉淀的生成和溶解

（1）取 2 支试管，分别加入 5 滴 0.1mol·L^{-1} $MgCl_2$ 溶液，并逐滴滴加 2mol·L^{-1} $NH_3·H_2O$ 至有白色 $Mg(OH)_2$ 沉淀生成，然后其中一支试管中加入数滴 6mol·L^{-1} HCl 溶液，另一支试管中加入饱和 NH_4Cl 溶液，摇匀后观察沉淀是否溶解？解释现象，并写出反应方程式。

（2）取 2 支试管，分别加入 5 滴饱和 $(NH_4)_2C_2O_4$ 溶液和 5 滴 0.1mol·L^{-1} $CaCl_2$ 溶液，观察沉淀的生成。然后在一支试管中加入 2mL 6mol·L^{-1} HCl 溶液并充分振摇，观察沉淀是否溶解；另一支试管加入 2mL 2mol·L^{-1} HAc 溶液，观察沉淀是否溶解。解释现象，并写出反应方程式。

2. 分步沉淀和沉淀的转化

（1）取 1 支试管，加入 2 滴 0.1mol·L^{-1} NaCl 溶液和 2 滴 0.1mol·L^{-1} K$_2$CrO$_4$ 溶液，摇匀，逐滴滴加 0.1mol·L^{-1} AgNO$_3$ 溶液，观察生成沉淀的颜色变化，解释现象，并写出方程式。

（2）取 1 支试管，加入 5 滴 0.1mol·L^{-1} Pb(NO$_3$)$_2$ 溶液和 5 滴 1.0mol·L^{-1} NaCl 溶液，观察沉淀的颜色。静置弃去清液，往沉淀中滴加 0.1mol·L^{-1} Na$_2$S 溶液，充分摇荡，观察沉淀颜色的变化。解释现象，并写出反应方程式。

【思考题】

1．同离子效应对难溶电解质的溶解度有何影响？
2．利用平衡移动原理，判断下列难溶电解质是否可用 HNO$_3$ 来溶解？

$$MgCO_3 \quad Ag_3PO_4 \quad AgCl \quad CaC_2O_4 \quad BaSO_4$$

实验 13　氧化还原平衡和电化学

视频

【实验目的】

1．理解电极电势与氧化还原反应的关系。
2．掌握介质酸碱性、浓度对电极电势及氧化还原反应的影响。
3．了解还原性和氧化性的相对性。
4．了解原电池的组成及工作原理，学习原电池电动势的测量方法。

【实验原理】

氧化还原反应的实质是反应物之间发生了电子转移或偏移。氧化剂在反应中得到电子被还原，元素的氧化值减小；还原剂在反应中失去电子被氧化，元素的氧化值增大。物质的氧化还原能力的大小可以根据对应的电对的电极电势的大小来判断。电极电势越大，电对中氧化型的氧化能力越强；电极电势越小，电对中还原型的还原能力越强。

根据电极电势的大小可以判断氧化还原反应的方向。当氧化剂电对的电极电势大于还原剂电对的电极电势时，即 $E_{MF} = E(氧化剂) - E(还原剂) > 0$ 时，反应能正向自发进行。

由电极的能斯特方程式可以看出浓度对氧化还原反应的电极电势的影响，298.15K 时

$$E = E^{\ominus} + \frac{0.0592V}{z} \lg \frac{c(氧化型)}{c(还原型)} \qquad (3-22)$$

溶液的 pH 也会影响某些电对的电极电势或氧化还原反应的方向。介质的酸碱性也会影响某些氧化还原反应的产物，如 MnO$_4^-$ 在酸性、中性、碱性介质中的还原产物分别为 Mn^{2+}、MnO$_2$ 和 MnO$_4^{2-}$。

一种元素（如 O）有多种氧化态时，氧化态居中的物质（如 H$_2$O$_2$）一般既可作还原剂，又可作氧化剂。

原电池是利用氧化还原反应将化学能转变为电能的装置。以饱和甘汞电极为参比电极，与待测电极组成原电池，用酸度计（伏特计）可以测定原电池的电动势，从而计算出

待测电极的电极电势。当有沉淀或配位化合物生成时，会引起电极电势和电池电动势的改变。

【仪器和试剂】

仪器：试管，烧杯，铜片，锌片，酸度计，盐桥，导线。

试剂：$CuSO_4$（0.1mol·L^{-1}），KI（0.1mol·L^{-1}），CCl_4，$KMnO_4$（0.01mol·L^{-1}），H_2SO_4（2mol·L^{-1}），NaOH（6mol·L^{-1}），Na_2SO_3（0.2mol·L^{-1}），KIO_3（0.1mol·L^{-1}），NaOH（2mol·L^{-1}），$FeCl_3$（0.1mol·L^{-1}），KBr（0.1mol·L^{-1}），$SnCl_2$（0.2mol·L^{-1}），KSCN（0.1mol·L^{-1}），H_2O_2（3%），$ZnSO_4$（1mol·L^{-1}），$CuSO_4$（1mol·L^{-1}）。

【实验步骤】

1. 浓度对氧化还原反应的影响

取1支试管，加入10滴0.1mol·L^{-1} $CuSO_4$溶液、10滴0.1mol·L^{-1} KI溶液，观察现象。再加入10滴CCl_4，充分振摇，观察CCl_4层颜色，记录现象并写出反应方程式。

2. 介质酸碱性对氧化还原反应的影响

（1）对产物的影响

取3支试管，分别加入2滴0.01mol·L^{-1} $KMnO_4$溶液。在第一支中加入3滴2mol·L^{-1} H_2SO_4溶液，第二支中加入6滴蒸馏水，第三支中加入6滴6mol·L^{-1} NaOH溶液，然后分别向三支试管中逐滴滴加0.2mol·L^{-1} Na_2SO_3溶液，振摇并观察三支试管中的现象，解释并写出反应方程式。

（2）对反应方向的影响

取1支试管，加入10滴0.1mol·L^{-1} KI溶液和2~3滴0.1mol·L^{-1} KIO_3溶液，混匀后观察现象。再加入几滴2mol·L^{-1} H_2SO_4溶液，观察现象。再逐滴滴加2mol·L^{-1} NaOH溶液使溶液呈碱性，观察现象。解释上述现象，并写出反应方程式。

3. 利用电极电势判断氧化还原反应的方向

（1）取1支试管，加入10滴0.1mol·L^{-1} KI溶液和2滴0.1mol·L^{-1} $FeCl_3$溶液，摇匀后，加入6滴CCl_4，充分振摇，观察CCl_4层颜色，记录现象并写出反应方程式。

（2）以0.1mol·L^{-1} KBr溶液代替0.1mol·L^{-1} KI溶液进行同样的实验，观察CCl_4层颜色，记录现象并写出反应方程式。

查出相应电对的电极电势的大小并比较，根据以上实验结果说明电极电势与氧化还原反应方向之间的关系。

4. 利用电极电势判断氧化还原反应进行的顺序

取1支试管，加入10滴0.1mol·L^{-1} $FeCl_3$溶液和4滴0.1mol·L^{-1} $KMnO_4$溶液，摇匀后再逐滴滴加0.2mol·L^{-1} $SnCl_2$溶液，并不断振摇，至$KMnO_4$溶液刚一褪色（$SnCl_2$溶液不能过量），加入1滴0.1mol·L^{-1} KSCN溶液，观察现象。继续滴加0.2mol·L^{-1} $SnCl_2$溶液，观察溶液颜色变化。查出相应电对的电极电势的大小并比较，解释实验现象，写出反应方程式。

5. 氧化性和还原性的相对性（设计性实验）

设计一个实验，证明H_2O_2既具有氧化性又具有还原性，记录实验现象并写出反应方程式。可选用以下试剂：0.01mol·L^{-1} $KMnO_4$溶液、0.1mol·L^{-1} KI溶液、3% H_2O_2、CCl_4、2mol·L^{-1} H_2SO_4溶液。

6. 原电池电动势的测量

如图 3-5 安装原电池，在左边烧杯中加入约 20mL 1mol·L⁻¹ ZnSO₄ 溶液，在右边烧杯中加入约 20mL 1mol·L⁻¹ CuSO₄ 溶液，分别将锌片和铜片连上导线插入左右两个烧杯中，两烧杯间用盐桥连接。将锌片导线与酸度计（伏特计）负极连接，铜片导线与酸度计正极连接，观察指针变化，测定原电池的电动势。

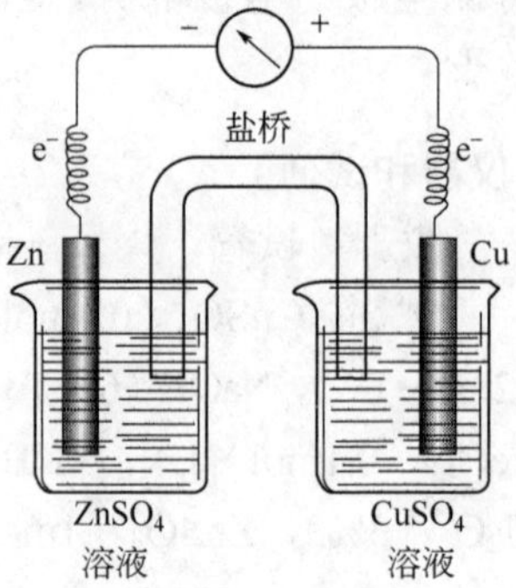

【思考题】

1. 何种介质中 KMnO₄ 的氧化性最强？不同介质中 KMnO₄ 的还原性产物分别是什么？

2. 如何判断氧化还原反应的方向？如何判断氧化剂和还原剂的强弱？

3. 将铜片插入盛有 0.1mol·L⁻¹ CuSO₄ 溶液的烧杯中、银片插入盛有 0.1mol·L⁻¹ AgNO₃ 溶液的烧杯中，若加氨水到 CuSO₄ 溶液中，电池的电动势将如何变化？若加氨水到 AgNO₃ 溶液中，电池的电动势又将如何？

图 3-5 原电池装置示意图

实验 14 反应速率与活化能的测定

视频

【实验目的】

1. 测定 $(NH_4)_2S_2O_8$ 氧化 KI 的反应速率，并掌握采用初始速率法计算反应级数以及速率常数和活化能的方法。

2. 了解浓度、温度和催化剂对化学反应速率的影响。

3. 学会使用秒表、温度计、恒温水浴锅。

【实验原理】

在水溶液中，过二硫酸铵与碘化钾发生如下反应：

$$(NH_4)_2S_2O_8 + 3KI \rightleftharpoons (NH_4)_2SO_4 + K_2SO_4 + KI_3$$

反应的离子方程式为：

$$S_2O_8^{2-} + 3I^- \rightleftharpoons 2SO_4^{2-} + I_3^- \tag{1}$$

该反应的平均反应速率与反应物浓度的关系可用下式表示：

$$v = \frac{-\Delta c(S_2O_8^{2-})}{\Delta t} \approx kc^m(S_2O_8^{2-})c^n(I^-) \tag{3-23}$$

式中，$\Delta c(S_2O_8^{2-})$ 为 $S_2O_8^{2-}$ 在 Δt 时间内物质的量浓度的改变值；$c(S_2O_8^{2-})$、$c(I^-)$ 分别为两种离子初始浓度；k 为反应速率常数；m 和 n 分别为 $S_2O_8^{2-}$ 和 I^- 的反应级数；$m+n$ 为该反应的总反应级数。

为了能够测定 $\Delta c(S_2O_8^{2-})$，在混合 $(NH_4)_2S_2O_8$ 和 KI 溶液时，同时加入一定体积的已知浓度的 $Na_2S_2O_3$ 溶液和作为指示剂的淀粉溶液，这样在反应（1）进行的同时，也进行着如下的反应：

$$2S_2O_3^{2-} + I_3^- \rightleftharpoons S_4O_6^{2-} + 3I^- \tag{2}$$

反应（2）进行得非常快，几乎瞬间完成，而反应（1）却慢得多，所以由反应（1）生成的 I_3^- 立刻与 $S_2O_3^{2-}$ 作用生成无色的 $S_4O_6^{2-}$ 和 I^-，因此，在反应开始阶段，看不到碘与淀粉作用而显示出来的特有蓝色，但是一旦 $Na_2S_2O_3$ 耗尽，反应（1）继续生成的微量 I_3^- 立即使淀粉溶液显示蓝色。所以蓝色的出现就标志着反应（2）的完成。

从反应方程式（1）和（2）的计量关系可以看出，$S_2O_8^{2-}$ 浓度的减少量等于 $S_2O_3^{2-}$ 减少量的一半，即

$$\Delta c(S_2O_8^{2-}) = \frac{\Delta c(S_2O_3^{2-})}{2} \tag{3-24}$$

由于 $S_2O_3^{2-}$ 在溶液显蓝色时已全部耗尽，所以 $\Delta c(S_2O_3^{2-})$ 实际就是反应开始时 $Na_2S_2O_3$ 的初始浓度。因此，只要记下从反应开始到溶液出现蓝色所需要的时间 Δt，就可以求出反应（1）的平均反应速率 $-\dfrac{\Delta c(S_2O_3^{2-})/2}{\Delta t}$。

按照初始速率法，在固定 $c(S_2O_3^{2-})$、改变 $c(S_2O_8^{2-})$ 和 $c(I^-)$ 的条件下，进行一系列实验，测得不同条件下的反应速率，就能根据 $v = kc^m(S_2O_8^{2-})c^n(I^-) = -\dfrac{\Delta c(S_2O_3^{2-})/2}{\Delta t}$ 的关系推算反应的反应级数。再由下式可进一步求出反应速率常数 k：

$$k = \frac{v}{c^m(S_2O_8^{2-})c^n(I^-)} \tag{3-25}$$

根据阿累尼乌斯公式，反应速率常数 k 与反应温度有如下关系：

$$\lg k = \frac{-E_a}{2.303RT} + \lg A \tag{3-26}$$

式中，E_a 为反应活化能；R 为摩尔气体常数；T 为热力学温度。因此，只要测得不同温度时的 k 值，以 $\lg k$ 对 $1/T$ 作图可得一直线，由直线的斜率可求得反应的活化能 E_a：

$$斜率 = \frac{-E_a}{2.303R} \tag{3-27}$$

【仪器和试剂】

仪器：秒表，温度计（273～423K），恒温水浴锅 1 台，100mL 烧杯 5 个，10mL 量筒 4 个，玻璃棒。

试剂：KI（0.20mol·L^{-1}），$(NH_4)_2S_2O_8$（0.20mol·L^{-1}），$Na_2S_2O_3$（0.010mol·L^{-1}），KNO_3（0.20mol·L^{-1}），$(NH_4)_2SO_4$（0.20mol·L^{-1}），$Cu(NO_3)_2$（0.020mol·L^{-1}），淀粉（0.2%）。

【实验步骤】

1. 浓度对反应速率的影响

在室温下，按表 3-13 编号 1 的用量分别量取 KI、淀粉、$Na_2S_2O_3$ 溶液于 100mL 烧杯中，用玻璃棒搅拌均匀。再量取 $(NH_4)_2S_2O_8$ 溶液，迅速加到烧杯中，同时按动秒表，立刻用玻璃棒搅拌均匀。观察溶液，到一出现蓝色，立即停表。记录反应时间和温度。

表 3-13 浓度对反应速率的影响

实验编号		1	2	3	4	5
试剂用量/mL	0.20mol·L^{-1} KI	10.0	10.0	10.0	5.0	2.5
	0.010mol·L^{-1} Na$_2$S$_2$O$_3$	4.0	4.0	4.0	4.0	4.0
	0.2%淀粉溶液	2.0	2.0	2.0	2.0	2.0
	0.20mol·L^{-1} KNO$_3$	0	0	0	5.0	7.5
	0.20mol·L^{-1} (NH$_4$)$_2$SO$_4$	0	5.0	7.5	0	0
	0.20mol·L^{-1} (NH$_4$)$_2$S$_2$O$_8$	10.0	5.0	2.5	10.0	10.0
反应物初始浓度/mol·L^{-1}	(NH$_4$)$_2$S$_2$O$_8$					
	KI					
	Na$_2$S$_2$O$_3$					
反应时间 Δt /s						
反应速率 v/mol·L^{-1}·s^{-1}						
反应速率常数 k/(mol·L^{-1})$^{1-m-n}$·s^{-1}						

用同样的方法进行编号 2~5 实验。为了使溶液的离子强度和总体积保持不变，在实验编号 2~5 中所减小的 KI 或(NH$_4$)$_2$S$_2$O$_8$ 的量分别用 KNO$_3$ 和(NH$_4$)$_2$SO$_4$ 溶液补充。

2．温度对反应速率的影响

按表 3-13 实验编号 4 的用量分别加入 KI、淀粉、Na$_2$S$_2$O$_3$ 和 KNO$_3$ 溶液于 100mL 烧杯中，搅拌均匀。在一个大试管中加入(NH$_4$)$_2$S$_2$O$_8$ 溶液，将烧杯和试管中的溶液控制在高于室温 10℃左右，把试管中的(NH$_4$)$_2$S$_2$O$_8$ 溶液迅速倒入烧杯中，搅拌，记录反应时间和温度（表 3-14）。

分别在高于室温 10℃、20℃、30℃左右的条件下重复上述实验，记录反应时间和温度。

表 3-14 温度对反应速率的影响

实验编号	4	6	7	8
反应温度 T/K				
反应时间 Δt/s				
反应速率 v/mol·L^{-1}·s^{-1}				
k/(mol·L^{-1})$^{1-m-n}$·s^{-1}				
lg$k$				
$\frac{1}{T}$/K^{-1}				

3．催化剂对反应速率的影响

在室温下，按表 3-13 实验编号 4 的用量分别加入 KI、淀粉、Na$_2$S$_2$O$_3$ 和 KNO$_3$ 溶液于 100mL 烧杯中，再分别滴加入 1 滴、5 滴、10 滴 0.020mol·L^{-1} 的 Cu(NO$_3$)$_2$ 溶液，搅拌均匀，把(NH$_4$)$_2$S$_2$O$_8$ 溶液迅速倒入烧杯中，搅拌，记录反应时间（表 3-15）。为了使溶液的离子强度和总体积保持不变，不足 10 滴的用 0.2mol·L^{-1} (NH$_4$)$_2$SO$_4$ 溶液补充。

表 3-15　催化剂对反应速率的影响

实验编号	4	9	10	11
催化剂的加入量/滴				
反应时间 Δt/s				
反应速率 v/mol·L^{-1}·s^{-1}				
k/(mol·L^{-1})$^{1-m-n}$·s^{-1}				

【数据处理】

1. 用表 3-13 中实验 1、2、3 的数据，按初始速率法求 m，用 1、4、5 的数据计算求出 n，再由公式 $k = \dfrac{v}{c^m(S_2O_8^{2-})c^n(I^-)}$ 求出反应速率常数 k，并把上述结果填入表 3-13，写出速率方程。

2. 用上述相同方法对表 3-14 和表 3-15 结果进行数据处理，并将实验结果填入表中相应位置。利用表 3-14 中各次实验的 k 和 T，作 $\lg k$-$1/T$，求出直线的斜率，进而根据式（3-27）求出反应的活化能 E_a。

3. 据实验结果讨论浓度、温度、催化剂对反应速率 v 以及速率常数 k 的影响。

【思考题】

1. 为什么在实验中可以用出现蓝色的时间长短来计算反应速率？
2. 在向 KI、淀粉和 $Na_2S_2O_3$ 混合溶液中加入 $(NH_4)_2S_2O_8$ 时，为什么必须越快越好？
3. 在加入 $(NH_4)_2S_2O_8$ 时，先计时后搅拌或者先搅拌后计时，对实验结果各有何影响？
4. 若用 I^-（或 I_3^-）的浓度变化来表示该反应的速率，则 v 和 k 是否和用 $S_2O_8^{2-}$ 的浓度变化表示的一样？

第4章

元素及化合物的性质实验

实验15　s区金属元素（碱金属、碱土金属）

【实验目的】

1. 通过实验了解并比较碱金属和碱土金属的活泼性，了解过氧化钠的性质。
2. 实验碱土金属氢氧化物的生成和性质。
3. 实验碱金属、碱土金属的某些难溶盐的生成及应用。
4. 了解锂盐与镁盐的相似性。
5. 学会利用焰色反应鉴定碱金属、碱土金属离子。

【实验原理】

周期表中ⅠA族和ⅡA族元素称为s区元素。其中第ⅠA族的元素（除H外）称为碱金属，价电子层结构为ns^1；第ⅡA族元素称为碱土金属元素，价电子层结构为ns^2。这两族元素是周期表中最典型的金属元素，化学性质非常活泼，其单质都是强还原剂。在同一族中金属活泼性由上而下逐渐增强；在同一周期中从左至右逐渐减弱。在空气中能迅速地与O_2、CO_2作用（Rb、Cs在空气中自燃），需保存在煤油或液体石蜡中（Be、Mg由于生成致密氧化膜而除外）。

碱金属的金属活泼性的递变规律可以反映在与氧气或者水的作用上。Na、K的金属光泽在空气中很快失去，表面生成了氧化物和碳酸盐，从而形成了一层外壳。钠、钾在空气中稍加热就燃烧起来，而铷和铯在室温下遇到空气就立即燃烧。钠在空气中燃烧生成过氧化钠，是很强的氧化剂，能和水、稀酸发生剧烈的反应。碱土金属（M）在空气中燃烧时，生成正常氧化物MO，同时生成相应的氮化物M_3N_2，这些氮化物遇水时能生成氢氧化物，并放出氨气。碱金属和碱土金属（除Be以外）都可以与水反应生成对应的氢氧化物同时放出氢气，除了Mg和水要在加热条件下外，其他金属在常温下就可以和水反应，反应的剧烈程度随金属性增强而加剧。

$$2Na + O_2 = 2Na_2O$$

$$Na_2O + CO_2 = Na_2CO_3$$

$$2Na + O_2 \xrightarrow{\text{燃烧}} Na_2O_2$$

$$Na_2O_2 + 2H_2O = 2NaOH + H_2O_2$$

$$Na_2O_2 + H_2SO_4 = Na_2SO_4 + H_2O_2$$

$$M(s) + H_2O = MOH + \frac{1}{2}H_2 \uparrow \quad (M\text{ 为碱金属})$$

$$2M + O_2 \xrightarrow{\text{燃烧}} 2MO \quad (M\text{ 为碱土金属})$$

$$3M + N_2 \xrightarrow{\text{燃烧}} M_3N_2 \quad (M\text{ 为碱土金属})$$

$$M_3N_2 + 6H_2O = 3M(OH)_2 + 2NH_3 \uparrow \quad (M\text{ 为碱土金属})$$

$$Mg + H_2O \xrightarrow{\triangle} Mg(OH)_2 + H_2 \uparrow$$

除 LiOH 为中强碱外，碱金属氢氧化物都是易溶的强碱。碱土金属氢氧化物的碱性小于碱金属氢氧化物，在水中的溶解度也较小，都能从溶液中沉淀析出。

碱金属盐多数易溶于水，只有少数几种盐难溶，可利用它们的难溶性来鉴定 K^+、Na^+。碱土金属盐比碱金属相应盐的溶解度小。氯化物、硝酸盐、醋酸盐、高氯酸盐易溶于水，碳酸盐、草酸盐、磷酸盐都是难溶盐。硫酸盐、铬酸盐溶解度差异较大，$BeSO_4$、$BeCrO_4$ 易溶，而 $BaSO_4$、$BaCrO_4$ 极难溶，从 Be→Ba 的硫酸盐、铬酸盐溶解度依次降低。可利用难溶盐的生成和溶解性差异来鉴定 Mg^{2+}、Ca^{2+}。

锂、镁的氟化物、碳酸盐、磷酸盐均难溶于水，而其他碱金属相应化合物易溶，这是锂、镁相似点之一。

s 区元素离子不呈现颜色，除非阴离子有色，化合物一般也无色，但其单质和挥发性化合物能使火焰呈现特征颜色，因而广泛用于检验这些元素的存在。表 4-1 列出了一些常见金属焰色反应的特征颜色。注意 K 的焰色需用蓝色钴玻璃片滤掉钠的焰色进行观察。

表 4-1 常见金属焰色反应的特征颜色

Ca^{2+}	Sr^{2+}	Ba^{2+}	Li^+	Na^+	K^+	Rb^+	Cs^+
砖红	猩红	黄绿	红色	黄色	紫色	红紫色	蓝色

【仪器和试剂】

仪器：离心机，离心试管，镊子，坩埚，坩埚钳，试管，试管夹，砂纸，镍丝，滤纸，点滴板，钴玻璃片，酒精灯，pH 试纸，红色石蕊试纸。

试剂：H_2SO_4 溶液（1mol·L^{-1}），$KMnO_4$ 溶液（0.01mol·L^{-1}），LiCl 溶液（1mol·L^{-1}），NaF 溶液（1mol·L^{-1}），Na_2CO_3 溶液（1mol·L^{-1}），Na_2HPO_4 溶液（1mol·L^{-1}），NaCl 溶液（1mol·L^{-1}），醋酸铀酰锌溶液（0.1mol·L^{-1}），KCl 溶液（1mol·L^{-1}），$Na_3[Co(NO_2)_6]$ 溶液（0.1mol·L^{-1}），$MgCl_2$ 溶液（1mol·L^{-1}），$CaCl_2$ 溶液（1mol·L^{-1}），$BaCl_2$ 溶液（1mol·L^{-1}），$BeSO_4$ 溶液（1mol·L^{-1}），$Ca(OH)_2$（饱和、新配），$Ba(OH)_2$ 溶液（0.1mol·L^{-1}），HCl 溶液（2mol·L^{-1}、6mol·L^{-1}），NaOH 溶液（2mol·L^{-1}、6mol·L^{-1}），$NH_3·H_2O$（1mol·L^{-1}、2mol·L^{-1}），HAc 溶液（2mol·L^{-1}），NH_4Cl 溶液（饱和），$(NH_4)_2CO_3$ 溶液（0.5mol·L^{-1}、饱和），$(NH_4)_2C_2O_4$ 溶液（饱和），$SrCl_2$ 溶液（1mol·L^{-1}），K_2CrO_4 溶液（1mol·L^{-1}），Na_2SO_4 溶液（1mol·L^{-1}），$(NH_4)_2SO_4$ 溶液（饱和），HNO_3 溶液（浓），$NaHCO_3$ 溶液（1mol·L^{-1}），Na_3PO_4 溶液（0.5mol·L^{-1}），钠（s），钾（s），镁（s），酚酞试液。

【实验步骤】

1. 碱金属、碱土金属活泼性比较

（1）与空气中氧气的作用

用镊子取一小块金属钠（绿豆大小），用滤纸吸干表面的煤油，立即放在干燥的小坩埚中，加热。当金属钠开始燃烧时，停止加热，观察焰色和产物的颜色、状态，写出反应式。产物冷却后，用玻璃棒轻轻捣碎产物，转移到试管中，加入 2mL 去离子水使其溶解、冷却，观察有无气体放出，再加 2 滴酚酞试液，检验溶液的酸碱性。以 $1mol·L^{-1}$ H_2SO_4 酸化溶液后，加 1 滴 $0.01mol·L^{-1}$ $KMnO_4$ 溶液，观察现象，写出有关的反应方程式。

用镊子取一小条镁条，用砂纸除去表面氧化层，点燃后立即放入干燥的小坩埚中，反应完全后，冷却到室温，观察产物的颜色；将产物转移到试管中，加入 2mL 去离子水，立即用湿润的红色石蕊试纸检验逸出气体，然后用酚酞试液检验溶液的酸碱性。写出相关反应方程式。

（2）与水的作用

分别取一小块金属钠和金属钾（绿豆大小），用滤纸吸干表面煤油后，放入盛有水的烧杯中，用大小合适的漏斗盖好，观察现象，比较两者反应的剧烈程度，检验反应后溶液的酸碱性，写出相关反应方程式。

取两小段镁条，除去表面氧化膜后，分别放入盛有冷水和热水的两支试管中，对比反应的不同，检验反应后溶液的酸碱性，写出相关反应方程式。

2. 碱土金属氢氧化物的生成和性质

（1）取 1 滴 $1mol·L^{-1}$ $MgCl_2$、$1mol·L^{-1}$ $CaCl_2$、$1mol·L^{-1}$ $BaCl_2$ 与等体积的 $2mol·L^{-1}$ NaOH 混合，放置，观察形成沉淀的情况。然后把沉淀分成两份，分别加入 $6mol·L^{-1}$ HCl 溶液和 $6mol·L^{-1}$ NaOH 溶液，观察沉淀是否溶解，写出反应方程式。

（2）$Be(OH)_2$、$Mg(OH)_2$ 酸碱性比较

取 2 支试管，各加 5 滴 $1mol·L^{-1}$ $BeSO_4$ 溶液，均加入 $2mol·L^{-1}$ $NH_3·H_2O$，观察 $Be(OH)_2$ 沉淀的生成和颜色。分别实验它与 $2mol·L^{-1}$ NaOH 及 HCl 的作用。

用 $1mol·L^{-1}$ $MgCl_2$ 制得 $Mg(OH)_2$，同上实验，观察 $Mg(OH)_2$ 能否溶于过量 NaOH 溶液中？

写出各反应式。何者是两性氢氧化物？

（3）比较 $Mg(OH)_2$、$Ca(OH)_2$、$Ba(OH)_2$ 的溶解度

在少量 $1mol·L^{-1}$ $MgCl_2$ 溶液中滴入澄清的饱和石灰水至有明显的 $Mg(OH)_2$ 沉淀生成，再在等量 $1mol·L^{-1}$ $CaCl_2$ 溶液中加入相同滴数的石灰水，是否有沉淀生成？$Mg(OH)_2$ 与 $Ca(OH)_2$ 比较，何者溶解度较小？

在少量 $1mol·L^{-1}$ $CaCl_2$ 溶液中，滴入澄清的 $0.1mol·L^{-1}$ $Ba(OH)_2$ 溶液至有明显的 $Ca(OH)_2$ 沉淀生成，再往同量 $1mol·L^{-1}$ $BaCl_2$ 溶液中滴入相同滴数的 $Ba(OH)_2$ 溶液，是否有沉淀生成？$Ca(OH)_2$ 与 $Ba(OH)_2$ 比较，何者溶解度较小？

3. 碱金属的难溶盐

（1）锂盐　取 3 支试管分别各加入两滴 $1mol·L^{-1}$ LiCl 溶液，与 $1mol·L^{-1}$ NaF、Na_2CO_3 及 Na_2HPO_4 溶液反应，解释现象，写出相关反应方程式。（必要时可微热试管观察）

（2）钠盐　取 1 滴 $1mol·L^{-1}$ NaCl 溶液加入试管中，加入 8 滴 $0.1mol·L^{-1}$ 醋酸铀酰锌溶液，用玻璃棒摩擦试管壁，观察现象。淡黄色结晶状的 $NaAc·Zn(Ac)_2·UO_2(Ac)_2·9H_2O$

沉淀出现，表示有 Na⁺存在，此反应可用作 Na⁺的鉴定反应。

（3）钾盐 取 1 滴 1mol·L⁻¹ KCl 溶液于点滴板上，加两滴 Na₃[Co(NO₂)₆]溶液，观察现象。亮黄色的 K₂Na[Co(NO₂)₆]沉淀的出现，表示有 K⁺存在。此反应可作为 K⁺的鉴定反应。

4. 碱土金属的难溶盐

（1）碳酸盐 在 3 支试管中分别加入两滴 1mol·L⁻¹ MgCl₂、CaCl₂ 和 BaCl₂ 溶液，各加两滴 1mol·L⁻¹ Na₂CO₃ 溶液，制得的沉淀经离心分离后，分别与 2mol·L⁻¹ HAc 及 2mol·L⁻¹ HCl 反应，观察沉淀有何变化。

在 3 支试管中分别加入两滴 1mol·L⁻¹ MgCl₂、CaCl₂ 和 BaCl₂ 溶液，各加 1 滴饱和 NH₄Cl 溶液、两滴 1mol·L⁻¹ NH₃·H₂O 和两滴 0.5mol·L⁻¹(NH₄)₂CO₃ 溶液，观察沉淀是否生成。写出相关反应方程式，解释实验现象。

（2）草酸盐（Ca²⁺的鉴定反应） 在各装有两滴 1mol·L⁻¹ MgCl₂、CaCl₂ 和 BaCl₂ 溶液的 3 支试管中，滴加饱和（NH₄)₂C₂O₄ 溶液，制得的沉淀经离心分离后，分别与 2mol·L⁻¹ HAc 及 2mol·L⁻¹ HCl 反应，观察实验现象，写出相关反应方程式。

（3）铬酸盐 在各装有两滴 1mol·L⁻¹ CaCl₂、SrCl₂ 和 BaCl₂ 溶液的 3 支试管中，逐滴加入 1mol·L⁻¹ K₂CrO₄ 溶液，是否有沉淀生成？沉淀经离心分离后，分别 2mol·L⁻¹ HAc 及 2mol·L⁻¹ HCl 反应，观察实验现象，写出相关反应方程式。

（4）硫酸盐 在各装有两滴 1mol·L⁻¹ MgCl₂、CaCl₂ 和 BaCl₂ 溶液的 3 支试管中，逐滴加入 1mol·L⁻¹ Na₂SO₄ 溶液，是否生成沉淀？沉淀经离心分离后，分别与饱和(NH₄)₂SO₄ 及浓 HNO₃ 反应，观察实验现象，写出相关反应方程式。此反应可作为 Ba²⁺的鉴定反应。

（5）磷酸镁铵的生成 在装有两滴 1mol·L⁻¹ MgCl₂ 溶液的试管中，加入 1 滴 2mol·L⁻¹ HCl、两滴 1mol·L⁻¹ Na₂HPO₄ 溶液和 1 滴 2mol·L⁻¹ NH₃·H₂O，振荡试管，观察 Mg(NH₄)PO₄ 白色沉淀的生成，此反应可作为 Mg²⁺的鉴定反应。

5. 锂盐、镁盐的相似性

（1）在装有 1mol·L⁻¹ LiCl 和 MgCl₂ 溶液的两支试管中，滴加 1mol·L⁻¹ NaF 溶液，观察现象，写出相关反应方程式。

（2）取两滴 1mol·L⁻¹ LiCl 溶液装入试管中，加两滴 1mol·L⁻¹ Na₂CO₃ 溶液；在另一支装有两滴 1mol·L⁻¹ MgCl₂ 溶液的试管中，加两滴 1mol·L⁻¹ NaHCO₃ 溶液，各有什么现象？写出相关反应方程式。

（3）在装有两滴 1mol·L⁻¹ LiCl 和 MgCl₂ 溶液的两支试管中，分别逐滴加入 0.5mol·L⁻¹ Na₃PO₄ 溶液，观察现象，写出相关反应方程式。

由以上实验说明锂盐、镁盐的相似性并给予解释。

6. 焰色反应

取一根镍丝，反复蘸取浓盐酸后在灯上烧至近于无色。然后分别蘸取 1mol·L⁻¹ LiCl、NaCl、KCl、CaCl₂、SrCl₂、BaCl₂ 溶液，在火焰上灼烧，观察火焰颜色。注意：镍丝蘸取金属盐溶液前，都必须用浓盐酸清洗，并在灯上烧至近于无色；对于钾离子的焰色，应通过钴玻璃观察。

【附注】

1. 钠、钾等活泼金属暴露于空气中或与水接触，均易发生剧烈反应，因此，应把它们保存在煤油中，放置于阴凉处。使用时应在煤油中切割成小块，用镊子夹起，再用滤纸吸干表面的煤油，切勿与皮肤接触。未用完的金属屑不能乱丢，可加少量酒精使其缓慢分解。

2. 强酸、强碱均会使$[Co(NO_2)_6]^{3+}$破坏，故反应必须在中性或微酸性溶液中进行。NH_4^+的存在会干扰K^+的鉴定，这是因为它与试剂可生成$(NH_4)_2Na[Co(NO_2)_6]$黄色沉淀。但若将此沉淀在沸水浴中加热至无气体放出，则可完全分解，而剩下$K_2Na[Co(NO_2)_6]$无变化。

3. 镍丝不要混用，用前一定要蘸浓 HCl 溶液并烧至近无色。

4. K^+的颜色可通过蓝色钴玻璃观察。

【思考题】

1. 如何分离 Ca^{2+}、Ba^{2+}？是否可用硫酸分离 Ca^{2+}、Ba^{2+}？为什么？
2. 如何分离 Ca^{2+}、Mg^{2+}？$Mg(OH)_2$与$MgCO_3$为什么都可溶于饱和 NH_4Cl 溶液？
3. 用$(NH_4)_2CO_3$作沉淀剂沉淀 Ba^{2+}等离子，为什么要加入氨水？
4. 列出碱金属、碱土金属的氢氧化物和各种难溶盐递变规律。

实验 16　p 区非金属元素（一）（硼、碳、硅、氮、磷）

【实验目的】

1. 学习硼酸的制备，验证并掌握硼酸及硼砂的主要性质和鉴定方法。了解利用硼砂珠实验对某些金属物质进行初步鉴定的操作方法及现象。
2. 了解活性炭的吸附作用，掌握碳酸盐的水解性和热稳定性，二氧化碳、碳酸盐和酸式碳酸盐在溶液中的互相转化及条件。
3. 了解硅酸盐的主要性质，掌握硅酸水凝胶的制备。实验并了解硅酸形成凝胶的特性和难溶硅酸盐的特性。
4. 熟悉碳、硅、硼含氧酸盐在水溶液中的水解。
5. 掌握氨及铵盐的性质；掌握亚硝酸及其盐、硝酸及其盐的主要性质。
6. 了解磷酸盐的主要性质。
7. 学习 NH_4^+、NO_3^-、NO_2^-、CO_3^{2-}、PO_4^{3-}的鉴定方法。

【实验原理】

1. 碳及其化合物的性质

活性炭是良好的、常用的吸附剂，可用于净化空气、溶液脱色和去除杂质。

碳酸的盐类有两种，即碳酸盐和酸式碳酸盐。所有的碳酸氢盐都能溶于水，而碳酸盐中只有铵盐和碱金属的盐溶于水。碱金属的碳酸盐和碳酸氢盐在水中被水解而分别呈强碱性和弱碱性。因此，在它们的水溶液中除了有 HCO_3^-、CO_3^{2-}以外，还有 OH^-。当其他金属离子遇到碳酸盐溶液时，就会产生不同的沉淀，有碳酸盐、碱式碳酸盐或氢氧化物：

$$Ba^{2+} + CO_3^{2-} \Longrightarrow BaCO_3 \downarrow$$

$$2Al^{3+} + 3CO_3^{2-} + 3H_2O \Longrightarrow 2Al(OH)_3 \downarrow + 3CO_2 \uparrow$$

$$2Cu^{2+} + 2CO_3^{2-} + H_2O \Longrightarrow Cu_2(OH)_2CO_3 + CO_2 \uparrow$$

由于溶于水中的 CO_2 与水作用转化为 H_2CO_3，使水显弱酸性并可溶蚀碳酸盐，所以地球表层的碳酸盐矿石（主要成分为 $CaCO_3$）在 CO_2 和水的长期侵蚀下可以部分地转化为 $Ca(HCO_3)_2$ 而溶解，以致天然水中含有一定量的 $Ca(HCO_3)_2$，经过长期的自然分解或人工加热，$Ca(HCO_3)_2$ 又可转化为 $CaCO_3$。$Ca(HCO_3)_2$ 与 $CaCO_3$ 在一定的条件下可以互相转化：

$$CaCO_3 + CO_2 + H_2O \rightleftharpoons Ca(HCO_3)_2$$

2．硅酸及硅酸盐

硅酸的组成很复杂．通常以 $xSiO_2 \cdot yH_2O$ 来表示。H_2SiO_3 是一种几乎不溶于水的二元弱酸，很容易被其他酸从硅酸盐的溶液中置换出来。硅酸从水溶液中析出时易发生缩合作用而呈凝胶状，经烘干、脱水后得到常用的干燥剂硅胶。硅酸钠的水溶液是一种黏度很大的浆状溶液，俗称"水玻璃"。大多数硅酸盐难溶于水，过渡金属硅酸盐呈现不同的颜色。

$$Na_2SiO_3 + 2HCl = H_2SiO_3 + 2NaCl$$

3．硼酸及硼酸盐

硼的价电子构型为 $2s^22p^1$，属缺电子原子，易形成稳定的配合物。

H_3BO_3 是一元弱酸，它的酸性并不是因为它本身能给出质子，而是由于 H_3BO_3 是一个缺电子化合物。其中硼原子的空轨道加合了水分子中的 OH^-，从而释放出 H^+ 而使溶液显酸性。

$$H_3BO_3 + H_2O \rightleftharpoons [HO-\underset{\underset{OH}{|}}{\overset{\overset{OH}{|}}{B}}\leftarrow OH]^- + H^+$$

硼酸与甲醇、乙醇等反应生成容易挥发的硼酸酯，燃烧时呈绿色的火焰，用于鉴别硼酸根。

$$H_3BO_3 + 3CH_3CH_2OH \underset{}{\overset{浓硫酸}{\rightleftharpoons}} B(OCH_2CH_3)_3 + 3H_2O$$

熔融的硼砂可以熔解许多金属氧化物，生成不同颜色的偏硼酸的复盐。因此，化学中常用硼砂的这些反应来鉴定金属离子（即将铂丝灼烧后，蘸取一些硼砂固体，在氧化焰中灼烧，并熔融成圆珠。再用灼热的硼砂珠沾极少量氧化物，在氧化焰中烧融。冷却后观察硼砂珠颜色）。这些实验统称为硼砂珠实验。

$$Na_2B_4O_7 + CoO = Co(BO_2)_2 \cdot 2NaBO_2$$
（蓝宝石色）

$$Na_2B_4O_7 + MnO = Mn(BO_2)_2 \cdot 2NaBO_2$$
（绿色）

4．氮和磷

氮、磷的价电子构型为 ns^2np^3，主要呈现 -3、$+3$、$+5$ 三种氧化态。

氨是氮的重要氢化物，为无色、有刺激性气味的气体。氨与酸反应形成铵盐，铵盐遇强碱放出氨气，它可使湿润的红色石蕊试纸变成蓝色，这是铵盐的鉴定方法之一。奈斯勒试剂（K_2HgI_4 的 NaOH 溶液）与铵盐反应，生成红棕色的碘化氨基氧汞（Ⅱ）沉淀。

$$NH_4^+ + 2[HgI_4]^{2-} + 4OH^- = O\underset{\underset{Hg}{}}{\overset{\overset{Hg}{}}{\diagdown\diagup}}NH_2I \downarrow + 7I^- + 3H_2O$$
（红棕色）

这个反应也用来鉴定 NH_4^+。

亚硝酸可通过稀硫酸与亚硝酸盐作用制得，它仅存在于低温水溶液中，很不稳定，易分解。

$$2HNO_2 \underset{冷}{\overset{热}{\rightleftharpoons}} H_2O + N_2O_3 \underset{冷}{\overset{热}{\rightleftharpoons}} H_2O + NO\uparrow + NO_2\uparrow$$
$$\qquad\qquad\qquad\quad (淡蓝色) \qquad\qquad\qquad (红棕色)$$

亚硝酸盐很稳定，但有毒。除亚硝酸银微溶于水外，其余的都溶于水。亚硝酸及其盐中，N 的氧化数为+3，所以它既可作氧化剂，又可作还原剂。在酸性介质中主要表现为氧化性。如：

$$2HNO_2 + 2I^- + 2H^+ == 2NO\uparrow + I_2 + 2H_2O$$

亚硝酸及其盐，只有遇到更强的氧化剂时才显还原性。如：

$$2Mn_2O_4^- + 5NO_2^- + 6H^+ == 2Mn^{2+} + 5NO_3^- + 3H_2O$$

硝酸是氮的主要含氧酸，它是强酸，又具有强氧化性。硝酸被还原后的主要产物随金属和硝酸浓度的不同而不同，往往是多种含氮化合物的混合物。一般情况下，浓 HNO_3 与金属反应主要被还原成 NO_2；稀 HNO_3 与不活泼金属反应主要被还原成 NO，与活泼金属反应主要产物是 N_2O；极稀的 HNO_3 与活泼金属反应则被还原成 NH_4^+；HNO_3 与非金属或化合物反应，产物多为 NO。

硝酸盐不十分稳定，加热则会发生分解，其热分解产物与金属元素活泼性有关。

硝酸盐都易溶于水，可用生成棕色环的特征反应来鉴定 NO_3^-。在硫酸介质中 NO_3^- 与 $FeSO_4$ 反应

$$NO_3^- + 3Fe^{2+} + 4H^+ == 3Fe^{3+} + NO\uparrow + 2H_2O$$

生成的 NO 再与过量的硫酸亚铁发生反应

$$NO + Fe^{2+} + SO_4^{2-} == [Fe(NO)]SO_4$$
$$\qquad\qquad\qquad\quad (棕色环)$$

NO_2^- 也可发生上述棕色环反应，两者的区别在于介质的酸性不同。NO_2^- 在醋酸的条件下就可反应，而 NO_3^- 则必须以浓硫酸为介质。

磷能形成多种形式的含氧酸，根据磷的不同氧化数有次磷酸 H_3PO_2、亚磷酸 H_3PO_3 和（正）磷酸 H_3PO_4。磷酸可由硫酸和磷酸钙作用来制取，磷酸是一个非挥发性的中等强度的三元酸，可形成酸式盐（磷酸氢盐和磷酸二氢盐）和正盐（磷酸盐），因此，三种磷酸盐水溶液的酸碱性不同，其钙盐在水溶液中的溶解度也不相同。$CaHPO_4$ 和 $Ca_3(PO_4)_2$ 难溶于水，$Ca(H_2PO_4)_2$ 易溶于水，但都溶于盐酸。

$$Ca(H_2PO_4)_2 \underset{H^+}{\overset{OH^-}{\rightleftharpoons}} CaHPO_4\downarrow \underset{H^+}{\overset{OH^-}{\rightleftharpoons}} Ca_3(PO_4)_2\downarrow$$

在各类磷酸盐中加入 $AgNO_3$，都可以得到 Ag_3PO_4 的黄色沉淀。

$$PO_4^{3-} + 3Ag^+ \rightleftharpoons Ag_3PO_4\downarrow$$
$$\qquad\qquad\qquad (黄色)$$

在磷酸根的溶液中加入浓 HNO_3，再加入过量的钼酸铵，微热，就有磷钼酸铵黄色沉淀生成：

$$PO_4^{3-} + 12MoO_4^{2-} + 24H^+ + 3NH_4^+ = (NH_4)_3PO_4 \cdot 12MoO_3 \downarrow + 12H_2O$$

该反应为 PO_4^{3-} 的特征反应，可用来鉴定 PO_4^{3-}。

【仪器和试剂】

仪器：煤气灯或酒精灯，离心机，离心试管，试管，烧杯（50mL），量筒（10mL），表面皿，蒸发皿，冰水浴，玻璃漏斗，水浴锅，电炉。

试剂：$Ca(OH)_2$（饱和、新制），$Pb(NO_3)_2$（$0.001mol \cdot L^{-1}$），K_2CrO_4（$0.1mol \cdot L^{-1}$），Na_2CO_3（$0.1mol \cdot L^{-1}$、$2mol \cdot L^{-1}$），$NaHCO_3$（$0.1mol \cdot L^{-1}$），$BaCl_2$（$0.1mol \cdot L^{-1}$），$CuSO_4$（$0.1mol \cdot L^{-1}$），$Al_2(SO_4)_3$（$0.1mol \cdot L^{-1}$），Na_2SiO_3（20%），NH_4Cl（饱和），$CaCl_2 \cdot 2H_2O$ 固体，$CuSO_4 \cdot 5H_2O$ 固体，$Co(NO_3)_2 \cdot 6H_2O$ 固体，$NiSO_4 \cdot 6H_2O$ 固体，$MnSO_4 \cdot H_2O$ 固体，$ZnSO_4 \cdot 7H_2O$ 固体，$FeSO_4 \cdot 7H_2O$ 固体，$FeCl_3 \cdot 6H_2O$ 固体，硼砂固体，CoO 固体，MnO 固体，甘油，乙醇，HCl（$2mol \cdot L^{-1}$、$6mol \cdot L^{-1}$、浓），H_2SO_4（$2mol \cdot L^{-1}$、$6mol \cdot L^{-1}$、浓），HAc（$2mol \cdot L^{-1}$），HNO_3（$2mol \cdot L^{-1}$ 浓），$NaOH$（$6mol \cdot L^{-1}$、$2mol \cdot L^{-1}$），$NH_3 \cdot H_2O$（$2mol \cdot L^{-1}$、浓），NH_4Cl（$2mol \cdot L^{-1}$），$NaNO_2$（$0.1mol \cdot L^{-1}$、饱和），$NaNO_3$（$0.1mol \cdot L^{-1}$），KI（$0.1mol \cdot L^{-1}$），$KMnO_4$（$0.01mol \cdot L^{-1}$），$AgNO_3$（$0.1mol \cdot L^{-1}$），Na_3PO_4（$0.1mol \cdot L^{-1}$），Na_2HPO_4（$0.1mol \cdot L^{-1}$），NaH_2PO_4（$0.1mol \cdot L^{-1}$），$CaCl_2$（$0.1mol \cdot L^{-1}$），$(NH_4)_2MoO_4$（$0.1mol \cdot L^{-1}$），$AgNO_3$ 固体，KNO_3 固体，$Cu(NO_3)_2$ 固体，奈斯勒试剂，硫黄粉，铜片，锌片，淀粉溶液（5%）。

其他：墨水，靛蓝溶液，活性炭，滤纸，pH 试纸，红色石蕊试纸，火柴，铂丝或镍铬丝（一端做成环状），冰块。

【实验步骤】

1. 碳及其化合物的性质

（1）活性炭的吸附作用

① 在溶液中对有色物质的吸附

对靛蓝的吸附。在一支试管中加入 2mL 靛蓝溶液，再加入一小勺活性炭。振荡试管，然后滤去活性炭，观察溶液的颜色有何变化，并加以解释。

对墨水色素的吸附。在一支离心试管中加入 2mL 水和 1 滴墨水，摇匀后观察溶液的颜色，离心后再观察溶液的颜色。加少许活性炭，摇匀后离心分离，再观察溶液的颜色。

② 对铅盐的吸附

往装有 2mL $0.001mol \cdot L^{-1}$ 的 $Pb(NO_3)_2$ 溶液的试管中加入几滴 $0.1mol \cdot L^{-1}$ 的 K_2CrO_4 溶液，观察黄色 $PbCrO_4$ 沉淀的生成。

往装有 2mL $0.001mol \cdot L^{-1}$ 的 $Pb(NO_3)_2$ 溶液的试管中加入一小勺已研细的活性炭。振荡试管，然后滤去活性炭，滤液用另一试管接收。往清液中加入与上面同样滴数的 $0.1mol \cdot L^{-1}$ 的 K_2CrO_4 溶液，观察有何变化。和未加活性炭的实验相比，有何不同？并加以解释。

（2）碳酸盐的性质

① 水解性

用 pH 试纸测试 $0.1mol \cdot L^{-1}$ 的 Na_2CO_3 溶液和 $0.1mol \cdot L^{-1}$ 的 $NaHCO_3$ 溶液的 pH 值。取

3支试管，分别加入 5 滴 0.1mol·L^{-1} 的 $BaCl_2$ 溶液、0.1mol·L^{-1} 的 $CuSO_4$ 溶液、0.1mol·L^{-1} 的 $Al_2(SO_4)_3$ 溶液，再各加 1 滴 2mol·L^{-1} 的 Na_2CO_3 溶液。观察实验现象，解释并总结碳酸盐水解的规律性。

② 碳酸盐和酸式碳酸盐之间的转化

在新配的透明澄清石灰水中通入 CO_2，观察沉淀的生成。再继续通入 CO_2，有何变化？解释所看到的现象。把溶液分成两份，进行下面的实验。

取一份上述溶液，在其中加入饱和 $Ca(OH)_2$ 溶液，有何现象发生？加热另一份上述溶液，有何变化？

根据实验结果，总结 CO_3^{2-} 和 HCO_3^- 之间相互转化的条件。

2. 硅酸及硅酸盐

(1) 硅酸水凝胶的生成

在试管中加入 1mL 20%的 Na_2SiO_3 溶液，滴加 3 滴 6mol·L^{-1} 的 HCl 溶液，放置约 3min，观察产物的颜色和形态。

(2) 硅酸盐的水解

先用 pH 试纸检验 20%的 Na_2SiO_3 溶液的酸碱性，然后往盛有 1mL 该溶液的试管中注入 2mL 饱和 NH_4Cl 溶液，微热。检验放出气体为何物。

(3) 微溶硅酸盐的生成——"水中花园"实验

在一只 50mL 烧杯中注入约 2/3 体积的 20%的 Na_2SiO_3 溶液，然后把 $CaCl_2·2H_2O$、$CuSO_4·5H_2O$、$Co(NO_3)_2·6H_2O$、$NiSO_4·6H_2O$、$MnSO_4·H_2O$、$ZnSO_4·7H_2O$、$FeSO_4·7H_2O$、$FeCl_3·6H_2O$ 固体各一小粒投入杯内，记住它们各自的位置，静置 1~2 h 后观察现象。

3. 硼酸及硼酸盐

(1) 硼酸的生成

取 0.5g 硼砂固体放入试管中，加入 3mL 蒸馏水，加热使之溶解，用 pH 试纸测试其 pH 值。稍冷后，加入 20 滴浓 H_2SO_4，混合均匀后，继续冷却（不再搅拌）。观察产物的颜色和状态（包括晶形），写出反应式。离心分离出清液，保留晶体。

(2) 硼酸的性质

取自制的硼酸固体溶于 2mL 蒸馏水中，用 pH 试纸测试其 pH 值，然后在硼酸溶液中滴入 3~4 滴甘油，振摇后再测试溶液的 pH 值。写出反应方程式并解释 pH 值变化的原因。

(3) 硼酸的鉴定反应

在蒸发皿中放入少量的硼酸固体，加 2mL 乙醇和几滴浓 H_2SO_4，混合后点燃，观察火焰的颜色特征，并解释原因。

(4) 硼砂珠实验

① 将铂丝灼烧后，蘸取一些硼砂固体，在氧化焰中灼烧，并熔融成圆珠。用灼热的硼砂珠沾极少量 CoO 固体，在氧化焰中烧融，冷却后观察硼砂珠的颜色。

② 把硼砂珠在氧化焰中灼烧至熔融后，轻轻振动玻璃棒，使熔珠落下（落在石棉网上），然后重新制作硼砂珠，把 CoO 固体换成 MnO 固体再实验。

4. 氨和铵盐的性质

(1) 浓氨水的性质

取几滴浓氨水于试管中，将玻璃棒的一端以 1 滴浓盐酸润湿后伸入试管内，观察现象，写出离子反应式。

（2）NH_4^+ 的鉴定

① 气室法。在一块表面皿内滴入 2 滴 2mol·L^{-1} 的 NH_4Cl 溶液和 2 滴 6mol·L^{-1} 的 NaOH 溶液，在另一块表面皿的凹面贴上已湿润的红色石蕊试纸，并把它盖在前一块表面皿上，做成"气室"并在水浴上微热，观察试纸颜色的变化。

② 取 2 滴 2mol·L^{-1} 的 NH_4Cl 溶液于试管中，加入 2 滴 2mol·L^{-1} 的 NaOH 溶液，再加入 2 滴奈斯勒试剂，如有红棕色沉淀生成，表示有 NH_4^+ 存在。

5．亚硝酸及其盐

（1）亚硝酸的生成和分解

将盛有 5 滴饱和 $NaNO_2$ 溶液的试管置于冰水浴中冷却后，再加入 5 滴 6mol·L^{-1} 的 H_2SO_4 溶液，混合均匀，观察现象。再水浴加热，有何变化？

（2）亚硝酸盐的氧化还原性

① 取 5 滴 0.1mol·L^{-1} 的 KI 溶液，加入 2 滴 2mol·L^{-1} 的 H_2SO_4 溶液酸化，然后逐滴加入饱和 $NaNO_2$ 溶液，观察现象，检验产物中 I_2 的生成。写出离子反应式。

② 取 2 滴 0.01mol·L^{-1} 的 $KMnO_4$ 溶液，加入 2 滴 2mol·L^{-1} 的 H_2SO_4 溶液酸化，然后逐滴加入饱和 $NaNO_2$ 溶液，观察现象，写出离子反应式。

（3）亚硝酸银的生成

取 2 滴饱和 $NaNO_2$ 溶液，滴加 0.1mol·L^{-1} 的 $AgNO_3$ 溶液，观察现象，写出离子反应式。

（4）NO_2^- 的鉴定

取 2 滴 0.1mol·L^{-1} 的 $NaNO_2$ 溶液，用 2mol·L^{-1} 的 HAc 溶液酸化，再加入几粒 $FeSO_4·7H_2O$ 固体，如出现棕色，证明有 NO_2^- 存在。

6．硝酸及其盐的性质

（1）硝酸的氧化性

① 浓硝酸与非金属反应。在盛有少量硫黄粉的试管中加入 10 滴浓 HNO_3，加热煮沸片刻（在通风橱内进行），冷却后，取溶液检验有无 SO_4^{2-} 存在。写出反应方程式。

② 浓硝酸与金属反应。取一小块铜片于试管中，再加入 10 滴浓 HNO_3，观察现象，写出反应方程式。

③ 稀硝酸与金属反应。取一小块铜片加入 10 滴 2mol·L^{-1} 的 HNO_3 溶液，微热，观察现象，与上一实验比较有何不同？写出反应方程式。

④ 极稀硝酸与活泼金属反应。将两小块锌片放入盛有 2mL 蒸馏水的试管中，加 2 滴 2mol·L^{-1} 的 HNO_3 溶液，放置片刻，取溶液检验有无 NH_4^+ 存在，写出反应方程式。

（2）硝酸盐的热分解

在三支干燥的试管中分别加入少量固体 KNO_3、$Cu(NO_3)_2$、$AgNO_3$。用酒精灯加热（在通风橱内进行），观察反应情况、产物颜色和状态，写出分解反应方程式。在固体熔化并产生较多气泡时，用火柴余烬检验反应产生的气体。

（3）NO_3^- 的鉴定

取几粒 $FeSO_4·7H_2O$ 固体，再加入 5 滴 0.1mol·L^{-1} 的 $NaNO_3$ 溶液，振荡溶解后，稍倾斜试管，沿试管壁慢慢加入浓 H_2SO_4，观察浓 H_2SO_4 和液面交界处棕色环的生成。

7. 磷酸盐的性质

（1）酸碱性

用 pH 试纸检验 $0.1mol\cdot L^{-1}$ 的 Na_3PO_4 溶液、$0.1mol\cdot L^{-1}$ 的 Na_2HPO_4 溶液、$0.1mol\cdot L^{-1}$ 的 NaH_2PO_4 溶液的 pH 值，它们的 pH 值有什么不同？为什么？然后取上述三种溶液各 3 滴置于三支试管中，分别加入 6 滴 $0.1mol\cdot L^{-1}$ 的 $AgNO_3$ 溶液，观察现象，并检验反应后各溶液的 pH 值有无变化。解释现象，写出离子反应式。

（2）溶解性

在三支试管中分别加入 $0.1mol\cdot L^{-1}$ 的 Na_3PO_4 溶液、$0.1mol\cdot L^{-1}$ 的 Na_2HPO_4 溶液、$0.1mol\cdot L^{-1}$ 的 NaH_2PO_4 溶液各 5 滴，再各加入 10 滴 $0.1mol\cdot L^{-1}$ 的 $CaCl_2$ 溶液，有无沉淀生成？再各加入几滴 $2mol\cdot L^{-1}$ 的 $NH_3\cdot H_2O$ 溶液，有何变化？最后各加入 $2mol\cdot L^{-1}$ 的 HCl 溶液，又有何变化？比较三种钙盐的溶解性，说明它们相互转化的条件，写出离子反应式，并加以解释。

（3）PO_4^{3-} 的鉴定

取 5 滴 $0.1mol\cdot L^{-1}$ 的 Na_3PO_4 溶液，加入 10 滴浓 HNO_3，再加 $1mL$ $0.1mol\cdot L^{-1}$ 的 $(NH_4)_2MoO_4$（钼酸铵）溶液，微热至 40～50℃，如有黄色沉淀生成，表示有 PO_4^{3-} 存在。

【附注】

1. 因为 Na_2SiO_3 对玻璃有腐蚀作用，因此"水中花园"实验完毕，须立即洗净烧杯。

2. 由于分子间氢键的形成，硼酸在冷水中的溶解度较小而容易从水溶液中析出，实验时应注意。

3. 硼砂珠实验中应仔细观察硼砂珠的形成过程和硼砂珠的颜色、状态。

4. NO、NO_2 是有毒的气体，凡有 NO、NO_2 气体放出的实验都应在通风橱（口）中进行。

5. 用棕色环实验鉴定 NO_3^- 时，注意沿试管内壁慢慢加入浓硫酸后试管不要摇动，否则不易看到棕色环。

6. 试验磷酸盐的溶解性时，各试剂的加入应是等量的。

【思考题】

1. H_2CO_3 和 H_2SiO_3 的性质有何异同？解释下面反应可以发生的原因。

$$CO_2 + Na_2SiO_3 + H_2O = H_2SiO_3 + Na_2CO_3$$

2. 本实验中有哪些有毒药品？使用对应注意什么？哪些实验应该在通风橱内操作？

3. 为什么储存碱液的试剂瓶不用磨口玻璃塞而用橡胶塞？

4. 为什么硫酸能从硼砂中取代出硼酸？加进甘油后，为什么硼酸溶液的酸度会变大？

5. 为什么一般情况下不用硝酸作为酸性反应的介质？稀硝酸对金属的作用与稀硫酸或稀盐酸对金属的作用有什么不同？

6. 某实验欲用酸溶解磷酸银沉淀，在盐酸、硫酸和硝酸三种酸中，选用哪一种最为适宜？为什么？

7. 试以 Na_2HPO_4 和 NaH_2PO_4 为例，说明酸式盐溶液是否都呈酸性？

8. 磷酸的各种钙盐在水中的溶解度是怎样的？怎样用实验来证明？

实验 17　p 区非金属元素（二）（氧、硫、卤素）

【实验目的】

1. 掌握 H_2O_2 的某些重要性质。
2. 掌握不同氧化态硫的化合物的主要性质。
3. 掌握卤素单质的氧化性及卤素阴离子的主要性质。
4. 掌握次氯酸盐的强氧化性。

【实验原理】

H_2O_2 能与某些金属氢氧化物反应，生成过氧化物和水。H_2O_2 具有强氧化性，它也能被更强的氧化剂（如 $K_2Cr_2O_7$）氧化为氧气，H_2O_2 与 $K_2Cr_2O_7$ 反应生成蓝色的 CrO_3，该反应可用于鉴定 H_2O_2。H_2O_2 也是一种弱酸，发生一级解离可生成 H^+。

H_2S 具有强原性，在含有 H_2S 的溶液中加入稀盐酸，生成的气体能使湿润的 $Pb(Ac)_2$ 试纸变黑。H_2S 与 $K_2Cr_2O_7$ 反应生成蓝色的 Cr^{3+}，并有黄色沉淀 S 生成。

$$3H_2S + K_2Cr_2O_7 + 4H_2SO_4 \longrightarrow Cr_2(SO_4)_3 + K_2SO_4 + 3S + 7H_2O$$

S^{2-} 与金属离子反应生成金属硫化物，金属硫化物多属于水不溶性物质，依硫化物溶解性不同，可分别溶解于稀 HCl、HNO_3、浓 HCl 或王水（1 体积浓硝酸和 3 体积浓 HCl 的混合液）。

$$ZnS + 2H^+ \longrightarrow Zn^{2+} + H_2S$$

$$3CuS + 8HNO_3 \longrightarrow 3Cu(NO_3)_2 + 2NO + 3S + 4H_2O$$

$$CdS + 2H^+ + 4Cl^- \longrightarrow CdCl_4^{2-} + H_2S$$

$$3HgS + 2HNO_3 + 12HCl \longrightarrow 3H_2[HgCl_4] + 3S + 2NO + 4H_2O$$

SO_2 溶于水生成不稳定的亚硫酸。亚硫酸是较强的还原剂，可以将 MnO_4^- 还原为 Mn^{2+}。当与强还原剂反应时，亚硫酸呈现出氧化性。亚硫酸可与某些有机物发生加成反应生成无色加成物，具有漂白性。

$$2MnO_4^- + 5SO_3^{2-} + 6H^+ \longrightarrow 2Mn^{2+} + 5SO_4^{2-} + 3H_2O$$

$$2H_2S + H_2SO_3 \longrightarrow 3S + 3H_2O$$

硫代硫酸盐不稳定，与酸容易发生分解生成二氧化硫和水。硫代硫酸盐具有还原性，与碘作用，生成 I^-。硫代硫酸盐可以被 Cl_2 氧化为硫酸盐。Ag^+ 与硫代硫酸盐作用生成白色沉淀 $Ag_2S_2O_3$，$Ag_2S_2O_3$ 迅速分解成 Ag_2S 和 H_2SO_4，因此，这一过程中颜色会由白色变为黄色、棕色，最后变为黑色，该反应可用于鉴定 $S_2O_3^{2-}$。

$$2H^+ + H_2S_2O_3 \longrightarrow S + SO_2 + H_2O$$

$$2S_2O_3^{2-} + I_2 \longrightarrow S_4O_6^{2-} + 2I^-$$

$$S_2O_3^{2-} + 4Cl_2 + 5H_2O \longrightarrow 2SO_4^{2-} + 8Cl^- + 10H^+$$

$$2Ag^+ + S_2O_3^{2-} \longrightarrow Ag_2S_2O_3(白, s)$$

$$Ag_2S_2O_3(s) + H_2O \longrightarrow Ag_2S(黑, s) + H_2SO_4$$

过二硫酸盐是强氧化剂,在酸性条件下能将 Mn^{2+} 氧化为 MnO_4^-,有 Ag^+ 作催化剂时,反应速率更大。

$$2Mn^{2+} + 5S_2O_8^{2-} + 8H_2O \xrightarrow{Ag^+} 2MnO_4^- + 10SO_4^{2-} + 16H^+$$

卤素元素氧化性强弱为:$Cl_2 > Br_2 > I_2$,三者都可以将硫代硫酸根离子氧化为连四硫酸根离子,把 H_2S 氧化为 S。卤离子还原强弱顺序为 $I^- > Br^- > Cl^-$,氯水氧化 KI 和 KBr 混合溶液时,I^- 先发生氧化,其次 Br^- 氧化,因此 CCl_4 层颜色随着反应的进行,由紫色变为黄色。

Cl^-、I^-、Br^- 与 Ag^+ 反应分别生成 AgCl、AgBr、AgI 沉淀,三种沉淀的溶度积逐渐减小,三者均不溶于 HNO_3。AgCl 能溶于稀氨水,生成 $Ag[(NH_3)_2]^+$,再加入稀 HNO_3,AgCl 重新析出,可由此鉴定 Cl^-。AgBr、AgI 不溶于稀氨水,但 AgBr 溶于 $Na_2S_2O_3$,生成配离子,AgI 不溶于 $Na_2S_2O_3$,可由此区分 AgBr、AgI。

次氯酸及其盐具有强氧化性。在酸性条件下,氯酸盐都具有强氧化性,可以氧化常见的还原性物质。

【仪器和试剂】

仪器:离心机,水浴锅,点滴板,离心管,滴管。

试剂:H_2O_2(3%),NaOH(40%),H_2SO_4(1mol·L^{-1}),H_2SO_4(3mol·L^{-1}),H_2SO_4(6mol·L^{-1}),HCl(0.3mol·L^{-1}),HCl(2mol·L^{-1}),HCl(6mol·L^{-1}),HNO_3(2mol·L^{-1}),HNO_3(6mol·L^{-1}),王水,饱和氯水,饱和溴水,饱和碘水,$AgNO_3$(0.1mol·L^{-1}),$CdSO_4$(0.1mol·L^{-1}),$CuSO_4$(0.1mol·L^{-1}),$Hg(NO_3)_2$(0.1mol·L^{-1}),KBr(0.1mol·L^{-1}),$K_2Cr_2O_7$(0.1mol·L^{-1}),KI(0.1mol·L^{-1}),$MnSO_4$(0.002mol·L^{-1}),NaCl(0.1mol·L^{-1}),Na_2S(0.1mol·L^{-1}),$Na_2S_2O_3$(0.5mol·L^{-1}),$Na_2S_2O_3$(0.1mol·L^{-1}),Na_2SO_3(0.1mol·L^{-1}),$KMnO_4$(0.01mol·L^{-1}),$KClO_3$(0.1mol·L^{-1}),KOH(2mol·L^{-1}),饱和 $KClO_3$ 溶液,$ZnSO_4$(0.1mol·L^{-1}),饱和硫化氢水溶液,饱和 SO_2 溶液,$NH_3·H_2O$(2mol·L^{-1}),$Pb(NO_3)_2$(0.1mol·L^{-1}),$K_2S_2O_8$ 固体,无水乙醇,戊醇,CCl_4,品红溶液,淀粉溶液,pH 试纸,$Pb(Ac)_2$ 试纸,蓝色石蕊试纸,淀粉-KI 试纸。

【实验步骤】

1. 过氧化氢的性质

(1) H_2O_2 的氧化还原性

① 取 5 滴 0.1mol·L^{-1} $Pb(NO_3)_2$ 和 5 滴 0.1mol·L^{-1} Na_2S,逐滴加入 3% 的 H_2O_2,观察并记录观察到的现象。

② 取 3% H_2O_2 溶液和戊醇各 0.5mL,加入几滴 1mol·L^{-1} H_2SO_4 溶液和 1 滴 0.1mol·L^{-1} $K_2Cr_2O_7$,摇荡试管,观察现象。

(2) H_2O_2 的酸碱性

取 10 滴 3% 的 H_2O_2,测其 pH 值,然后加入 5 滴 40% NaOH 和 10 滴无水乙醇,并混合均匀,观察生成固体 $Na_2O_2·8H_2O$ 的颜色($Na_2O_2·8H_2O$ 易溶于水并完全水解,但在乙醇溶液中的溶解度较小)。

2．硫化氢的制备及还原性

（1）H_2S 的制备及鉴定

向试管加入 5 滴 $0.1mol·L^{-1}Na_2S$，再加入 5 滴 $6mol·L^{-1}HCl$，用润湿的 pH 试纸及 $Pb(Ac)_2$ 试纸检验逸出的气体。

（2）H_2S 的还原性

取几滴 $0.1mol·L^{-1}K_2Cr_2O_7$ 溶液用硫酸酸化后通入硫化氢气体，观察现象，写出反应式。

3．难溶硫化物的生成和溶解

向 4 支离心试管中各加入 5 滴浓度均为 $0.1mol·L^{-1}$ 的 $ZnSO_4$、$CdSO_4$、$CuSO_4$ 和 $Hg(NO_3)_2$，再各加入 5 滴 $0.1mol·L^{-1}Na_2S$，离心沉降，吸去清液，对各支试管的沉淀依次加入 $0.3mol·L^{-1}$ HCl、$6mol·L^{-1}$ HCl、$6mol·L^{-1}$ HNO_3、王水，直至沉淀溶解（若加入 HCl 后沉淀未溶，那么在加硝酸前应将 HCl 清液吸去并用少量蒸馏水洗涤沉淀 2~3 次，才能往下做实验）。

4．二氧化硫的性质

（1）还原性　取 1mL（$0.01mol·L^{-1}$）$KMnO_4$ 溶液，用 H_2SO_4 酸化后滴入几滴饱和 SO_2 溶液。观察现象，写出反应式。

（2）氧化性　向饱和硫化氢水溶液中滴入几滴饱和 SO_2 溶液，观察现象，写出反应式。

（3）漂白作用　向 2mL 品红溶液中加入 1~2 滴饱和 SO_2 溶液，观察现象。

5．硫代硫酸盐的性质

（1）在试管中加入几滴 $0.1mol·L^{-1}$ 的 $Na_2S_2O_3$ 溶液和 $2mol·L^{-1}$ HCl 溶液，摇荡片刻，观察现象，并用湿润的蓝色石蕊试纸检验逸出的气体，写出反应式。

（2）取几滴 $0.01mol·L^{-1}$ 碘水，加 1 滴淀粉溶液，逐滴加入 $0.1mol·L^{-1}$ 的 $Na_2S_2O_3$ 溶液，观察现象，写出反应式。

（3）向 $0.1mol·L^{-1}$ 的 $Na_2S_2O_3$ 溶液滴加几滴饱和氯水，设法证实反应后溶液中有 SO_4^{2-} 存在。写出反应式。

（4）向有 $0.1mol·L^{-1}$ $AgNO_3$ 溶液的点滴板滴加 1~2 滴 $Na_2S_2O_3$ 溶液，仔细观察反应现象，写出反应式。

6．过硫酸盐的氧化性

向装有 2 滴 $0.002mol·L^{-1}$ $MnSO_4$ 溶液的试管中加入约 5mL H_2SO_4 溶液、2 滴 $0.1mol·L^{-1}$ $AgNO_3$ 溶液，再加入少量 $K_2S_2O_8$ 固体，水浴加热，溶液的颜色有什么变化？

另取一支试管，不加入 $AgNO_3$ 溶液，进行同样实验。比较上述两个实验的现象有什么不同，为什么？写出反应式。

7．卤素的氧化性

（1）氯水、溴水、碘水氧化性差异的比较　分别向氯水、溴水、碘水溶液中滴加 $0.1mol·L^{-1}$ $Na_2S_2O_3$ 溶液及饱和硫化氢水溶液，观察现象，写出反应式。

（2）氯水对溴、碘离子混合溶液的氧化顺序　在试管内加入 0.5mL（约 10 滴）$0.1mol·L^{-1}$ KBr 溶液及 2 滴 $0.1mol·L^{-1}$ KI 溶液，然后再加入 0.5mL CCl_4，仔细观察四氯化碳液层颜色的变化，写出有关反应式。

通过以上实验说明卤素氧化性递变顺序。

8．氯、溴、碘离子的鉴定

分别向盛有 $0.1mol·L^{-1}$ NaCl、KBr、KI 溶液的试管中滴加 $0.1mol·L^{-1}$ $AgNO_3$ 溶液，制得的卤化银沉淀经离心分离后分别与 $2mol·L^{-1}$ HNO_3、$2mol·L^{-1}$ $NH_3·H_2O$ 及 $0.5mol·L^{-1}$

$Na_2S_2O_3$ 溶液反应，观察沉淀是否溶解？写出反应式。

9．氯酸盐的氧化性

（1）次氯酸钾的氧化性

取 2mL 氯水，逐滴加入 2mol·L^{-1} KOH 溶液至弱碱性，然后将溶液分成三份于三支试管。在第 1 支试管中加入 2mol·L^{-1} HCl 溶液，用湿润的淀粉-KI 试纸检验逸出的气体；在第 2 支试管中 0.1mol·L^{-1} KI 溶液及 1 滴淀粉溶液；在第 3 支试管中滴加品红溶液。观察现象，写出反应式。

（2）氯酸钾的氧化性

① 取几滴饱和 $KClO_3$ 溶液置于试管中，加入少许浓盐酸，注意逸出气体的气味，检验气体产物，写出反应式。

② 检验饱和 $KClO_3$ 溶液与 0.1mol·L^{-1} Na_2SO_3 溶液在中性及酸性条件下的反应，用 $AgNO_3$ 验证反应产物，该实验如何说明了 $KClO_3$ 氧化性与介质酸碱性的关系？

③ 取几滴饱和 $KClO_3$ 溶液，加入少量 CCl_4 及 0.1mol·L^{-1} KI 溶液数滴，摇动试管，观察试管内水相及有机相有什么变化？再加入 6mol·L^{-1} H_2SO_4 酸化溶液又有什么变化？

【思考题】

1．为什么 $K_2Cr_2O_7$ 溶液需在酸化后再通入硫化氢气体？
2．$MnSO_4$ 溶液与 $K_2S_2O_8$ 反应为什么需要加入 $AgNO_3$？
3．用 $AgNO_3$ 溶液滴定 $S_2O_3^{2-}$，$AgNO_3$ 和 $S_2O_3^{2-}$ 分别过量时，反应现象是否有差异，为什么？
4．为什么在用 KI 溶液检验 $KClO_3$ 氧化性的反应中需要加入四氯化碳？

实验18　p 区金属元素（铝、锡、铅、锑、铋）

【实验目的】

1．了解锡、铅、锑、铋氢氧化物的溶解性。
2．掌握锡、铅、锑、铋难溶物的生成条件及其转化。
3．掌握铝及其氢氧化铝的酸碱性。

【实验原理】

铝、锡、铅、锑、铋均属于 p 区金属元素，价电子构型为 $ns^2np^{1\sim6}$，它们大多数都有多种氧化态，如铅、锡都有 0 价、+2 价和+4 价。

铝属于 p 区元素的硼族，铝位于周期表中金属元素和非金属元素的交界区，铝的单质及其化合物既能溶于酸生成相应的铝盐，又能溶于碱生成相应的铝酸盐。

锡和铅都能形成+2 价和+4 价的化合物，对于ⅣA 族元素来说，从上到下，氧化值为+4 的化合物比氧化值为+2 的化合物稳定，锡仍保留这一规律行，因此，Sn（Ⅳ）比 Sn（Ⅱ）稳定，而对于铅来说，Pb（Ⅱ）比 Pb（Ⅳ）稳定。

锑的三价氢氧化物呈现两性，而 $Bi(OH)_3$ 的碱性大大强于酸性，只能微溶于浓的强碱溶液中。

【仪器和试剂】

仪器：pH 试纸，试管，离心试管，KI 试纸。

试剂：铝条，PbO_2 固体，Sn 粒，盐酸（$2mol·L^{-1}$），盐酸（$6mol·L^{-1}$），盐酸（浓），稀硫酸（$4mol·L^{-1}$），浓硝酸，硝酸（$6mol·L^{-1}$），NaOH（$2mol·L^{-1}$），NaOH（$6mol·L^{-1}$），氨水（$2mol·L^{-1}$），$AlCl_3$（$0.5mol·L^{-1}$），茜素（0.1%），$SnCl_4$（$0.2mol·L^{-1}$），$SnCl_2$（$0.2mol·L^{-1}$），$Hg(NO_3)_2$（$0.2mol·L^{-1}$），$Bi(NO_3)_3$（$0.2mol·L^{-1}$），$Pb(NO_3)_2$（$0.2mol·L^{-1}$），$MnSO_4$（$0.2mol·L^{-1}$），K_2CrO_4（$0.1mol·L^{-1}$），$SbCl_3$（$0.2mol·L^{-1}$），$Sb_2(SO_4)_3$（$0.2mol·L^{-1}$）。

【实验步骤】

1．铝及其化合物性质

（1）铝与酸的反应

在 3 支试管中各放入已去氧化膜且大小相近的铝条，然后往 3 支试管中分别加入 2～3mL 稀盐酸、稀硫酸和浓硝酸，观察现象。

（2）铝与碱的反应

在试管中放入已去氧化膜的铝条，加入 2～3mL $2mol·L^{-1}$ NaOH 溶液，稍微加热，观察现象。

（3）铝的两性

将铝条溶解在盐酸中，然后慢慢滴加 2～3mL $2mol·L^{-1}$ NaOH 溶液，待有沉淀产生后，再滴加 NaOH 溶液，观察现象。

（4）铝的鉴定

加 3 滴 $0.5mol·L^{-1}$ $AlCl_3$ 溶液于试管中，加氨水至生成沉淀，再加 0.1%茜素少量，观察现象。

2．锡及其化合物性质

（1）锡氢氧化物的酸碱性

分别在试管中加入少量 $0.2mol·L^{-1}$ $SnCl_4$ 和 $0.2mol·L^{-1}$ $SnCl_2$ 溶液，再滴加 $2mol·L^{-1}$ NaOH 溶液，观察现象，弃去清液，实验生成的沉淀与 NaOH 和盐酸的反应，写出反应方程式。

（2）锡的还原性

① $0.2mol·L^{-1}$ $SnCl_2$ 溶液中加入过量 $2mol·L^{-1}$ NaOH 溶液，观察现象；再向上述溶液中滴加 $Bi(NO_3)_3$ 溶液，观察现象。

② 加几滴 $0.2mol·L^{-1}$ $Hg(NO_3)_2$ 溶液于试管中，再逐滴滴加 $0.2mol·L^{-1}$ $SnCl_2$ 溶液，注意振荡试管，观察颜色变化。

3．铅及其化合物性质

（1）铅氢氧化物的酸碱性

分别在试管中加入少量 $0.2mol·L^{-1}$ $Pb(NO_3)_2$ 溶液，再滴加 $2mol·L^{-1}$ NaOH 溶液，观察现象，弃去清液，实验生成的沉淀与 NaOH 和盐酸的反应，写出反应方程式。

（2）PbO_2 氧化性

① 取少量 PbO_2 于试管中，再逐滴滴加 $6mol·L^{-1}$ 盐酸，观察现象。

② 取少量 PbO_2 于试管中，加入 1mL $2mol·L^{-1}$ HCl 和几滴 $0.02mol·L^{-1}$ $MnSO_4$ 溶液，观察现象。

(3) 铅盐的酸碱性

在试管中加入少量 $Pb(NO_3)_2$ 溶液,实验其酸碱性,用水稀释,观察现象;再向试管中加入 $2mol \cdot L^{-1}$ HCl,观察现象。

(4) 铅盐的溶解性

加 5 滴 $0.2mol \cdot L^{-1}$ $Pb(NO_3)_2$ 溶液于试管中,再加入 5 滴 $0.1mol \cdot L^{-1}$ 铬酸钾溶液,观察现象。实验其生成的沉淀在 $6mol \cdot L^{-1}$ 硝酸和 $2mol \cdot L^{-1}$ 氢氧化钠中的溶解情况。

4. 锑及其化合物性质

(1) 锑氢氧化物的酸碱性

在试管中加入少量 $2mol \cdot L^{-1}$ $SbCl_3$ 溶液,再滴加 $2mol \cdot L^{-1}$ NaOH 溶液,观察现象,弃去清液,实验生成的沉淀与 NaOH 和盐酸的反应,写出反应方程式。

(2) 锑盐的性质

取 3 滴 $0.2mol \cdot L^{-1}$ $Sb_2(SO_4)_3$ 溶液于试管中,加水稀释,观察现象;另取 3 滴 $0.2mol \cdot L^{-1}$ $Sb_2(SO_4)_3$ 溶液于另一试管中,加入 Sn 粒,观察现象。

5. 铋及其化合物性质

(1) 铋氢氧化物的酸碱性

在试管中加入少量 $Bi(NO_3)_3$ 溶液,再滴加 $2mol \cdot L^{-1}$ NaOH 溶液,观察现象,弃去清液,实验生成的沉淀与 NaOH 和盐酸的反应,写出反应方程式。

(2) $Sb_2(SO_4)_3$ 氧化性

试管中加入少量 $0.2mol \cdot L^{-1}$ $Sb_2(SO_4)_3$ 溶液,加入 $6mol \cdot L^{-1}$ HCl,振荡试管,用润湿的 KI 试纸检验生成的气体。

(3) 铋的鉴定

在 $0.2mol \cdot L^{-1}$ $SnCl_2$ 溶液中,加入几滴 $0.2mol \cdot L^{-1}$ $Bi(NO_3)_3$ 溶液,观察是否有黑色沉淀生成,写出反应方程式。

【附注】

在做沉淀溶解实验时,可用离心试管代替试管。

【思考题】

1. 比较铝、锡、铅、锑、铋氢氧化物的酸碱性大小。
2. 如何鉴定配制的 $SnCl_2$ 溶液是否被氧化为 $SnCl_4$?

实验 19　ds 区金属元素(铜、银、锌、镉、汞)

【实验目的】

1. 掌握 Cu、Ag、Zn、Cd、Hg 氧化物或氢氧化物的酸碱性和稳定性。
2. 掌握 Cu、Ag、Zn、Cd、Hg 重要配合物的性质。
3. 掌握 Cu^{2+}、Ag^+、Zn^{2+}、Cd^{2+}、Hg_2^{2+} 混合离子的分离和鉴定方法。

【实验原理】

Cu、Ag 属于 ds 区铜族元素,Zn、Cd、Hg 为ⅡB 族元素。Cu、Zn、Cd、Hg 常见氧化

值为+2，Ag 为+1，Cu 与 Hg 的氧化值还有+1。从标准电极电势值可知：Cu^{2+}、Ag^{+}、Hg^{2+}、Hg_2^{2+} 和相应的化合物具有氧化性，均为中强氧化剂。

【仪器和试剂】

仪器：试纸，点滴板，水浴锅。

试剂：铜屑，HCl（$2mol·L^{-1}$），HCl（浓），HNO_3（$2mol·L^{-1}$），HNO_3（$6mol·L^{-1}$），NaOH（$2mol·L^{-1}$），NaOH（$6mol·L^{-1}$），$NH_3·H_2O$（$2mol·L^{-1}$），$NH_3·H_2O$（$6mol·L^{-1}$），$NH_3·H_2O$（浓），KI（$0.1mol·L^{-1}$），KBr（$0.1mol·L^{-1}$），KSCN（$0.1mol·L^{-1}$），K_2CrO_4（$0.1mol·L^{-1}$），$K_4[Fe(CN)_6]$（$0.1mol·L^{-1}$），$Na_2S_2O_3$（$0.1mol·L^{-1}$），Na_2S（$0.1mol·L^{-1}$），NaCl（$0.1mol·L^{-1}$），NH_4Cl（$0.1mol·L^{-1}$），$MgSO_4$（$0.1mol·L^{-1}$），$SnCl_2$（$0.1mol·L^{-1}$），$Pb(NO_3)_2$（$0.1mol·L^{-1}$），$CrCl_3$（$0.1mol·L^{-1}$），$MnSO_4$（$0.1mol·L^{-1}$），$FeCl_3$（$0.1mol·L^{-1}$），$CoCl_2$（$0.1mol·L^{-1}$），$CuSO_4$（$0.1mol·L^{-1}$），$AgNO_3$（$0.1mol·L^{-1}$），$ZnSO_4$（$0.1mol·L^{-1}$），$CdSO_4$（$0.1mol·L^{-1}$），$HgCl_2$（$0.1mol·L^{-1}$），$Hg(NO_3)_2$（$0.1mol·L^{-1}$），$Hg_2(NO_3)_2$（$0.1mol·L^{-1}$），KI（$0.5mol·L^{-1}$），Na_2S（$0.5mol·L^{-1}$），$CuCl_2$（$1mol·L^{-1}$），Cu^{2+}、Ag^{+}、Zn^{2+}、Cd^{2+}、Hg^{2+} 混合液，甲醛（2%），葡萄糖（10%），二苯硫腙溶液，CCl_4，TAA。

【实验步骤】

1. 氢氧化物的酸碱性和稳定性

（1）$Cu(OH)_2$ 的酸碱性和稳定性

向 2 支试管中各加 3 滴 $0.1mol·L^{-1}$ $CuSO_4$ 溶液，分别滴加 $2mol·L^{-1}$ NaOH 溶液，向第一支试管中加 $2mol·L^{-1}$ HNO_3 溶液，另一支试管中加 $6mol·L^{-1}$ NaOH 溶液至沉淀溶解，然后加 1mL 10%葡萄糖溶液，置水浴中加热。观察现象，写出反应方程式。

（2）Ag^{+}、Cd^{2+}、Hg^{2+}、Hg_2^{2+} 氢氧化物的酸碱性

分别滴加 3 滴 $AgNO_3$、$CdSO_4$、$HgCl_2$、$Hg_2(NO_3)_2$ 于 4 支试管中，滴加适量 $2mol·L^{-1}$ NaOH 溶液，观察现象，实验溶液酸碱性。

（3）$Zn(OH)_2$ 的酸碱性和稳定性

滴加 3 滴 $0.1mol·L^{-1}$ $ZnSO_4$ 于试管中，逐滴加入 $2mol·L^{-1}$ NaOH 溶液，观察现象。

2. 配合物

（1）银的配合物

取数滴 $0.1mol·L^{-1}$ $AgNO_3$，加入等量 $0.1mol·L^{-1}$ NaCl 溶液，静置片刻，弃去清液。将沉淀分盛两支试管，一支试管中加入 2mL $6mol·L^{-1}$ $NH_3·H_2O$，再滴加 $6mol·L^{-1}$ HNO_3，另一支试管中加入少量 $0.1mol·L^{-1}$ $Na_2S_2O_3$ 溶液，观察现象，写出反应方程式。

（2）铜的配合物

① 取数滴 $0.1mol·L^{-1}$ $CuSO_4$ 溶液，加入适量 $6mol·L^{-1}$ $NH_3·H_2O$，再加入过量 $6mol·L^{-1}$ $NH_3·H_2O$，观察现象，将溶液分成两试管，在一支试管中加入数滴 $2mol·L^{-1}$ NaOH；另一支加入数滴 $0.1mol·L^{-1}$ Na_2S 溶液，记录现象，写出反应方程式。

② 取 1mL $0.5mol·L^{-1}$ $CuCl_2$ 溶液，加入固体 NaCl，振荡试管使之溶解，观察溶液颜色变化，加水稀释溶液颜色又有何变化。写出反应方程式。

（3）汞的配合物

① 加 3 滴 $0.1mol·L^{-1}$ $HgCl_2$ 溶液，加入几滴 $0.1mol·L^{-1}$ KI 溶液，观察沉淀颜色，继续加入过量 $0.5mol·L^{-1}$ KI 溶液，沉淀溶解，为什么？写出反应方程式。在所得的溶液中，

加入数滴 40%NaOH 溶液,即得奈斯勒试剂。在点滴板上加 2 滴 $0.1\,\text{mol}\cdot\text{L}^{-1}$ NH_4Cl 溶液,再加入自制的奈斯勒试剂 2 滴,观察现象,写出方程式。

② 取数滴 $0.1\,\text{mol}\cdot\text{L}^{-1}$ $Hg_2(NO_3)_2$ 溶液,加入几滴 $0.1\,\text{mol}\cdot\text{L}^{-1}$ KI 溶液,观察沉淀颜色,继续加入过量 $0.5\,\text{mol}\cdot\text{L}^{-1}$ KI,记录现象,写出离子反应方程式。

3. 氧化性

(1) Cu(Ⅱ) 的氧化性和 Cu(Ⅰ) 与 Cu(Ⅱ) 的转化

① 取数滴 $0.1\,\text{mol}\cdot\text{L}^{-1}$ $CuSO_4$ 溶液,滴加 $0.1\,\text{mol}\cdot\text{L}^{-1}$ KI 溶液,观察溶液颜色变化,分离和洗涤沉淀,且观察其颜色,往沉淀中滴加 $0.5\,\text{mol}\cdot\text{L}^{-1}$ KI,观察其溶解情况,写出反应方程式。

② 取 1mL $0.5\,\text{mol}\cdot\text{L}^{-1}$ $CuCl_2$ 溶液,加少量铜屑和 2mL 浓盐酸,加热至沸,待溶液呈棕黄色(用滴管取几滴溶液于少量去离子水中,至有白色沉淀)时,将棕色溶液全部倾入盛有去离子水小烧杯中,观察白色沉淀的生成。静置,用倾析法洗涤白色沉淀两次,用滴管取沉淀,分别进行下列实验:

(a) 将少量白色沉淀置于空气中;

(b) 将沉淀加入浓 HCl 中;

(c) 将沉淀加入浓 $NH_3\cdot H_2O$ 中。

观察与记录实验现象,写出对应的反应方程式。

③ 取少量 $0.1\,\text{mol}\cdot\text{L}^{-1}$ $CuSO_4$ 溶液,加入过量 $6\,\text{mol}\cdot\text{L}^{-1}$ NaOH 溶液,使蓝色沉淀溶解,再往此溶液中加入少量葡萄糖溶液,振荡,微热,观察沉淀的颜色,写出反应方程式。

(2) Ag(Ⅰ) 的氧化性

在洁净的试管中加入 2mL $0.1\,\text{mol}\cdot\text{L}^{-1}$ $AgNO_3$,滴加 $2\,\text{mol}\cdot\text{L}^{-1}$ $NH_3\cdot H_2O$,使褐色沉淀溶解,再多加数滴 $NH_3\cdot H_2O$,然后加入少量 10%葡萄糖(或 2%甲醛溶液),摇匀后于水浴中加热,观察管壁银镜的生成,写出反应方程式(管壁的银要回收,银镜如何清洗?)。

4. Cu^{2+}、Ag^+、Zn^{2+}、Cd^{2+}、Hg^{2+} 混合离子的分离和鉴定

(1) 合理控制试剂用量及选择试剂浓度,分离 Cu^{2+}、Ag^+、Zn^{2+}。

(2) Cu^{2+} 鉴定:在中性或弱酸性(HAc)介质中,与亚铁氰化钾 $K_4[Fe(CN)_6]$ 反应。

(3) Ag^+ 鉴定:在 $AgNO_3$ 溶液中,加入 Cl^-,形成 AgCl 白色沉淀,AgCl 溶于 $NH_3\cdot H_2O$ 生成无色 $[Ag(NH_3)_2]^+$ 配离子,继续加 HNO_3 酸化,白色沉淀又析出,此法用于鉴定 Ag^+ 的存在。

(4) Cd^{2+} 鉴定:镉盐与 Na_2S 溶液反应生成黄色沉淀。

(5) Zn^{2+} 鉴定:Zn^{2+} 与二苯硫腙生成红色配合物。

【思考题】

1. 比较 Ag、Cd、Hg 氢氧化物的稳定性。
2. 在 $HgCl_2$ 和 $Hg(NO_3)_2$ 溶液中分别加入氨水,各生成什么产物?写出反应方程式。

实验 20　d 区金属元素(一)(钛、钒、铬、锰)

【实验目的】

1. 实验并掌握钛、钒、铬、锰的某些重要化合物的性质。
2. 实验并掌握钛、钒、铬、锰的不同氧化态之间的转化。

【实验原理】

钛、钒、铬、锰四种 d 区元素除 Cr 外最外层都是 2 个 s 电子，可以形成多种氧化值的化合物，一般说来，高氧化值化合物比起低氧化值化合物的氧化性强，同时，介质酸碱性也会影响化合物的酸碱性，如 MnO_4^- 溶液在酸性、中性和碱性介质中分别被还原为 Mn^{2+}、MnO_2 和 MnO_4^{2-}。

【仪器和试剂】

仪器：恒温水浴，离心机，离心试管，试管，试管夹，酒精灯。

试剂：固体 $K_2Cr_2O_7$，固体 MnO_2，固体 $NaBiO_3$，固体 NH_4VO_3，固体 TiO_2，固体 Cr_2O_3，固体 Zn，固体 $(NH_4)_2Cr_2O_7$，pH 试纸，碘化钾试纸，醋酸铅试纸，浓 HCl，浓 H_2SO_4，NaOH（6mol·L^{-1}），NaOH（2mol·L^{-1}），NH_3（6mol·L^{-1}），HNO_3（6mol·L^{-1}），$NaHSO_3$（0.5mol·L^{-1}），$KMnO_4$（0.5mol·L^{-1}），$CuCl_2$（0.5mol·L^{-1}），H_2O_2（3%），$MnSO_4$（0.5mol·L^{-1}），$Cr_2(SO_4)_3$（0.2mol·L^{-1}），$K_2Cr_2O_7$（0.1mol·L^{-1}），$AgNO_3$（0.2mol·L^{-1}），Na_2S（0.2mol·L^{-1}），H_2SO_4，Na_2SO_3（0.5mol·L^{-1}），$MnCl_2$（0.5mol·L^{-1}）。

【实验步骤】

1. 钛的化合物

（1）二氧化钛水合物的生成与性质

取少量固体 TiO_2 于试管中，加入 3mol·L^{-1} H_2SO_4，分两份：一份中加入 H_2O_2；另一份中加入适量氨水，将溶液分成三份，分别加入 3mol·L^{-1} H_2SO_4、6mol·L^{-1} NaOH 溶液和水。观察现象，写反应方程式。

（2）钛（Ⅲ）化合物的生成和还原性

加 1mL $TiOSO_4$ 溶液于试管中，加一小粒锌，反应几分钟后，将清液倒入另外 2 支试管中，一支试管在空气中放置，另一支试管中加入 0.5mol·L^{-1} $CuCl_2$ 溶液，观察现象。

（3）TiO^{2+} 的鉴定

在试管中加 3 滴 $TiOSO_4$ 溶液，再加入 2 滴 3% H_2O_2，观察现象。

2. 钒的化合物

（1）取适量固体 NH_4VO_3，加热至固体呈现深红色，分成四份，分别滴加 3mol·L^{-1} 的 H_2SO_4 溶液、6mol·L^{-1} 的 NaOH 溶液、H_2O 和浓 HCl，观察现象，写出方程式。

（2）钒酸根的聚合

加入少量钒酸钠溶液于试管中，逐滴加入 3mol·L^{-1} H_2SO_4，观察颜色变化。

（3）低价钒的化合物

NH_4VO_3 溶液中加少量盐酸后加一小粒 Zn，观察现象。

3. 铬的化合物

（1）三氧化二铬的生成和酸碱性

取少量固体 $(NH_4)_2Cr_2O_7$ 于试管中，加热，观察现象，试管中出现灰绿色絮状固体时停止加热，将所得固体分装入两支试管中，分别加入浓 H_2SO_4 和 6mol·L^{-1} 的 NaOH 溶液，写出反应方程式。

（2）铬（Ⅲ）的还原性和铬（Ⅵ）的氧化性

① 取 0.2mol·L^{-1} 的蓝紫色 $Cr_2(SO_4)_3$ 溶液，逐滴加入 2mol·L^{-1} 的 NaOH 溶液，观察

现象，再加入3%过氧化氢溶液，写出方程式。

② 取 0.2mol·L^{-1} Cr$_2$(SO$_4$)$_3$，加入少量硫酸和固体 PbO$_2$，观察现象。

(3) CrO$_4^{2-}$ 与 Cr$_2$O$_7^{2-}$ 转化

滴加 3 滴 0.1mol·L^{-1} K$_2$Cr$_2$O$_7$ 溶液于试管中，逐滴加入 2mol·L^{-1} 的 NaOH 溶液，观察现象，再加入 0.2mol·L^{-1} AgNO$_3$ 溶液，向生成的沉淀中加入 2mol·L^{-1} 的 H$_2$SO$_4$ 溶液，观察现象，写反应方程式。

4．锰的化合物

（1）Mn（Ⅱ）酸碱性

取 3 滴 0.5mol·L^{-1} 的 MnSO$_4$ 溶液于试管中，滴加 2mol·L^{-1} 的 NaOH 溶液，观察沉淀的生成，再向沉淀中加入 2mol·L^{-1} 的 H$_2$SO$_4$ 溶液，观察现象，写反应方程式。

（2）硫化锰的生成和性质

取 3 滴 0.5mol·L^{-1} 的 MnSO$_4$ 溶液于试管中，滴加 0.2mol·L^{-1} 的 Na$_2$S 溶液，观察沉淀的生成。

（3）二氧化锰的生成和性质

① 二氧化锰的生成

取 3 滴 0.5mol·L^{-1} 的 MnSO$_4$ 溶液于试管中，滴加 0.02mol·L^{-1} 的 KMnO$_4$ 溶液，观察沉淀的生成。

② 二氧化锰的氧化性

将①所得固体分装入两支试管中，一支试管用酸酸化后，加入 0.5mol·L^{-1} Na$_2$SO$_3$ 溶液，另一支试管中加入浓盐酸，写出反应方程式。

（4）介质酸碱性对 KMnO$_4$ 溶液氧化性的影响

取 3 滴 0.02mol·L^{-1} 的 KMnO$_4$ 溶液于试管中，分别滴加 3 滴 2mol·L^{-1} 的 NaOH 溶液、水和 2mol·L^{-1} 的 H$_2$SO$_4$ 溶液，再分别向 3 支试管中滴加 0.5mol·L^{-1} Na$_2$SO$_3$，观察现象。

【附注】

1．钛（Ⅲ）化合物的还原性实验中，应取上层清液与 Cu^{2+}反应，否则会发生下列反应 Zn + CuCl$_2$ === Cu + ZnCl$_2$，看到的是红色的铜覆盖于锌粒上。

2．三氧化二铬的生成实验中，在石棉网上加热应不断搅拌，而且最后会有火星喷射。

3．钒酸根的聚合实验中，所要求的 V$_2$O$_7^{4-}$（焦钒酸盐）溶液来自上一步五氧化二钒与氢氧化钠反应后的溶液，得到钒酸盐 VO$_4^{3-}$ 溶液后，加酸即可得到焦钒酸盐溶液。

4．小心将(NH$_4$)$_2$Cr$_2$O$_7$ 放在石棉网上加热，不断搅拌。最后会有火星喷射，反应发生。

【思考题】

1．写出高锰酸钾溶液在酸性、中性和碱性介质中与 FeCl$_2$ 反应的方程式。

2．哪些试剂可将 Mn^{2+}氧化为 MnO$_4^-$？哪些试剂可将 MnO$_4^-$还原为 Mn^{2+}？

3．CrO$_4^{2-}$ 与 Cr$_2$O$_7^{2-}$ 相互转换的条件是什么？

实验 21　d 区金属元素（二）（铁、钴、镍）

【实验目的】

1. 熟悉 Fe（Ⅱ）、Co（Ⅱ）、Ni（Ⅱ）化合物的还原性和 Fe（Ⅲ）、Co（Ⅲ）、Ni（Ⅲ）化合物的氧化性及其递变规律。
2. 熟悉 Fe、Co、Ni 主要配位化合物的性质及其在定性分析中的应用。
3. 掌握 Fe^{2+}、Fe^{3+}、Co^{2+}、Ni^{2+} 的分离与鉴定。

【实验原理】

铁、钴、镍合称为铁系元素，它们的电子构型为 $3d^{6\sim8}4s^2$。它们都能形成多种氧化态的化合物，铁、钴、镍的重要氧化态值都为+2、+3。其对应的重要化合物性质如下。

1. 铁系元素的氢氧化物（见表 4-2、表 4-3）

表 4-2　氧化态为+2 的氢氧化物的还原性

$M(OH)_2$	空气	中强氧化剂（如 H_2O_2）	强氧化剂（如 Cl_2、Br_2）	反应举例
$Fe(OH)_2$（白色）	$Fe(OH)_3$ 反应迅速	$Fe(OH)_3$	$Fe(OH)_3$	$4Fe(OH)_2 + O_2 + 2H_2O \longrightarrow 4Fe(OH)_3$
$Co(OH)_2$①（蓝色或粉红）	$Co(OH)_3$ 反应缓慢	$Co(OH)_3$	$Co(OH)_3$	$2Co(OH)_2 + H_2O_2 \longrightarrow 2Co(OH)_3 \downarrow$
$Ni(OH)_2$（绿色）	不反应	不反应	$Ni(OH)_3$	$2Ni(OH)_2 + Cl_2 + 2OH^- \longrightarrow 2Ni(OH)_3 \downarrow + 2Cl^-$

① $Co(OH)_2$ 沉淀的颜色由生成的条件而定。

由上表可知 $Fe(OH)_2$ 极易被空气中的 O_2 氧化（制备时所用溶液应除去氧气并避免受热），很快由白色变为灰绿色，最终变为红棕色的 $Fe(OH)_3$。$Co(OH)_2$ 较稳定，$Ni(OH)_2$ 稳定。还原性按 $Fe(OH)_2$、$Co(OH)_2$、$Ni(OH)_2$ 的顺序递减。

表 4-3　氧化态为+3 的氢氧化物的氧化性

$M(OH)_3$	H_2SO_4	浓 HCl	反应举例
$Fe(OH)_3$（红棕色）	Fe^{3+}	Fe^{3+}	$Fe(OH)_3 + 3H^+ \longrightarrow Fe^{3+} + 3H_2O$
$Co(OH)_3$（褐色）	$Co^{2+} + O_2$	$[CoCl_4]^{2-} + Cl_2$	$4Co(OH)_3 + 8H^+ \longrightarrow 4Co^{2+} + O_2\uparrow + 10H_2O$ $2Co(OH)_3 + 6H^+ + 10Cl^- \longrightarrow 2[CoCl_4]^{2-} + Cl_2\uparrow + 6H_2O$
$Ni(OH)_3$（黑色）	$Ni^{2+} + O_2$	$[NiCl_4]^{2-} + Cl_2$	$4Ni(OH)_3 + 8H^+ \longrightarrow 4Ni^{2+} + O_2\uparrow + 10H_2O$ $2Ni(OH)_3 + 6H^+ + 10Cl^- \longrightarrow 2[NiCl_4]^{2-} + Cl_2\uparrow + 6H_2O$

酸性溶液中均具有氧化性，氧化性按 $Fe(OH)_3$、$Co(OH)_3$、$Ni(OH)_3$ 的顺序递增。

2. 铁系元素的盐类

常见的 Fe（Ⅱ）盐有 $FeSO_4$ 和 $FeCl_2$，它们的水溶液呈浅绿色。$FeSO_4$ 常用作还原剂，在空气中它的复盐比较稳定，因而常用 $(NH_4)_2Fe(SO_4)_2$ 代替 $FeSO_4$。Fe^{2+} 在酸性介质中比在碱性介质中稳定，所以在配制和保存 Fe^{2+} 溶液时应加入足够浓度的酸，并加入几颗铁钉：

$$2Fe^{3+} + Fe \longrightarrow 3Fe^{2+}$$

Fe（Ⅲ）盐主要有 $FeCl_3$、$Fe(NO_3)_3$ 等，在强酸性溶液中，Fe^{3+} 呈浅紫色，其水溶液常因水解而呈黄色。Fe^{3+} 有氧化性，可将 $SnCl_2$、KI、H_2S 等还原剂氧化。

常见的钴、镍盐有 $CoCl_2$、$NiSO_4$ 等，水合 Co^{2+} 呈粉红色，水合 Ni^{2+} 呈绿色。Co^{3+}、Ni^{3+} 因有强氧化性，它们的盐极少并且在溶液中不能存在。

3．铁系元素常见的配合物（见表 4-4）

表 4-4　铁系元素常见的配位化合物

试剂	Fe^{2+}	Fe^{3+}	Co^{2+}	Ni^{2+}
$NH_3 \cdot H_2O$	$Fe(OH)_2 \xrightarrow{O_2} Fe(OH)_3$	$Fe(OH)_3$	$[Co(NH_3)_6]^{2+} \xrightarrow{O_2} [Co(NH_3)_6]^{3+}$	$[Ni(NH_3)_6]^{2+}$
CN^-	$[Fe(CN)_6]^{4-}$	$[Fe(CN)_6]^{3-}$	$[Co(CN)_5(H_2O)]^{3-}$	$[Ni(CN)_4]^{2-}$
SCN^-	$Fe(OH)_2 \xrightarrow{O_2} Fe(OH)_3$	$[Fe(SCN)_n]^{3-n}$ $n \leqslant 6$	$[Co(SCN)_4]^{2-}$	$[Ni(SCN)]^+$ 不稳定

Fe^{2+} 和 Fe^{3+} 难以形成稳定的氨的配合物，在水溶液中加入氨时，形成 $Fe(OH)_2$ 和 $Fe(OH)_3$ 沉淀。Co^{2+} 和 Co^{3+} 与过量的氨水反应，即生成可溶性的氨配阳离子 $[Co(NH_3)_6]^{2+}$ 或 $[Co(NH_3)_6]^{3+}$。但 $[Co(NH_3)_6]^{2+}$ 不稳定，易被空气中的 O_2 氧化成 $[Co(NH_3)_6]^{3+}$。Ni^{2+} 与过量的氨水形成蓝色的 $[Ni(NH_3)_6]^{2+}$，但该配离子遇酸、碱、水稀释及受热均可发生分解反应。

Fe^{3+}、Co^{3+}、Fe^{2+}、Co^{2+}、Ni^{2+} 都能与 CN^- 形成配合物；Fe^{3+}、Co^{2+}、Ni^{2+} 均能与 SCN^- 形成配合物，Fe^{2+} 在 SCN^- 溶液中难以形成稳定的配合物，而是形成氢氧化物。Fe^{3+} 还能与 F^- 形成比 $[Fe(SCN)]^{2+}$ 更加稳定但无色的 $[FeF_6]^{3-}$，Co^{2+} 与 F^- 不形成稳定的配合物，因此在 Fe^{3+}、Co^{2+} 混合溶液鉴定 Co^{2+} 时可用 NH_4F 作掩蔽剂将 Fe^{3+} 先掩蔽起来。

形成配位化合物后，会改变电对电极电势。如 $E^{\ominus}(Fe^{3+}/Fe^{2+}) = 0.77V$，而 $E^{\ominus}([Fe(CN)_6]^{3-}/[Fe(CN)_6]^{4-}) = 0.36V$；$E^{\ominus}(Co^{3+}/Co^{2+}) = 1.8V$，而 $E^{\ominus}([Co(NH_3)_6]^{3+}/[Co(NH_3)_6]^{2+}) = 0.02V$。

水溶液中，Co^{2+} 稳定；在氨的配合物中，$[Co(NH_3)_6]^{2+}$ 易被空气中的 O_2 氧化成 $[Co(NH_3)_6]^{3+}$：

$$[4Co(NH_3)_6]^{2+} + O_2 + 2H_2O \longrightarrow 4[Co(NH_3)_6]^{3+} + 4OH^-$$

（土黄色）　　　　　　　　　　　　　（红棕色）

4．离子鉴定

Fe^{2+}：加赤血盐，出现蓝色沉淀。

$$Fe^{2+} + K^+ + [Fe(CN)_6]^{3-} \longrightarrow KFe[Fe(CN)_6] \downarrow \text{（滕氏蓝）}$$

Fe^{3+}：① 加黄血盐，出现蓝色沉淀。

$$Fe^{3+} + K^+ + [Fe(CN)_6]^{4-} \longrightarrow KFe[Fe(CN)_6] \downarrow \text{（普鲁士蓝）}$$

② 加 KSCN，溶液变血红色。

$$Fe^{3+} + nSCN^- \longrightarrow [Fe(SCN)_n]^{3-n} \quad (n \leqslant 6)$$

Co^{2+}：加浓 KSCN，并用丙酮或戊醇萃取，溶液呈宝石蓝色。

$$Co^{2+} + 4SCN^- \longrightarrow [Co(SCN)_4]^{2-}$$

Ni^{2+}：在氨性介质中加入丁二酮肟，出现鲜红色沉淀。

$$Ni^{2+} + 2 \begin{array}{c} H_3C-C=N-OH \\ H_3C-C=N-OH \end{array} \longrightarrow \begin{array}{c} \text{二(丁二酮肟)合镍(II)} \end{array} + 2H^+$$

丁二酮肟　　　　　　二(丁二酮肟)合镍(Ⅱ)

【仪器和试剂】

仪器：试管，离心试管，离心机。

试剂：H_2SO_4（1mol·L^{-1}、6mol·L^{-1}），HCl（浓），NaOH（6mol·L^{-1}、2mol·L^{-1}），氨水（6mol·L^{-1}、浓），$CoCl_2$（0.1mol·L^{-1}），$(NH_4)_2Fe(SO_4)_2$（0.1mol·L^{-1}），$NiSO_4$（0.1mol·L^{-1}），KI（0.5mol·L^{-1}），$FeCl_3$（0.2mol·L^{-1}），H_2O_2（3%），$K_4[Fe(CN)_6]$（0.5mol·L^{-1}），KSCN（0.5mol·L^{-1}），氯水，碘水，四氯化碳，戊醇，乙醚，KSCN（s），碘化钾淀粉试纸，$(NH_4)_2Fe(SO_4)_2$（s）。

【实验步骤】

1. 铁（Ⅱ）、钴（Ⅱ）、镍（Ⅱ）的化合物的还原性

（1）铁（Ⅱ）的还原性

① 酸性介质：往盛有 5 滴氯水的试管中加入 2 滴 6mol·L^{-1}硫酸溶液，然后滴加硫酸亚铁铵的溶液 1～2 滴，观察现象，写出反应方程式。（如果现象不明显，可加 1 滴 KSCN 溶液，出现红色，证明有 Fe^{3+} 生成。）

② 碱性介质：在一个试管中放入 2mL 蒸馏水和 3 滴 6mol·L^{-1}硫酸溶液，煮沸，以赶尽溶于其中的空气，然后溶入少量硫酸亚铁铵的晶体（溶液表面若加 3～4 滴油以隔绝空气，效果更好）。在另一试管中加入 2mL 6mol·L^{-1}氢氧化钠溶液，煮沸（为什么？）。冷却后，用一个长滴管吸取氢氧化钠溶液，插入硫酸亚铁铵的溶液（直至试管底部）内，慢慢挤出滴管中的氢氧化钠溶液（整个操作都要避免空气带进溶液中，为什么？），观察产物颜色和状态。振荡后放置一段时间，观察又有何变化。写出反应方程式。产物留作下面实验用。

（2）钴（Ⅱ）的还原性

① 往盛有二氯化钴溶液的试管中加入氯水，观察有何变化。

② 在盛有 0.5mL 氯化钴溶液的试管中滴入稀氢氧化钠溶液，观察沉淀的生成。将所得沉淀分为两份，一份置于空气中，一份加入新配制的氯水，观察有何变化，加入氯水的留作下面实验用。

（3）镍（Ⅱ）的还原性

用硫酸镍溶液按（2）中①和②实验方法操作，观察现象，加入氯水的留作下面实验用。

2. 铁（Ⅲ）、钴（Ⅲ）、镍（Ⅲ）的化合物的氧化性

（1）在上面 1（1）、（2）和（3）实验保留下来的氢氧化铁（Ⅲ）、氢氧化钴（Ⅲ）和氢氧化镍（Ⅲ）沉淀中均加入浓盐酸，振荡后各有何变化，并用碘化钾淀粉试纸检验所放出的气体。

（2）在上述制得的三氯化铁溶液中注入碘化钾溶液，再注入四氯化碳，振荡后，观察现象，写出反应方程式。

综合上述实验所观察到的现象，总结+2 价氧化态的铁、钴、镍化合物的还原性和+3 价氧化态的铁、钴、镍化合物的氧化性的变化规律。

3．配合物的生成

（1）铁的配合物

① 往装有 1mL 亚铁氰化钾溶液的试管里，加入约 0.5mL 碘水，摇动试管后，滴入数滴硫酸亚铁铵的溶液，有什么现象发生。此为 Fe^{2+} 的鉴定反应。

② 向装有 1mL 新配制的硫酸亚铁铵溶液的试管里注入碘水，摇动试管后，将溶液分成两份，并各滴入数滴硫氰化钾溶液，然后向其中一支试管中注入约 0.5mL 3%H_2O_2 溶液，观察现象。此为 Fe^{3+} 的鉴定反应。

③ 往三氯化铁溶液中注入亚铁氰化钾溶液，观察现象，写出反应方程式。这也是鉴定 Fe^{3+} 的一种常用方法。

④ 往盛有 0.5mL 0.2mol·L^{-1} 三氯化铁的试管中，滴入浓氨水直至过量，观察沉淀是否溶解。

（2）钴的配合物

① 往盛有 1mL 氯化钴溶液的试管中加入少量的硫氰化钾固体，观察固体周围的颜色，再注入 0.5mL 戊醇和 0.5mL 乙醚，振荡后，观察水相和有机相的颜色，这个反应可用来鉴定钴（Ⅱ）离子。

② 往 0.5mL 氯化钴溶液中滴加浓氨水，至生成的沉淀刚好溶解为止，静置一段时间后，观察溶液的颜色有何变化。

（3）镍的配合物

往盛有 2mL 0.1mol·$L^{-1}$$NiSO_4$ 溶液中加入过量 6mol·L^{-1} 氨水，观察现象。静置片刻，再观察现象，写出离子反应方程式。把溶液分成四份：一份加 2mol·L^{-1}NaOH 溶液，一份加 1mol·$L^{-1}$$H_2SO_4$ 溶液，一份加水稀释，一份煮沸，观察有何变化。

根据实验结果比较 $[Co(NH_3)_6]^{2+}$ 配离子和 $[Ni(NH_3)_6]^{2+}$ 配离子氧化还原稳定性的相对大小及溶液稳定性。

【附注】

1．制备 $Fe(OH)_2$ 时，要细心操作，注意不能引入空气。

2．欲使 $Co(OH)_2$、$Ni(OH)_2$ 沉淀在浓氨水中完全溶解，最好加入少量的固体 NH_4Cl。

【思考题】

1．已知溶液中含有 Fe^{3+}、Co^{2+}、Ni^{2+}，用流程图将它们分离并鉴别出来。

2．在碱性介质中氯水能将 $Ni(OH)_2$ 氧化为 $Ni(OH)_3$，而在酸性介质中 $Ni(OH)_3$ 又能将 Cl^- 氧化为 Cl_2，两者是否矛盾，为什么？要求查不同介质中的标准电极电势值回答。

3．衣服上沾有铁锈时，常用草酸洗，试说明原因。

4．在 $CoCl_2$ 溶液中逐滴加入 NaOH 溶液时，为何刚开始有蓝色沉淀出现？

5．试解释：Fe^{3+} 能将 I^- 氧化成 I_2，而 $[Fe(CN)_6]^{3-}$ 则不能；$[Fe(CN)_6]^{4-}$ 能将 I_2 还原成 I^-，而 Fe^{2+} 不能。要求查标准电极电势值回答。

6．实验室的硅胶干燥剂常用来指示其吸湿程度，这是基于什么的性质？

实验 22　常见阳离子的分离与鉴定（一）

【实验目的】

1. 进一步巩固和掌握一些金属元素及其化合物的性质。
2. 了解常见阳离子混合物的分离和检出的方法。

【实验原理】

阳离子的种类较多，常见的有 28 种：Ag^+、K^+、Na^+、NH_4^+、Pb^{2+}、Mn^{2+}、Cu^{2+}、Cd^{2+}、Co^{2+}、Ni^{2+}、Zn^{2+}、Ba^{2+}、Mg^{2+}、Ca^{2+}、Sr^{2+}、Bi^{3+}、Al^{3+}、Cr^{3+}、Hg^{2+}、Hg_2^{2+}、Fe^{3+}、Fe^{2+}、As（Ⅲ、Ⅴ）、Sb（Ⅲ、Ⅴ）、Sn（Ⅱ、Ⅳ）。对这些离子的分离和鉴定是以各离子对试剂的不同反应为依据的。这种反应常伴有特殊的现象，如沉淀的生成或溶解、特征颜色的出现、气体的产生等等。各离子对试剂作用的相似性和差异性就构成了离子分离方法与检出方法的基础。也就是说，离子的基本性质是进行分离鉴定的基础。

此外，任何离子的分离、检出的反应只有在一定条件下才能进行。选择适当的条件如溶液的酸度、反应物的浓度、反应温度，可以使反应向期望的方向进行，为此，除了要熟悉离子的有关性质外，还要会运用酸碱、沉淀、氧化还原、配位等化学平衡的规律控制反应条件。这对于进一步了解离子分离条件和鉴定条件的选择会有很大的帮助。

在对阳离子混合液进行个别检出时，容易发生相互干扰，所以一般阳离子分析都是利用阳离子某些共同特性，先分成几组，然后再根据阳离子的个别特性加以检出。凡能使一组阳离子在适当的反应条件下生成沉淀而与其他组阳离子分离的试剂称为组试剂。利用不同的组试剂把阳离子逐组分离，再在组内进行检出的方法叫作阳离子的系统分析。在阳离子系统分离中，根据所用的组试剂不同，可以有很多种不同的分组方案。目前在阳离子的分离中，最常用的组试剂为 HCl、H_2SO_4、$NH_3 \cdot H_2O$、NaOH、$(NH_4)_2CO_3$、H_2S，利用这些组试剂与阳离子的反应及其差异性将离子分离。下面是阳离子与这些组试剂的作用情况。

1. 与 HCl 溶液的反应

Ag^+　　　　AgCl↓ 白色，溶于氨水

Hg_2^{2+} ⟶ Hg_2Cl_2↓ 白色，溶于浓 HNO_3 及 H_2SO_4

Pb^{2+}　　　　$PbCl_2$↓ 白色，溶于热水、NH_4Ac、NaOH

2. 与 H_2SO_4 溶液的反应

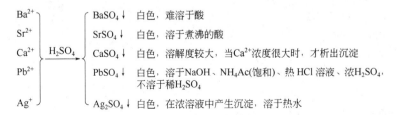

3. 与 NaOH 溶液的反应

Al^{3+}, Zn^{2+}, Pb^{2+}, Sb^{3+}, Sn^{2+} —过量NaOH→ AlO_2^- 或 $[Al(OH)_4]^-$；ZnO_2^{2-} 或 $[Zn(OH)_4]^{2-}$；PbO_2^{2-} 或 $[Pb(OH)_4]^{2-}$；SbO_2^-；SnO_2^{2-} 或 $[Sn(OH)_4]^{2-}$

$Cu^{2+} \xrightarrow[\triangle]{浓NaOH} Cu(OH)_4^{2-}$

4. 与 NH₃ 溶液的反应

Ag^+, Cu^{2+}, Cd^{2+}, Zn^{2+} —过量NH_3→ $Ag(NH_3)_2^+$；$Cu(NH_3)_4^{2+}$ 深蓝；$Cd(NH_3)_4^{2+}$；$Zn(NH_3)_4^{2+}$

5. 与 $(NH_4)_2CO_3$ 溶液的反应

Ag^+, Cu^{2+}, Cd^{2+}, Zn^{2+}, Mg^{2+}, Pb^{2+}, Hg^{2+}, Hg_2^{2+}, Bi^{3+}, Ca^{2+}, Sr^{2+}, Ba^{2+}, Al^{3+}, Sn^{2+}, Sn^{4+}, Sb^{3+} —$(NH_4)_2CO_3$（适量）→

- $Ag_2CO_3\downarrow$ 白色
- $Cu_2(OH)_2CO_3\downarrow$ 浅蓝
- $Cd_2(OH)_2CO_3\downarrow$ 白色
- $Zn_2(OH)_2CO_3\downarrow$ 白色
- $Mg_2(OH)_2CO_3\downarrow$ 白色
- $Pb_2(OH)_2CO_3\downarrow$ 白色
- $Hg_2(OH)_2CO_3\downarrow$ 白色
- $Hg_2CO_3\downarrow$ 白色 ⟶ $HgO\downarrow$（黄）+ $Hg\downarrow$（黑）+ $CO_2\uparrow$
- $(BiO)_2CO_3\downarrow$ 白色
- $CaCO_3\downarrow$ 白色
- $SrCO_3\downarrow$ 白色
- $BaCO_3\downarrow$ 白色
- $Al(OH)_3\downarrow$ 白色
- $Sn(OH)_2\downarrow$ 白色
- $Sn(OH)_4\downarrow$ 白色
- $Sb(OH)_3\downarrow$ 白色

Ag^+, Cu^{2+}, Cd^{2+}, Zn^{2+} —$(NH_4)_2CO_3$（过量）→ $Ag(NH_3)_2^+$ 无色；$Cu(NH_3)_4^{2+}$ 深蓝；$Cd(NH_3)_4^{2+}$ 无色；$Zn(NH_3)_4^{2+}$ 无色

6. 与 H_2S 或 $(NH_4)_2S$ 溶液的反应

Ag^+, Pb^{2+}, Cu^{2+}, Cd^{2+}, Bi^{3+}, Hg_2^{2+}, Hg^{2+}, Sb^{5+}, Sb^{3+}, Sn^{4+}, Sn^{2+} —0.3 mol·L^{-1} HCl，H_2S→

- $Ag_2S\downarrow$ 黑色
- $PbS\downarrow$ 黑色
- $CuS\downarrow$ 黑色
- $CdS\downarrow$ 亮黄色
- $Bi_2S_3\downarrow$ 黑色
- $HgS\downarrow + Hg\downarrow$ 黑色 ⎫
- $HgS\downarrow$ 黑色 ⎭ 溶于王水、Na_2S
- $Sb_2S_5\downarrow$ 橙色 ⎫
- $Sb_2S_3\downarrow$ 橙色 ⎬ 溶于浓HCl、NaOH、Na_2S
- $SnS_2\downarrow$ 黄色 ⎭
- $SnS\downarrow$ 褐色，溶于浓HCl、$(NH_4)_2S_x$，不溶于NaOH

$$\begin{matrix}Zn^{2+}\\Al^{3+}\end{matrix}\xrightarrow[NH_3\cdot H_2O,\ H_2S]{NH_4Cl}\begin{cases}ZnS\downarrow & 白色,溶于稀HCl,不溶于HAc溶液\\Al(OH)_3\downarrow & 白色,溶于强碱及稀HCl溶液\end{cases}$$

进行混合离子的分离与鉴定实验时,还应注意以下问题:

(1) 实验时离子试液的每次用量以 0.5~1mL 为宜。试液取多了,试剂用量大,又不易沉淀完全。

(2) 调节酸度或沉淀时,一定要将溶液混合均匀。

(3) 沉淀要完全,除了沉淀剂的量要取够外,还要针对沉淀的对象,控制沉淀条件。一是严格控制沉淀时的 pH 值,使该沉淀的全部沉淀,不该沉淀的留在溶液中;二是在加热条件下进行沉淀以避免胶体的形成。如发现上层溶液浑浊,与沉淀分离不清,可在沸水浴上加热 5min 以上,使胶体凝聚而沉降。

(4) 分离要彻底。要做到这一点,必须做好两个操作:沉淀与溶液的分离、沉淀的洗涤。分离后的离心液要透明,如浑浊,则需重新离心分离。

【仪器和试剂】

仪器:离心机。

试剂:HAc (6mol·L^{-1}、2mol·L^{-1}), HNO$_3$ (2mol·L^{-1}), H$_2$SO$_4$ (2mol·L^{-1}), NH$_3$·H$_2$O (2mol·L^{-1}), NaOH (6mol·L^{-1}), FeCl$_3$ (0.1mol·L^{-1}), CoCl$_2$ (0.1mol·L^{-1}), NiCl$_2$ (0.1mol·L^{-1}), MnCl$_2$ (0.1mol·L^{-1}), Al$_2$(SO$_4$)$_3$ (0.1mol·L^{-1}), CrCl$_3$ (0.1mol·L^{-1}), ZnCl$_2$ (0.1mol·L^{-1}), K$_4$[Fe(CN)$_6$] (0.1mol·L^{-1}), (NH$_4$)$_2$Hg(SCN)$_4$ (0.1mol·L^{-1}), KSCN (1mol·L^{-1}), NH$_4$Ac (2mol·L^{-1}), NH$_4$SCN (饱和溶液), Pb(Ac)$_2$ (0.5mol·L^{-1}), Na$_2$S (2mol·L^{-1}), NaBiO$_3$ (固体), NH$_4$F (固体), NH$_4$Cl (固体), H$_2$O$_2$ (3%), 丙酮, 丁二酮肟, 铝试剂。

材料:滤纸,纸条,火柴。

【实验步骤】

取 Fe^{3+}、Co^{2+}、Ni^{2+}、Mn^{2+} 试液各 4 滴,Al^{3+}、Cr^{3+}、Zn^{2+} 试液各 5 滴,加到离心管中,混合均匀后,按图 4-1 进行分离与鉴定。

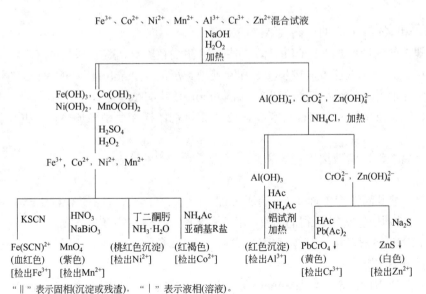

"‖" 表示固相(沉淀或残渣),"|" 表示液相(溶液)。

图 4-1 分离和检出步骤

1. Fe^{3+}、Co^{2+}、Ni^{2+}、Mn^{2+} 与 Al^{3+}、Cr^{3+}、Zn^{2+} 的分离

往混合液中加入 $6mol \cdot L^{-1}$ NaOH 溶液至强碱性后，再多加 5 滴 NaOH 溶液。然后逐滴加 3% 的 H_2O_2 溶液，每加 1 滴 H_2O_2，即用玻璃棒搅拌。加完后继续搅拌 3min，加热使过量的 H_2O_2 完全分解，至不再产生气泡为止。离心分离，把清液移到另一支离心管中，按步骤 7 处理。沉淀用热水洗一次，离心分离，弃去洗涤液。

2. 沉淀的溶解

往步骤 1 所得的沉淀上加 10 滴 $2mol \cdot L^{-1}$ H_2SO_4 和 2 滴 3% H_2O_2 溶液，搅拌后，放在水浴上加热至沉淀全部溶解、H_2O_2 全部分解为止，把溶液冷却至室温，进行以下实验。

3. Mn^{2+} 的检出

取 1 滴步骤 2 所得的溶液，加 3 滴蒸馏水和 3 滴 $2mol \cdot L^{-1}$ HNO_3 及一小勺 $NaBiO_3$ 固体搅拌，溶液变为紫色，表示有 Mn^{2+}。

4. Fe^{3+} 的检出

方法一：取 1 滴步骤 2 所得的溶液加到点滴板穴中，加 1 滴 $0.1mol \cdot L^{-1}$ $K_4[Fe(CN)_6]$ 溶液，如产生蓝色沉淀，表示有 Fe^{3+}。

方法二：取 1 滴步骤 2 所得的溶液加到点滴板穴中，加 1 滴 $1mol \cdot L^{-1}$ KSCN 溶液，溶液呈血红色，表示有 Fe^{3+}。

5. Co^{2+} 的检出

方法一：在试管中加 3 滴步骤 2 所得的溶液和 1 滴 $2mol \cdot L^{-1}$ NH_4Ac 溶液，再加 1 滴亚硝基 R 盐溶液。溶液呈红褐色，表示有 Co^{2+}。

方法二：在试管中加 3 滴步骤 2 所得的溶液和少量 NH_4F 固体，再加入等体积的丙酮，然后加入饱和 NH_4SCN 溶液。溶液呈蓝色，表示有 Co^{2+}。

6. Ni^{2+} 的检出

在离心管中加几滴步骤 2 所得的溶液，并加 $2mol \cdot L^{-1}$ $NH_3 \cdot H_2O$ 至溶液呈碱性，如果有沉淀产生，还要离心分离，然后往上层清液中加 1~2 滴丁二酮肟，产生桃红色沉淀，则表示有 Ni^{2+}。

7. Al^{3+} 和 Zn^{2+}、Cr^{3+} 的分离及 Al^{3+} 的检出

往步骤 1 的清液内加 NH_4Cl 固体，加热，产生白色絮状沉淀，即是 $Al(OH)_3$。离心分离，将清液转移到另一支试管中，按步骤 8 和 9 处理。沉淀用 $2mol \cdot L^{-1}$ $NH_3 \cdot H_2O$ 洗涤 1 次，离心分离，洗涤液并入清液，在沉淀上加 4 滴 $6mol \cdot L^{-1}$ HAc 溶液，加热使沉淀溶解，再加 2 滴蒸馏水、2 滴 $2mol \cdot L^{-1}$ NH_4Ac 溶液和 2 滴铝试剂，搅拌后稍微加热，产生红色沉淀，则表示有 Al^{3+}。

离心分离沉淀，清液按步骤 8 和 9 进行 Zn^{2+} 和 Cr^{3+} 的鉴定。

8. Zn^{2+} 的检出

方法一：取几滴步骤 7 的清液，滴加 $2mol \cdot L^{-1}$ Na_2S 溶液，有白色沉淀生产，表示有 Zn^{2+}。

方法二：取几滴步骤 7 所得的清液，用 $2mol \cdot L^{-1}$ HAc 溶液酸化，再加等体积的 $0.1mol \cdot L^{-1}$ $(NH_4)_2Hg(SCN)_4$ 溶液，用玻璃棒摩擦试管内壁，有白色沉淀生成。表示有 Zn^{2+}。

9. Cr^{3+} 的检出

在步骤 7 所得的清液中，加 $6mol \cdot L^{-1}$ HAc 溶液酸化，再加 2 滴 $0.5mol \cdot L^{-1}$ $Pb(Ac)_2$ 溶液，产生黄色沉淀，则表示溶液中有 CrO_4^{2-}，即原始溶液中有 Cr^{3+}。

【附注】

1. 在"Fe^{3+}、Co^{2+}、Ni^{2+}、Mn^{2+} 与 Al^{3+}、Cr^{3+}、Zn^{2+}的分离"实验及后续的"沉淀的溶解"中，一定要加热使过量的 H_2O_2 全部分解，否则影响后续实验。

2. 用丁二酮肟检出 Ni^{2+} 时，由于 Co^{2+} 浓度过大，或 Co^{2+} 与 Fe^{3+} 同时存在时，会与试剂生成棕色或红棕色的沉淀，Mn^{2+} 在碱性介质中也与试剂生成沉淀且颜色逐渐加深，影响 Ni^{2+} 的检出。所以在加丁二酮肟之前，要加入 $NH_3 \cdot H_2O$，使 Fe^{3+}、Mn^{2+} 等离子沉淀。但如果 $NH_3 \cdot H_2O$ 浓度过大，又会有利于生成$[Ni(NH_3)_6]^{2+}$，从而使检出反应的灵敏度受到影响。

【思考题】

1. 在使 $Fe(OH)_3$、$Co(OH)_3$、$Ni(OH)_2$、$MnO(OH)_2$ 等沉淀溶解时，除加 H_2SO_4 外，为什么还要加 H_2O_2？在这里起的作用与生成沉淀时起的作用是否一样？过量的 H_2O_2 为什么也要分解？

2. 分离 $Al(OH)_4^-$、CrO_4^{2-}、$Zn(OH)_4^{2-}$ 时，为什么要加入 NH_4Cl？

实验 23　常见阳离子的分离与鉴定（二）

【实验目的】

1. 学习混合离子分离的方法，进一步巩固离子鉴定的条件及方法。
2. 熟练常见离子 Ag^+、Pb^{2+}、Hg^{2+}、Cu^{2+}、Bi^{3+}、Zn^{2+} 的化学性质。

【实验原理】

在阳离子混合液的分离与鉴定中，若混合溶液中的各组分对鉴定不产生干扰，便可以利用特效反应直接鉴定某种离子。但在实际鉴定中，相互干扰的情况较多，很少能采用分别分析法。所以，一般阳离子混合液的分析都是利用阳离子的共同特性（由于元素在周期表中的位置使相邻元素在化学性质上表现出相似性），先分成几组，然后再根据阳离子的个别特性加以检出。在这里，能使一组阳离子在适当的反应条件下生成沉淀而与其他组阳离子分离的试剂称为组试剂。利用不同的组试剂把阳离子逐组分离，再进行检出的方法叫阳离子系统分析法。用系统分析法分析阳离子时，先按照一定的顺序加入组试剂，将离子逐组地沉淀出来。每组分出后，继续进行组内的分离，直到彼此不再干扰鉴定为止。常用的组试剂有 HCl、H_2SO_4、$NH_3 \cdot H_2O$、NaOH、$(NH_4)_2CO_3$ 及 $(NH_4)_2S$ 溶液等。在分析实际样品时，不一定每组离子都有，当发现某组离子整组不存在时，这一组离子的分析就可以省去，从而大大简化了分析手续。

【仪器和试剂】

仪器：离心机，坩埚，水浴锅。

试剂：HCl（浓、$6mol \cdot L^{-1}$、$2mol \cdot L^{-1}$、$1mol \cdot L^{-1}$），HAc（$6mol \cdot L^{-1}$、$2mol \cdot L^{-1}$），HNO_3（浓、$6mol \cdot L^{-1}$），H_2SO_4（浓），$NH_3 \cdot H_2O$（浓、$6mol \cdot L^{-1}$、$2mol \cdot L^{-1}$），NaOH（$6mol \cdot L^{-1}$），$AgNO_3$（$0.1mol \cdot L^{-1}$），$Pb(NO_3)_2$（$0.1mol \cdot L^{-1}$），$Hg(NO_3)_2$（$0.1mol \cdot L^{-1}$），$CuSO_4$（$0.1mol \cdot L^{-1}$），

$Bi(NO_3)_3$（0.1mol·L^{-1}），$Zn(NO_3)_2$（0.1mol·L^{-1}），$K_4[Fe(CN)_6]$（0.1mol·L^{-1}），NH_4NO_3（1mol·L^{-1}），$(NH_4)_2[Hg(SCN)_4]$（0.1mol·L^{-1}），K_2CrO_4（2mol·L^{-1}、1mol·L^{-1}），$SnCl_2$（0.5mol·L^{-1}），NH_4Ac（3mol·L^{-1}），硫代乙酰胺（TAA、5%），醋酸铅试纸。

【实验步骤】

取 Ag^+ 试液 2 滴和 Pb^{2+}、Hg^{2+}、Cu^{2+}、Bi^{3+}、Zn^{2+} 试液各 5 滴，加到离心管中，混合均匀，按图 4-2 进行分离和鉴定。

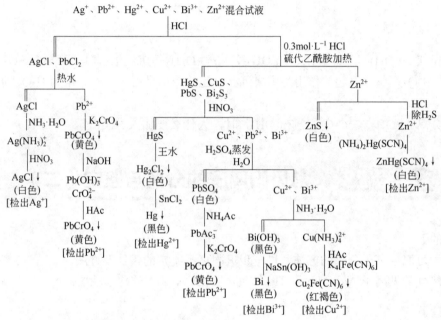

"‖" 表示固相（沉淀或残渣），"｜" 表示液相（溶液）。

图 4-2 分离和检出步骤

1. Ag^+ 和 Pb^{2+} 的沉淀

在试液中加 1 滴 6mol·L^{-1} HCl，剧烈搅拌，有沉淀生成时再滴加 HCl 溶液至沉淀完全，然后多加 1 滴，搅拌片刻，离心分离，把清液转移至另一支离心管中，按步骤 4 处理。沉淀用 1mol·L^{-1} HCl 洗涤，洗涤液并入上面的清液。

2. Pb^{2+} 的分离和鉴定

在步骤 1 的沉淀上加 1mL 蒸馏水，然后水浴加热 2min，并不时搅拌，趁热离心分离，立即将清液移到另一离心管中，沉淀按步骤 3 处理。

往清液中加 1 滴 2mol·L^{-1} HAc 和 1 滴 2mol·L^{-1} K_2CrO_4 溶液，生成黄色沉淀，表示有 Pb^{2+}。把沉淀溶于 6mol·L^{-1} NaOH 溶液中，然后用 6mol·L^{-1} HAc 酸化，又会析出黄色沉淀，可以进一步证明有 Pb^{2+}。

3. Ag^+ 的鉴定

用 1mL 蒸馏水加热洗涤步骤 2 所得的沉淀，离心分离，弃去清液。往沉淀中加入 2mol·L^{-1} $NH_3·H_2O$ 溶液，搅拌使其溶解，如果溶液浑浊，可再进行离心分离，不溶物并入步骤 4 处理，在所得清液中加 6mol·L^{-1} HNO_3 酸化，有白色沉淀生成，表示有 Ag^+。

4. Pb^{2+}、Hg^{2+}、Cu^{2+}、Bi^{3+}的沉淀

往步骤 1 的清液中滴加 $6mol \cdot L^{-1}$ $NH_3 \cdot H_2O$ 溶液至显碱性，然后慢慢滴加 $2mol \cdot L^{-1}$ HCl，调节溶液至近中性，再加 $2mol \cdot L^{-1}$ HCl（体积为原溶液的 1/6），此时溶液的酸度约为 $0.3mol \cdot L^{-1}$。加入 5%硫代乙酰胺溶液 10~12 滴，置于水浴中加热 5min，并不时搅拌，再加 1mL 蒸馏水稀释，加热 3min，搅拌，冷却，离心分离，然后加 1 滴硫代乙酰胺溶液检验沉淀是否完全。离心分离，清液中含有 Zn^{2+}，按步骤 11 处理。沉淀用 1 滴 $1mol \cdot L^{-1}$ NH_4NO_3 溶液和 10 滴蒸馏水洗涤 3 次，弃去洗涤液，沉淀按步骤 5 处理。

5. Hg^{2+}的分离

在步骤 4 的沉淀上滴加 10 滴 $6mol \cdot L^{-1}$ HNO_3 溶液，置于水浴中加热数分钟，搅拌，使 PbS、CuS、Bi_2S_3 沉淀溶解后，溶液移到坩埚中按步骤 7 处理，不溶残渣用蒸馏水洗涤 3 次，第一次洗涤液合并到坩埚中，沉淀按步骤 6 处理。

6. Hg^{2+}的鉴定

在步骤 5 的残渣上滴加 3 滴浓 HCl 和 1 滴浓 HNO_3，使沉淀溶解后，再继续加热，使王水分解，以赶尽氯气（此操作须在通风橱中进行！）。溶液用几滴蒸馏水稀释，然后逐滴加入 $0.5mol \cdot L^{-1}$ $SnCl_2$ 溶液，产生白色沉淀，并逐渐变黑，表示有 Hg^{2+}。

7. Pb^{2+}的分离和鉴定

在步骤 5 的坩埚中加 3 滴浓 H_2SO_4，放在石棉上小火加热，直到冒出刺激性白烟（SO_3）为止（此操作须在通风橱中进行！），切勿将 H_2SO_4 蒸干！冷却后，加 10 滴蒸馏水，用干净的滴管将坩埚中的浑浊液吸入离心管中，放置后析出白色沉淀，表示有 Pb^{2+}。离心分离，把清液转移到另一支离心管中，按步骤 9 处理。

8. Pb^{2+}的证实

在步骤 7 的沉淀上滴加 10 滴 $3mol \cdot L^{-1}$ NH_4Ac 溶液，水浴加热并搅拌，如果溶液浑浊，还要进行离心分离，把清液加到另一支离心管中，再加 1 滴 $2mol \cdot L^{-1}$ HAc 溶液和 1 滴 $2mol \cdot L^{-1}$ K_2CrO_4 溶液，产生黄色沉淀，表示有 Pb^{2+}。

9. Bi^{3+}的分离和鉴定

在步骤 7 的清液中加浓 $NH_3 \cdot H_2O$ 至显碱性，并加入过量的 $NH_3 \cdot H_2O$（能嗅到氨味），产生白色沉淀，表示有 Bi^{3+}。溶液为蓝色，表示有 Cu^{2+}。

离心分离，把清液移到另一支离心管中，按步骤 10 处理。沉淀用蒸馏水洗 3 次，弃去洗涤液，往沉淀上加少量新配制的亚锡酸钠溶液，立即变黑，表示有 Bi^{3+}。

10. Cu^{2+}的鉴定

将步骤 9 的清液用 $6mol \cdot L^{-1}$ HAc 酸化，再滴加 2 滴 $0.1mol \cdot L^{-1}$ $K_4[Fe(CN)_6]$溶液，产生红褐色沉淀，表示有 Cu^{2+}。

11. Zn^{2+}的鉴定和证实

在步骤 4 的溶液内加 $6mol \cdot L^{-1}$ $NH_3 \cdot H_2O$ 溶液，调节 pH 值为 3~4。再加 1 滴硫代乙酰胺溶液，在水浴中加热，有白色沉淀生成，表示有 Zn^{2+}。

如果沉淀不白，可把它溶解在 HCl（2 滴 $2mol \cdot L^{-1}$ HCl 加 8 滴蒸馏水）中，然后把清液移到坩埚中，加热除去 H_2S，再把清液加到试管中，加等体积的$(NH_4)_2[Hg(SCN)_4]$溶液，用玻璃棒摩擦试管内壁，生成白色沉淀 $Zn[Hg(SCN)_4]$，证明有 Zn^{2+}。

【附注】

1. 由于硫代乙酰胺能在酸性溶液中水解生成 H_2S，因此可以代替 H_2S；在碱性溶液中生成 HS^-，因此可以代替 $(NH_4)_2S$。用硫代乙酰胺作沉淀剂时，其用量应当过量，且在沸水浴中加热时间应该足够长，以促进硫代乙酰胺的水解，保证硫化物沉淀完全。

2. 当溶液酸度不够时会引起 Bi^{3+} 的水解，生成 $BiOCl$ 或 $(BiO)_2SO_4$，从而造成 Bi^{3+} 的漏检。

3. 本实验中如果分离条件控制得不好，Pb^{2+} 的检出就会较为困难，Pb^{2+} 可能分至三处，而每一处的现象都不是很明显。Pb^{2+} 可能分在：

①HCl 组：部分溶于去离子水中，还有部分可能与 AgCl 一起留在沉淀中；②H_2S 组；③$(NH_4)_2S$ 组：由于 PbS 沉淀不完全而与 Zn^{2+} 一起留在溶液中。因此，在 HCl 组检不出 Pb^{2+}，并不能肯定溶液中没有 Pb^{2+}，而应在后续步骤中检出。

【思考题】

1. 用硫代乙酰胺从离子混合试液中沉淀 Pb^{2+}、Hg^{2+}、Cu^{2+}、Bi^{3+} 等离子时，为什么要控制溶液的酸度为 $0.3mol \cdot L^{-1}$？酸度太高或太低对分离有何影响？控制酸度为什么要用 HCl 溶液，而不用 HNO_3 溶液？在沉淀过程中，为什么还要加水稀释溶液？

2. 洗涤 CuS、HgS、Bi_2S_3、PbS 沉淀时，为什么要加 1 滴 NH_4NO_3 溶液？如果沉淀没有洗净而还沾有 Cl^- 时，对 HgS 硫化物的分离有何影响？

3. 当 HgS 溶于王水后，为什么要继续加热使剩余的王水分解？不分解干净对后续实验有何影响？

4. 在分离鉴定时，如果坩埚内溶液被蒸干，对分离有何影响？

实验24　常见非金属阴离子的分离与鉴定

视频

【实验目的】

1. 熟悉一些常见阴离子的性质并掌握其鉴定反应。
2. 了解阴离子分离与鉴定的一般原则，掌握常见阴离子分离与鉴定的原理和方法。

【实验原理】

许多非金属元素可以形成简单的或复杂的阴离子，例如 S^{2-}、Cl^-、NO_3^- 和 SO_4^{2-} 等；许多金属元素也可以以复杂阴离子的形式存在，例如 VO_3^-、CrO_4^{2-} 等。所以，阴离子的总数很多。常见的阴离子有 SO_4^{2-}、PO_4^{3-}、CO_3^{2-}、SO_3^{2-}、$S_2O_3^{2-}$、S^{2-}、Cl^-、Br^-、I^-、NO_2^-、NO_3^- 等十几种。

许多阴离子只在碱性溶液中存在或共存，一旦溶液被酸化，它们就会分解或相互间发生反应。酸性条件下易分解的有 CO_3^{2-}、SO_3^{2-}、$S_2O_3^{2-}$、S^{2-}、NO_2^-；酸性条件下有氧化性的离子 NO_3^-、NO_2^-、SO_3^{2-} 可与还原性离子 I^-、SO_3^{2-}、$S_2O_3^{2-}$、S^{2-} 发生氧化还原反应。还有些离子易被空气氧化，例如 NO_2^-、SO_3^{2-}、S^{2-} 易被空气氧化成 NO_3^-、SO_4^{2-} 和 S。因此，实际上许多种阴离子共存的机会较少。

在阴离子的分析中,由于阴离子间的相互干扰较少,许多种离子共存的机会也较少,因此大多数阴离子分析一般都采用分别分析法,如体系 NO_3^-、SO_4^{2-}、Cl^-、CO_3^{2-}。只有在鉴定时,当某些阴离子发生相互干扰的情况下,才适当采取分离手段,即系统分析法,如 SO_3^{2-}、$S_2O_3^{2-}$、S^{2-}、Cl^-、Br^-、I^-等。分别分析法并不是要针对所研究的全部离子逐一进行检验,而是先通过初步实验,用消去法排除肯定不存在的阴离子,然后对可能存在的阴离子逐个加以确定。

阴离子初步性质实验包括以下内容:

1. 酸碱性实验——测定阴离子钠盐溶液的 pH 值

阴离子试液一般呈中性或碱性。若阴离子试液呈强酸性,则易被分解的 CO_3^{2-}、SO_3^{2-}、NO_2^-等不存在,NO_2^- 和 S^{2-}、I^-不能共存。

2. 挥发性实验—— CO_3^{2-}、SO_3^{2-}、$S_2O_3^{2-}$、S^{2-}、NO_2^-

在适当较高浓度的阴离子溶液中加入稀硫酸或盐酸,有气泡产生,表示可能存在 CO_3^{2-}、SO_3^{2-}、$S_2O_3^{2-}$、S^{2-}、NO_2^-等离子。根据气泡的性质,可以初步判断试液含有哪些离子。

① CO_2:无色、无味气体,可使 $Ba(OH)_2$ 溶液变浑,可能含有 CO_3^{2-}。

② SO_2:有刺激性气味,能使 $K_2Cr_2O_7$ 溶液变为绿色,可能有 SO_3^{2-} 或 $S_2O_3^{2-}$。

③ H_2S:臭鸡蛋味,并使湿润的 $Pb(Ac)_2$ 试纸变黑,可能有 S^{2-}。

④ NO_2:红棕色气体,能使 KI 析出 I_2,可能含有 NO_2^-。

⑤ SO_2 和 S:溶液变乳白色浑浊,放置变黄,这是 $S_2O_3^{2-}$ 的一个重要特征。但 S_x^{2-} 存在干扰。

注意:若试样为液体,虽含有上述阴离子,但加酸后不一定有气泡产生。

3. 氧化性阴离子实验—— NO_2^-

在酸化的试液中加 KI 溶液和 CCl_4,若振荡后 CCl_4 层显紫色,则有氧化性阴离子存在,如 NO_2^-。

4. 还原性阴离子实验—— S^{2-}、SO_3^{2-}、$S_2O_3^{2-}$、I^-、NO_2^-、Br^-

① 试样用硫酸酸化,滴加 1~2 滴 $KMnO_4$ 溶液,褪色,则上述 6 种阴离子存在。

② 试样用硫酸酸化,滴加 I_2+淀粉溶液,褪色,则 S^{2-}、SO_3^{2-}、$S_2O_3^{2-}$ 存在。

③ 试样用硫酸酸化,滴加氯水和 CCl_4,CCl_4 层呈紫红色,则 I^-存在。

5. 分组实验——难溶盐分组

① $BaCl_2$ 组阴离子—— CO_3^{2-}、SO_4^{2-}、SO_3^{2-}、$S_2O_3^{2-}$、PO_4^{3-}

在中性或弱碱性条件下,于阴离子试液中加入 $BaCl_2$ 溶液,有沉淀生成,则 CO_3^{2-}、SO_4^{2-}、SO_3^{2-}、PO_4^{3-} 可能存在,$S_2O_3^{2-}$ 浓度较高(4.5g·L^{-1})时才有沉淀。若加入数滴稀盐酸,观察沉淀是否溶解。若沉淀不溶解,则表示 SO_4^{2-} 存在。

② $AgNO_3$ 组阴离子—— Cl^-、Br^-、I^-、S^{2-}、$S_2O_3^{2-}$

在试液中加入 $AgNO_3$ 溶液,观察有无沉淀产生。若有沉淀生成,观察沉淀颜色,并继续加入稀 HNO_3 酸化,若沉淀不溶解,表示可能有 Cl^-、Br^-、I^-、S^{2-}、$S_2O_3^{2-}$ 等离子存在。

经过初步实验后,可以对试液中可能存在的阴离子作出判断,见表 4-5,然后根据阴离子特性反应作出鉴定。

表 4-5 阴离子初步实验检验结果

阴离子	试剂					
	稀 H_2SO_4	$BaCl_2$（中性或弱碱性）	$AgNO_3$（稀 HNO_3）	I_2-淀粉（稀 H_2SO_4）	$KMnO_4$（稀 H_2SO_4）	KI-淀粉（稀 H_2SO_4）
Cl^-			白色沉淀		褪色①	
Br^-			淡黄色沉淀		褪色	
I^-			黄色沉淀		褪色	
NO_3^-						
NO_2^-	气体				褪色	变蓝
SO_4^{2-}		白色沉淀				
SO_3^{2-}	气体	白色沉淀		褪色	褪色	
$S_2O_3^{2-}$	气体	白色沉淀②	溶液或沉淀③	褪色	褪色	
S^{2-}	气体		黑色沉淀		褪色	褪色
PO_4^{3-}		白色沉淀				
CO_3^{2-}	气体	白色沉淀				

① 当溶液中 Cl^- 浓度大、溶液酸性强，$KMnO_4$ 才褪色。
② $S_2O_3^{2-}$ 的量大时生成 BaS_2O_3 白色沉淀。
③ $S_2O_3^{2-}$ 的量大时生成 $[Ag(S_2O_3)_2]^{3-}$ 无水溶液，$S_2O_3^{2-}$ 与 Ag^+ 的量适中时生成 $Ag_2S_2O_3$ 白色沉淀，并很快分解，颜色由白→黄→棕→黑，最后产物为 Ag_2S。

【仪器和试剂】

仪器：试管，离心管，点滴板，离心机，$Pb(Ac)_2$ 试纸，玻璃棒。

试剂：Na_2S（0.1mol·L^{-1}），Na_2SO_3（0.1mol·L^{-1}），$Na_2S_2O_3$（0.1mol·L^{-1}），Na_3PO_4（0.1mol·L^{-1}），NaCl（0.1mol·L^{-1}），NaBr（0.1mol·L^{-1}），NaI（0.1mol·L^{-1}），$NaNO_3$（0.1mol·L^{-1}），Na_2CO_3（0.1mol·L^{-1}），$NaNO_2$（0.1mol·L^{-1}），$(NH_4)_2MoO_4$（0.1mol·L^{-1}），$BaCl_2$（0.1mol·L^{-1}），$KMnO_4$（0.01mol·L^{-1}），$ZnSO_4$（饱和），$K_4[Fe(CN)_6]$（0.5mol·L^{-1}），$AgNO_3$（0.1mol·L^{-1}），H_2SO_4（浓、1mol·L^{-1}、6mol·L^{-1}），HNO_3（6mol·L^{-1}），HCl（6mol·L^{-1}），NaOH（2mol·L^{-1}），$Ba(OH)_2$（饱和、氨水）或新配制的石灰水，$NH_3·H_2O$（2mol·L^{-1}、6mol·L^{-1}），H_2O_2（3%），氯水，CCl_4，对氨基苯磺酸（1%），α-萘胺（0.4%），亚硝酰铁氰化钠（9%、1%），硫酸亚铁（固体），$PbCO_3$（固体），锌粉。

【实验步骤】

1. 常见阴离子的鉴定

（1）CO_3^{2-} 的鉴定

取试液 10 滴放入试管中，用 pH 试纸测定其 pH 值，然后加 5 滴 6mol·L^{-1} HCl 溶液，并立即将事先沾有一滴新配制的石灰水或 $Ba(OH)_2$ 溶液的玻璃棒置于试管口上，仔细观察，如玻璃棒上溶液马上变为浑浊（白色），结合溶液的 pH，可以判断有 CO_3^{2-} 存在。

（2）NO_3^- 的鉴定

取 2 滴试液于点滴板上，在溶液的中央放一小粒 $FeSO_4$ 晶体，然后在晶体上加 1 滴浓硫酸，如结晶周围有棕色出现，表示有 NO_3^- 存在。

（3）NO_2^- 的鉴定

取 2 滴试液于点滴板上，加 1 滴 2mol·L^{-1} HAc 溶液酸化，再加对氨基苯磺酸和 α-萘胺各 1 滴，如有玫瑰红色出现，表示有 NO_2^- 存在。

（4） SO_4^{2-} 的鉴定

取 5 滴试液于试管中，加 3 滴 6mol·L^{-1} HCl 溶液酸化后，加入 1 滴 0.1mol·L^{-1} $BaCl_2$ 溶液，如有白色沉淀，表示有 SO_4^{2-} 存在。

（5） SO_3^{2-} 的鉴定

在盛有 5 滴试液的试管中，加入 2 滴 1mol·L^{-1} 硫酸，迅速加入 1 滴 0.01mol·L^{-1} $KMnO_4$ 溶液，如紫色褪去，表示有 SO_3^{2-} 存在。

（6） $S_2O_3^{2-}$ 的鉴定

取试液 3 滴于试管中，加入 10 滴 0.1mol·L^{-1} $AgNO_3$ 溶液，摇动，如有白色沉淀迅速变棕变黑，表示有 $S_2O_3^{2-}$ 存在。

（7） PO_4^{3-} 的鉴定

取 3 滴试液于离心管中，加 5 滴 6mol·L^{-1} HNO_3 液，再加 8～10 滴$(NH_4)_2MoO_4$ 试剂，温热之，如有黄色沉淀生成，表示有 PO_4^{3-} 存在。

（8） S^{2-} 的鉴定

取 1 滴试液于离心试管中，加 1 滴 2mol·L^{-1} NaOH 溶液碱化，再加 1 滴亚硝酰铁氰化钠试剂，如溶液变成紫色，表示有 S^{2-} 存在。

（9） Cl^- 的鉴定

取 3 滴试液于离心管中，加入 1 滴 6mol·L^{-1} HNO_3 溶液酸化，再滴加 0.1mol·L^{-1} $AgNO_3$ 溶液，如有白色沉淀产生，初步说明可能试液中有 Cl^- 存在。将离心管置于水浴上微热，离心分离，弃去清液，于沉淀上加入 3～5 滴 6mol·L^{-1} 氨水，用细玻璃棒搅拌，沉淀立即溶解，再加入 5 滴 6mol·L^{-1} HNO_3 酸化，如重新生成白色沉淀，表示有 Cl^- 存在。

（10） I^- 的鉴定

取 5 滴试液于离心管中，加入 2 滴 2mol·L^{-1} H_2SO_4 及 3 滴 CCl_4，然后逐滴加入氯水，并不断振荡离心管，如 CCl_4 层呈现紫红色（I_2），然后褪至无色（IO_3^-），表示有 I^- 存在。

（11） Br^- 的鉴定

取 5 滴试液于离心管中，加 3 滴 2mol·L^{-1} H_2SO_4 溶液及 2 滴 CCl_4，然后逐滴加入 5 滴氯水并振荡试管，如 CCl_4 层出现黄色或橙红色，表示有 Br^- 存在。

2. 常见干扰性阴离子共同存在时的分离和鉴定

（1） S^{2-}、SO_3^{2-}、$S_2O_3^{2-}$ 混合液的分离鉴定

① S^{2-} 的检出。取 1 滴试液于点滴板上，加 1 滴 $Na_2[Fe(CN)_5NO]$ 溶液，显示特殊的红紫色，表示有 S^{2-}。

② 除去 S^{2-}。由于 S^{2-} 对其他阴离子有干扰必须除去。取 10 滴试液于离心管中，加少量 $PbCO_3$ 固体，充分搅拌后，离心分离，弃去沉淀。取清液 1 滴用 $Na_2[Fe(CN)_5NO]$ 溶液检验 S^{2-} 是否除尽。

③ $S_2O_3^{2-}$ 的检出。取 1 滴除去 S^{2-} 的试液于点滴板上，加几滴 0.1mol·L^{-1} $AgNO_3$，生成白色沉淀，颜色逐渐由白→黄→棕→黑，表示有 $S_2O_3^{2-}$。

④ SO_3^{2-} 的检出。在点滴板上滴入 2 滴饱和 $ZnSO_4$ 溶液，然后加 1 滴 $K_4[Fe(CN)_6]$溶液和 1 滴 1% $Na_2[Fe(CN)_5NO]$溶液，并用 2mol·L^{-1} $NH_3·H_2O$ 将溶液调至中性，再滴加 1 滴除去

S^{2-} 后剩余的试液，若出现红色沉淀，表示有 SO_3^{2-}。

（2）Cl^-、Br^-、I^- 混合液的分离鉴定

① $AgCl$、$AgBr$、AgI 沉淀。取 1mL 含 Cl^-、Br^-、I^- 的混合液于离心试管中，加 2 滴 $6mol \cdot L^{-1}$ HNO_3 酸化，再加 $0.1mol \cdot L^{-1}$ $AgNO_3$ 至沉淀完全，在水浴中加热 2min，使卤化银凝聚沉降。离心分离，弃去溶液，再用去离子水将沉淀洗涤 2 次，弃去洗涤液。

② Cl^- 的分离和检出。在沉淀上加 1mL $2mol \cdot L^{-1}$ $NH_3 \cdot H_2O$。搅拌 1min，离心分离。清液用 $6mol \cdot L^{-1}$ HNO_3 酸化，若有白色浑浊生成，表示有 Cl^-。沉淀用水洗涤 2 次，弃去洗涤液。

③ Br^-、I^- 的溶解与检出。在上一步的沉淀中加 5 滴去离子水和少量锌粉，充分搅拌，再加入 3 滴 $1mol \cdot L^{-1}$ H_2SO_4，离心分离，弃去沉淀。溶液做检出 Br^-、I^- 用。

在得到的清液中加入 10 滴 CCl_4，再逐滴加入氯水，并不断振荡离心管，如 CCl_4 层呈现紫红色，表示有 I^- 存在。继续滴加氯水，振荡，CCl_4 层紫红褪去，出现橘黄色又转变成黄色，表示有 Br^- 存在。

【附注】

1．为避免由于试剂、蒸馏水、容器、反应条件、操作方法等因素引起的误检和漏检现象，应进行空白实验和对照实验。

2．在鉴别的过程中，注意观察颜色的变化过程。

3．对实验结果进行综合分析，若最后结果与初步实验有矛盾时，必须再做必要的重复实验或用多种方法加以验证。

4．有沉淀生成并且还要进行下一步处理的，要进行离心分离；每次离心分离后要对沉淀进行洗涤。

【思考题】

1．某阴离子未知液经初步实验，其结果如下：①试液呈酸性；②加入 $BaCl_2$ 溶液，无沉淀；③加入 $AgNO_3$ 溶液，产生黄色沉淀，再加 HNO_3 沉淀不溶；④试液使 $KMnO_4$ 紫色褪去，加淀粉-KI 溶液，蓝色不褪；⑤与 KI 不反应。由以上初步实验结果，推测哪些阴离子可能存在，说明原因并拟出进一步证实的步骤。

2．现有 5 瓶无色试剂，可能是 $AgNO_3$、$Na_2S_2O_3$、$NaNO_2$、KI 和稀 H_2SO_4，是否能不用其他试剂，利用它们之间的反应分别把它们鉴别出来？

3．写出分离并鉴定含有 I^-、CO_3^{2-}、SO_4^{2-}、PO_4^{3-} 的混合离子的流程图。

4．在一份含有若干阴离子的无色溶液中，加入 $AgNO_3$ 产生白色沉淀，加入 $NH_3 \cdot H_2O$ 仍留有白色沉淀，试推断可能含有哪些阴离子？

5．已证实某试样易溶于水并含有 Ba^{2+}，在以下阴离子 NO_3^-、Cl^-、SO_4^{2-}、PO_4^{3-} 中，哪种离子不需检验？

第5章 无机化合物的提纯与制备实验

实验25　海盐的提纯

视频

【实验目的】

1. 了解提纯无机化合物的基本方法。
2. 掌握电子天平的使用方法及加热、溶解、常压过滤、减压过滤、蒸发、结晶、干燥等基本操作技术。
3. 学会溶液中 Ca^{2+}、Mg^{2+}、SO_4^{2-} 的定性检验方法。

【实验原理】

海盐中常含有难溶性杂质以及可溶性杂质（如 Ca^{2+}、Mg^{2+}、K^+、SO_4^{2-} 等），将海盐溶于水，通过常压过滤即可将难溶性杂质（如沙、石和难溶盐等）除去。可溶性杂质则需经过化学处理，因为 NaCl 溶解度随温度变化不大，所以不能用重结晶的方法。海盐的提纯一般是在溶液中加入 $BaCl_2$ 以除去 SO_4^{2-}，再用饱和 Na_2CO_3 沉淀 Ca^{2+}、Mg^{2+} 以及多余的 Ba^{2+}，过量的 Na_2CO_3 可用 HCl 中和生成 H_2CO_3 和 NaCl，H_2CO_3 煮沸分解为 CO_2 释放出去。实验中有关的化学反应如下：

$$Ba^{2+} + SO_4^{2-} \rightleftharpoons BaSO_4 \downarrow$$

$$Ca^{2+} + CO_3^{2-} \rightleftharpoons CaCO_3 \downarrow$$

$$2Mg^{2+} + 2CO_3^{2-} + H_2O \rightleftharpoons Mg_2(OH)_2CO_3 \downarrow + CO_2 \uparrow$$

$$Ba^{2+} + CO_3^{2-} \rightleftharpoons BaCO_3 \downarrow$$

$$Na_2CO_3 + 2HCl \rightleftharpoons 2NaCl + CO_2 \uparrow + H_2O$$

少量的 K^+ 等可溶性杂质，由于它们量少且溶解度较大，在最后的浓缩结晶过程中仍留在母液中而与 NaCl 分开，最终得到纯净 NaCl 晶体。

【仪器和试剂】

仪器：电子天平（0.1g），循环水式真空泵，加热板，100mL 烧杯 3 个，10mL 以及 100mL 量筒各 1 个，玻璃棒，胶头滴管，漏斗 1 个，100mL 带柄蒸发皿、表面皿、漏斗架各 1 个。

试剂：海盐，HCl（6mol·L^{-1}），BaCl$_2$（1mol·L^{-1}），饱和 Na$_2$CO$_3$，pH 试纸，滤纸，(NH$_4$)$_2$C$_2$O$_4$ 溶液（0.56mol·L^{-1}），镁试剂。

【实验步骤】

1. 海盐的称量和溶解

在电子天平上称取 8g 海盐，记录海盐的准确质量。将海盐放入 100mL 烧杯中，用量筒量取 30mL 纯水，倒入盛有海盐的烧杯中，用玻璃棒轻轻搅拌并加热使其溶解。

2. SO$_4^{2-}$ 的去除

用胶头滴管向上述溶液逐滴加入 1mol·L^{-1} 的 BaCl$_2$ 溶液（约 2mL，40 滴），边滴加边搅拌。为检验 SO$_4^{2-}$ 是否沉淀完全，将溶液加热使生成的沉淀沉降，然后沿杯壁在上部清液中加 1～2 滴 BaCl$_2$ 溶液，观察是否出现浑浊，若出现浑浊，表明 SO$_4^{2-}$ 尚未除净，应在原溶液中继续加入 BaCl$_2$ 溶液，直到检查 SO$_4^{2-}$ 完全除净为止。带有沉淀的溶液小火加热约 3min，以获得更大颗粒的沉淀，方便后续过滤。用普通漏斗常压过滤，少量纯水洗涤沉淀 2～3 次，保留滤液。

3. Ca^{2+}、Mg^{2+} 以及过量 Ba^{2+} 的去除

向上一步所得滤液缓缓加入 5mL 饱和 Na$_2$CO$_3$ 溶液，并充分搅拌，加热至沸，仿照步骤 2 中的方法在上清液中再加入 2～3 滴 Na$_2$CO$_3$ 溶液，检查是否沉淀完全。未沉淀完全需再加入 Na$_2$CO$_3$ 溶液数滴，直至检查无浑浊为止。将带有沉淀的溶液加热至沸。用普通漏斗再过滤一次，保留滤液。

4. 过量 Na$_2$CO$_3$ 的去除

在轻轻搅拌下，向上述滤液逐滴加入 6mol·L^{-1} 的 HCl 溶液，以除去多余的 CO$_3^{2-}$，边滴加边检查其 pH 值，直至 pH 为 3～4 时为止。

5. 蒸发浓缩

将滤液倒入带柄蒸发皿中，用小火加热蒸发，并不断搅拌，到滤液浓缩至稀粥状的稠液时停止，切不可蒸干。

6. 结晶、减压过滤、干燥

将浓缩液冷却至室温，用布氏漏斗减压过滤，直到抽干。先准确称量洗净干燥的蒸发皿，并记录其质量，再将 NaCl 晶体转移到已称重的蒸发皿中，用小火烘干。冷至室温，称重。

7. 产品质量检验

各取少量（约 1g，不需要称量）海盐和提纯后的产品，分别溶于约 5mL 纯水中，再分别放入三支试管。用 BaCl$_2$、(NH$_4$)$_2$C$_2$O$_4$ 溶液、镁试剂滴定试管中的溶液，BaCl$_2$、(NH$_4$)$_2$C$_2$O$_4$ 溶液滴定的试管若出现白色沉淀，表明有 SO$_4^{2-}$、Ca^{2+} 存在；镁试剂滴定的试管若出现蓝色沉淀，表明有 Mg^{2+} 存在。比较实验结果。

【数据处理】

海盐质量：_____g；

带柄蒸发皿质量：_____g；

带柄蒸发皿+纯氯化钠质量：_____g；

纯氯化钠质量：_____g；

NaCl 收率 = $\dfrac{纯氯化钠质量}{粗食盐质量}$ ×100% = _____

【思考题】

1. 能否用重结晶的方法提纯海盐？为什么？
2. 在海盐提纯过程中，K^+ 在哪一步中除去？
3. 为什么要先加入 $BaCl_2$，后加入 Na_2CO_3？步骤相反行不行？
4. 蒸发前为什么要将溶液的 pH 值调至 3～4？

实验 26　硫酸铜晶体的制备、提纯及大晶体的培养

视频

【实验目的】

1. 进一步熟悉加热、溶解、蒸发、过滤、重结晶、抽滤等基本操作。
2. 通过氧化、水解等反应，了解重结晶提纯硫酸铜的方法和原理。

【实验原理】

硫酸铜晶体（$CuSO_4 \cdot 5H_2O$）俗称胆矾或蓝矾，它是一种蓝色三斜晶体，易溶于水，难溶于无水乙醇。在干燥空气中会缓慢风化，150℃以上失去 5 个结晶水，成为白色的硫酸铜粉末。无水硫酸铜有极强的吸水性，吸收后变蓝色，因此常用来检验某些有机液体中是否残留有水分，也可以作为干燥剂。硫酸铜用途广泛，是制备其他铜化合物的重要原料，常用作印染工业的媒染剂、农业的杀虫剂、水的杀菌剂、木材的防腐剂，并且是电镀铜的主要原料。

纯铜是不活泼金属，不能溶于非氧化性的酸中。但其氧化物在稀酸中却极易溶解。因此在工业上制备胆矾时，先将铜在空气中煅烧成氧化铜，然后与适当浓度的硫酸作用生成硫酸铜。本实验直接以粗 CuO 粉末与稀 H_2SO_4 反应制备，反应方程式如下：

$$CuO + H_2SO_4 = CuSO_4 + H_2O$$

所得的 $CuSO_4$ 粗品中还含有不溶性杂质和可溶性杂质 $FeSO_4$、$Fe_2(SO_4)_3$。不溶性杂质可用溶解、过滤法除去。Fe^{2+} 需用氧化剂 H_2O_2 或 Br_2 氧化成 Fe^{3+}，然后调节溶液的 pH 值至 3.5～4.0（注意：不能使 pH≥4，否则会析出浅蓝色碱式硫酸铜沉淀，影响产品的质量和产率），再加热煮沸，使 Fe^{3+} 水解为 $Fe(OH)_3$ 沉淀，再过滤除去。反应式如下：

$$2Fe^{2+} + H_2O_2 + 2H^+ = 2Fe^{3+} + 2H_2O$$

$$Fe^{3+} + 3H_2O = Fe(OH)_3\downarrow + 3H^+$$

除去杂质后的 $CuSO_4$ 溶液，再加热蒸发，浓缩至出现晶膜，冷却，结晶，减压抽滤除去其他微量的可溶性杂质，即可得到较纯的蓝色 $CuSO_4 \cdot 5H_2O$ 晶体。

各氢氧化物沉淀时的 pH 及其 $K_{sp}^{\ominus}$ 值见表 5-1 所示。

表 5-1　氢氧化物沉淀时的 pH 及其 $K_{sp}^{\ominus}$ 值

氢氧化物	开始沉淀的 pH	完全沉淀的 pH	$K_{sp}^{\ominus}$
$Cu(OH)_2$	4.2	6.7	2.2×10^{-20}
$Fe(OH)_3$	1.6～2.0	3.9	4.0×10^{-36}
$Fe(OH)_2$	6.5	9.7	2.0×10^{-14}

【仪器和试剂】

仪器：电子天平（0.1g），循环水式真空泵，加热板，体视显微镜，烧杯（200mL），布氏漏斗，抽滤瓶，带柄蒸发皿，量筒（10mL、50mL 各 1 个），表面皿，水浴锅。

试剂：CuO（s，工业级），$NH_3·H_2O$（$2mol·L^{-1}$），H_2O_2（3%），HCl（$2mol·L^{-1}$），H_2SO_4（$1mol·L^{-1}$、$3mol·L^{-1}$），KSCN（$1mol·L^{-1}$），Fe^{3+}的标准溶液，$CuSO_4·5H_2O$ 晶种，pH 试纸，滤纸。

【实验步骤】

1．硫酸铜的制备

称取粗 CuO 约 5g，放于 200mL 的小烧杯中，向其中滴加 20mL $3mol·L^{-1}$ H_2SO_4 溶液，用小火加热，边加热边搅拌，5min 后，加入 25mL 纯水，继续加热 20min，其间可适当加少量纯水使溶液体积保持在 55mL 左右。趁热减压抽滤，将滤液转移到带柄蒸发皿中，水浴加热、蒸发浓缩至溶液表面出现晶膜，冷却结晶，抽滤，称重，计算产率。

2．硫酸铜的提纯

称取粗硫酸铜 8 g，加入 50mL 纯水，加热溶解。将溶液冷却至约 40℃，搅拌滴加 5mL 3%H_2O_2，继续搅拌加热 3～5min 后，逐滴加入 $2mol·L^{-1}$ $NH_3·H_2O$ 至溶液的 pH 3.5～4.0。继续加热 10min，趁热抽滤，将滤液转入干净的带柄蒸发皿中，用 $1mol·L^{-1}$ H_2SO_4 溶液调节溶液的 pH 至 1～2，然后电热板加热，蒸发浓缩至溶液表面刚出现晶膜为止，冷却结晶，抽滤，取出晶体，用滤纸将其表面的水分吸干，称重，计算产率。

3．硫酸铜大晶体的培养（选做）

在大小适宜的洁净烧杯中，将产品配成生长温度（一般取室温）下的饱和溶液（参见附注 1），将该饱和溶液加热升高 5℃左右，用一头发丝或洁净光滑的丝线系一透明且形状规整的晶种，在溶液温度高出饱和溶液温度 1～2℃时（参见附注 2），将晶种悬挂于溶液中，再罩上一只大烧杯。将此烧杯放在温度波动小于 5℃的地方静置，随着溶剂逐渐蒸发，晶种不断长大。放置至下次实验时用体视显微镜观察单晶的形状。单晶回收，母液回收。

【数据处理】

表 5-2　硫酸铜制备及产品提纯

	产品质量/g	理论产量/g	产率/%
粗产品			
提纯产品	产品质量/g	理论产量/g	产率/%

【附注】

1．获得较大的 $CuSO_4·5H_2O$ 单晶，可控制结晶条件：按 53.2g $CuSO_4·5H_2O$·$100g^{-1}$ H_2O 配制溶液，晶体生长的起始温度为 40℃。

2．晶种放入溶液内的理想时间是溶液温度恰好达到饱和温度的时候，加入相同温度的晶种。然而，实际上晶种的温度与室温相同。因此，将晶种加至饱和温度下的溶液时，由于溶液与晶种有温差而常使晶体急剧析出。为此，要在溶液温度高出饱和温度 1～2℃时加入晶种为宜。

【思考题】

1. 硫酸铜提纯实验中为什么要将 Fe^{2+} 氧化为 Fe^{3+}，其他氧化剂，如 $KMnO_4$、$K_2Cr_2O_7$、Br_2 等都能将 Fe^{2+} 氧化为 Fe^{3+}，为什么本实验采用 H_2O_2 作氧化剂？

2. 除去时，溶液的 pH 调节为 pH 3.5～4.0，若 pH 太大或太小有什么影响？

3. 为何要将除去 Fe^{3+} 后的滤液的 pH 调节至 1～2，再进行蒸发浓缩？

实验 27　碳酸钠的制备

【实验目的】

1. 掌握利用复分解反应及盐类的不同溶解度制备无机化合物的方法。
2. 掌握温控、灼烧、减压过滤及洗涤等操作。
3. 进一步巩固酸碱平衡和强酸滴定弱碱的理论及滴定分析操作技能。

【实验原理】

1. Na_2CO_3 的制备原理

Na_2CO_3 的工业制法是将 NH_3 和 CO_2 通入 NaCl 溶液中，生成 $NaHCO_3$，经过高温灼烧，失去 CO_2 和 H_2O，生成 Na_2CO_3，反应式为：

$$NH_3 + CO_2 + H_2O + NaCl == NaHCO_3 + NH_4Cl$$

$$2NaHCO_3 == Na_2CO_3 + CO_2\uparrow + H_2O$$

2. 产品纯度分析与总碱度的测定原理

常用酸碱滴定法测定其总碱度来检测产品的质量。以 HCl 标准溶液作为滴定剂，滴定反应式如下：

$$CO_3^{2-} + 2H^+ == H_2CO_3$$

$$H_2CO_3 == CO_2\uparrow + H_2O$$

反应生成的 H_2CO_3 其过饱和的部分分解成 CO_2 逸出，化学计量点时，溶液的 pH 为 3.8～3.9，以甲基橙作指示剂，用 HCl 标液滴定至橙色（pH≈4.0）为终点。

【仪器和试剂】

仪器：恒温水浴锅，循环水式真空泵，加热板，烧杯（250mL），布氏漏斗，带柄蒸发皿，量筒（100mL），干燥器，电子天平（0.1g），电子分析天平，容量瓶（250mL），移液管（25mL），锥形瓶（250mL），聚四氟乙烯滴定管（50mL）。

试剂：NaCl（s），NH_4HCO_3（s），HCl（0.1mol·L^{-1}），甲基橙指示剂（1g·L^{-1}），无水 Na_2CO_3（A.R.）。

【实验步骤】

1. Na_2CO_3 的制备

（1）$NaHCO_3$ 中间产物的制备

取 25mL 含 25% 纯 NaCl 的溶液于小烧杯中，放在水浴锅上加热，温度控制在 30～35℃ 之间。同时称取 NH_4HCO_3 固体（加以研磨）细粉末 10g，在不断搅拌下分几次加入上述溶液中。加完 NH_4HCO_3 固体后继续充分搅拌并保持在此温度下反应 20min 左右,静置 5min 后减压过滤,得到 $NaHCO_3$ 晶体。用少量水淋洗晶体以除去黏附的铵盐,再尽量抽干母液。

(2)Na_2CO_3 的制备

将上面制得的中间产物 $NaHCO_3$ 放在带柄蒸发皿中,加热板加热,同时必须不停地搅拌,使固体均匀受热并防止结块。开始加热灼烧时可适当采用温火,5min 后改用强火,灼烧约 30min,即可制得干燥的白色细粉状 Na_2CO_3 产品。放干燥器中冷却至室温,在台秤上称量并记录最终产品 Na_2CO_3 的质量。

(3)产品产率的计算

根据反应物之间的化学计量关系和实验中有关反应物的实际用量,确定产品产率的计算基准,然后计算出理论产量 $m_{理论}$ 及产品产率。

本实验用纯 NaCl 为原料,其纯度以 100%计算。

2. Na_2CO_3(产品)中总碱度的分析

(1)$0.1mol·L^{-1}HCl$ 溶液的标定

准确称取 0.1500~0.2000g 无水 Na_2CO_3 三份,分别放于 250mL 锥形瓶中。加入约 30mL 纯水溶解,加入 1~2 滴甲基橙指示剂,用待标定的 HCl 溶液滴定至溶液由黄色恰变为橙色,即为终点。记下所消耗 HCl 溶液的体积,计算每次标定的 HCl 溶液浓度,并求其平均值及相对平均偏差。

(2)总碱度的测定

准确称取 1.2000~1.5000g 自制的 Na_2CO_3 产品于烧杯中,加入少量纯水使其溶解,必要时可稍加热以促进溶解。冷却后,将溶液定量转入 250mL 容量瓶中,加纯水稀释至刻度,充分摇匀。移取试液 25.00mL 三份于 250mL 锥形瓶中,加 20mL 纯水及 1~2 滴甲基橙指示剂,用 HCl 标准溶液滴定至溶液由黄色恰变为橙色,即为终点。记下所消耗 HCl 溶液的体积,计算各次测定的试样总碱度[以 Na_2CO_3 含量(%)表示],并求其平均值及相对平均偏差。

【思考题】

1. 本实验有哪些主要因素影响产品的产量?影响产品纯度的主要因素有哪些?
2. 一般酸式盐的溶解度比正盐要大,而 $NaHCO_3$ 的溶解度为什么比 Na_2CO_3 小?
3. 无水 Na_2CO_3 如保存不当,吸收了少量水分,对标定 HCl 溶液的浓度有什么影响?Na_2CO_3 基准试剂使用前为什么要在 270~300℃下烘干?温度过高或过低对标定有何影响?
4. 测定总碱度的试样如果不是干基试样,并含有少量 $NaHCO_3$,测定结果与干基试样比较,会有何不同?为什么?
5. 标定 HCl 溶液常用的基准物质有哪些?

实验 28 水合硫酸亚铁和硫酸亚铁铵的制备及纯度检测

视频

【实验目的】

1. 掌握制备水合硫酸亚铁和复盐硫酸亚铁铵的方法,了解复盐的特性。
2. 熟练掌握水浴加热、蒸发、结晶和减压过滤等基本操作。
3. 了解目视比色的方法。

【实验原理】

硫酸亚铁铵[$(NH_4)_2Fe(SO_4)_2 \cdot 6H_2O$]又称摩尔盐，是浅绿色透明晶体，易溶于水，但不溶于乙醇，在空气中比一般亚铁盐稳定，不易被空气中的O_2氧化，在定量分析中常用作氧化还原滴定的基准物质。铁能溶于稀硫酸中生成硫酸亚铁：

$$Fe(s) + 2H^+(aq) = Fe^{2+}(aq) + H_2(g)\uparrow$$

由于铁屑中含有其他金属杂质，因此生成的氢气中常含有其他有气味和毒性的气体，所以尾气要用碱吸收后再排放。

通常，亚铁盐在空气中容易被氧化。例如，硫酸亚铁在中性溶液中能被溶于水中的少量氧气氧化并进而与水作用，甚至析出棕黄色的碱式硫酸铁（或氢氧化铁）沉淀。

$$4Fe^{2+}(aq) + 2SO_4^{2-}(aq) + O_2(g) + 6H_2O(l) = 2[Fe(OH)_2]_2SO_4(s) + 4H^+(aq)$$

若向硫酸亚铁溶液中加入与$FeSO_4$相等物质的量的硫酸铵，则生成复盐硫酸亚铁铵。像所有复盐那样，硫酸亚铁铵在水中的溶解度比组成它的每一组分$FeSO_4$或$(NH_4)_2SO_4$的溶解度都小，三种盐的溶解度数据见表5-3。蒸发浓缩所得溶液，可制得浅蓝绿色的硫酸亚铁铵（六水合物）晶体。

$$Fe^{2+}(aq) + 2NH_4^+(aq) + 2SO_4^{2-}(aq) + 6H_2O(l) \longrightarrow (NH_4)_2Fe(SO_4)_2 \cdot 6H_2O(s)$$

表 5-3 三种盐的溶解度 单位：$g \cdot (100g\ 水)^{-1}$

温度/℃	0	10	20	30	40	50	60
$FeSO_4 \cdot 7H_2O$	15.6	20.5	26.5	32.9	40.2	48.6	…
$(NH_4)_2SO_4$	70.6	73.0	75.4	78.0	81.0	…	88.0
$(NH_4)_2Fe(SO_4)_2 \cdot 6H_2O$	12.5	17.2	21.6	28.1	33.0	40.0	…

$(NH_4)_2SO_4$的溶解度随温度变化小，$(NH_4)_2Fe(SO_4)_2 \cdot 6H_2O$的溶解度随温度变化大，因此解释为何刚产生晶体就需冷却结晶。

用目视比色法可估计产品中所含杂质Fe^{3+}的量。Fe^{3+}与SCN^-能生成红色物质$[Fe(SCN)]^{2+}$，红色深浅与Fe^{3+}含量相关。将所制备的硫酸亚铁铵晶体与KSCN溶液在比色管中配制成待测溶液，将它所呈现的红色与含一定Fe^{3+}量所配制成的标准$[Fe(SCN)]^{2+}$溶液的红色进行比较，确定待测溶液中杂质Fe^{3+}的含量范围，进而评定产品等级。

【仪器和试剂】

仪器：电子天平（0.1g），加热板，循环水式真空泵，布氏漏斗，带柄蒸发皿，水浴锅，吸滤瓶，移液管（10mL、5mL、2mL），比色管（25mL），锥形瓶（250mL）。

试剂：铁屑，硫酸铵，HCl（$3mol \cdot L^{-1}$），H_2SO_4（$3mol \cdot L^{-1}$），无水乙醇，KSCN（25%），Fe^{3+}标准溶液，20%碳酸钠溶液。

【实验步骤】

1. 铁屑的预处理

称量8.0g铁屑放入250mL锥形瓶中，加入40mL 20% Na_2CO_3溶液，放在加热板上加热至沸（300~400℃）（可根据情况适当调高），以除去铁屑上的油污。用倾泻法倾出碱液，将铁屑水洗至中性（反复用倾斜法倾出）。（目的在于防止在加入 H_2SO_4 后产生 Na_2SO_4 晶体混入 $FeSO_4$ 中，另外残存的碱也会消耗硫酸。）

2．$FeSO_4$ 的制备

在盛有处理过铁屑的锥形瓶中加入 40mL 3mol·L^{-1} H_2SO_4 溶液，放在 70℃的水浴中加热（注意通风）。反应后期补充水分保持溶液原有体积，避免硫酸亚铁析出。等反应速度明显减慢时（大约需 40～50min），趁热减压过滤，分离溶液和残渣，将滤液用量筒平均分成两份快速倒在两个洁净的带柄蒸发皿中（如果发现滤纸上有 $FeSO_4·7H_2O$ 晶体析出，可用少量纯水溶解）。没有反应完的铁屑挑出称重，计算已参加反应的 Fe 的质量。

3．水合硫酸亚铁晶体的制备

取 1 份硫酸亚铁溶液，加热板加热，蒸发浓缩至表面刚刚出现晶膜止（蒸发时要及时用玻璃棒将边缘析出的晶体赶入液体中），放置片刻，冷却后减压过滤（双层滤纸），并用少量无水乙醇洗去晶体表面附着水分即得绿色水合硫酸亚铁 $FeSO_4·7H_2O$。

4．硫酸亚铁铵的制备

根据 $FeSO_4$ 的理论产量计算所需$(NH_4)_2SO_4$ 固体的质量，并乘以 80%。用天平称取所需固体$(NH_4)_2SO_4$ 的质量，加入盛有上面所得的 $FeSO_4$ 溶液的蒸发皿中。搅拌使之溶解，加热板加热蒸发、浓缩至溶液表面刚出现薄层的结晶为止（加热时，需将边缘析出晶体赶入液体中，并适当搅拌）。冷却，使硫酸亚铁铵晶体析出。减压过滤（用双层滤纸），并用少许乙醇洗去晶体表面附着的水分。

5．计算产品理论产量和产率

将晶体取出（用药匙刮入称量纸）称量，计算理论产量和产率。

6．产品检验

Fe^{3+} 的痕量分析：称取 1.0g 产品置于 25mL 比色管中，用无氧的纯水溶解（纯水煮沸 30min 后冷却至室温即得），加入 2mL 3mol·L^{-1} H_2SO_4 溶液和 1mL 25% KSCN 溶液，再加无氧的纯水至 25mL 刻度，摇匀。用目测的方法将所配溶液的颜色与 Fe^{3+} 标准溶液系列的红色比较。如产品溶液的颜色淡于某一级的标准溶液的颜色，则表明产品中所含 Fe^{3+} 杂质低于该级标准溶液，即产品质量符合该级的规格。

【附注】

1．为防止白色的一水硫酸亚铁析出，在铁屑与硫酸的反应过程中，加热温度不宜过高。

2．铁屑与稀硫酸的反应以产生氢气气泡明显缓慢作为判断依据。

【思考题】

1．在反应过程中，铁屑和硫酸哪一种应该过量，为什么？反应为什么要在通风环境中进行？

2．制备硫酸亚铁铵晶体时为什么要在刚产生晶膜时就要停止加热，将蒸发皿取下？

3．制备硫酸亚铁铵时为什么要保持溶液有较强酸性？

4．为什么在检验产品中 Fe^{3+} 含量时要用不含氧气的纯水？

实验 29　硫代硫酸钠的制备

【实验目的】

1. 掌握硫代硫酸钠的制备方法。
2. 学习 SO_3^{2-} 与 SO_4^{2-} 的半定量比浊分析法。

【实验原理】

硫代硫酸钠是一种常见的化工原料和试剂，可以用 SO_3^{2-} 氧化单质硫来制备。反应式为

$$Na_2SO_3 + S \xrightarrow{\quad\quad} Na_2S_2O_3$$

常温下从硫代硫酸钠溶液中结晶出来的是 $Na_2S_2O_3 \cdot 5H_2O$，它在 48.2℃ 熔融并失去结晶水，在 220℃ 分解。因此要制备 $Na_2S_2O_3 \cdot 5H_2O$，只能采用低温真空干燥；若要获得无水 $Na_2S_2O_3$，则要在较高温度下干燥。

$Na_2S_2O_3$ 一般易含有 SO_3^{2-} 和 SO_4^{2-} 杂质，可用比浊度方法来半定量分析 SO_3^{2-} 与 SO_4^{2-} 的总含量。先用 I_2 将 SO_3^{2-} 和 $S_2O_3^{2-}$ 分别氧化为 SO_4^{2-} 与 $S_4O_6^{2-}$，然后与过量的 $BaCl_2$ 溶液反应生成难溶的 $BaSO_4$，溶液变浑浊，且溶液的浑浊度与样品中 SO_3^{2-} 和 SO_4^{2-} 的总含量成正比。

【仪器和试剂】

仪器：循环水式真空泵，水浴锅，电子天平（0.1g），加热板，烧杯（100mL 2 个），量筒（10mL 和 100mL 各 1 个），容量瓶（100mL），长径漏斗，布氏漏斗，吸量管（1mL 和 10mL 各 1 支），比色管（25mL 4 支），抽滤瓶，带柄蒸发皿（75mL），表面皿，漏斗架，铁架台，铁圈，玻璃棒，胶头滴管。

试剂：碘水（$0.05mol \cdot L^{-1}$），HCl（$0.1mol \cdot L^{-1}$），25% $BaCl_2$，SO_4^{2-} 标准溶液（$100mg \cdot L^{-1}$），硫粉（s），无水乙醇，亚硫酸钠（s），滤纸。

【实验步骤】

1. 硫代硫酸钠的制备

称取 2g 硫粉，研磨后置于 100mL 烧杯中，加 1mL 乙醇使其润湿，再加入 6g Na_2SO_3 固体和 30mL 纯水。加热并搅拌，待溶液沸腾后改用小火加热并继续保持微沸状态不少于 40min，直至仅剩下少许硫粉悬浮在溶液中（反应过程中注意适当补加纯水，保持溶液体积不少于 20mL 左右）。趁热过滤。

将溶液转移至蒸发皿中，水浴加热蒸发至溶液呈微黄色浑浊为止，冷却至室温即有大量晶体析出。减压过滤，用少量乙醇洗涤晶体，抽干后称重，计算产率。

2. 硫酸根和亚硫酸根的半定量分析

将 1g 产品溶于 25mL 纯水中，先加入 30mL $0.05mol \cdot L^{-1}$ 碘溶液，然后滴加碘溶液至溶液呈浅黄色。将其定量转移至 100mL 容量瓶，定容。从中吸取 10.00mL 溶液至 25mL 比色管中，再加入 1mL $0.1mol \cdot L^{-1}$ HCl 及 3mL 25% $BaCl_2$ 溶液，加水稀释至 25mL，摇匀，放置 10min。然后加一滴 $0.05mol \cdot L^{-1}$ $Na_2S_2O_3$ 溶液，摇匀，立即与 SO_4^{2-} 标准系列溶液进行比浊。根据浊度确定产品等级。

【附注】

用吸量管吸取 100mg·L^{-1} 的 SO_4^{2-} 标准溶液 0.20mL、0.50mL、1.00mL，依次置于 3 支 25mL 比色管中，再分别加入 1mL 0.1mol·L^{-1} HCl 及 3mL 25% $BaCl_2$ 溶液，加水稀释至 25mL，摇匀。这三支比色管中 SO_4^{2-} 的含量分别相当于一级（优级纯）、二级（分析纯）和三级（化学纯）试剂 $Na_2S_2O_3·5H_2O$ 中的 SO_4^{2-} 含量允许值。

【思考题】

1. 要提高硫代硫酸钠产品的纯度，实验中需注意哪些问题？
2. 一、二、三级试剂中，杂质（SO_3^{2-} 与 SO_4^{2-}）的质量分数分别是多少？

实验 30　过氧化钙的制备和含量分析

【实验目的】

1. 练习无机化合物制备的基本操作。
2. 了解过氧化钙的制备原理及条件。
3. 测定产物中过氧化钙的含量。

【实验原理】

过氧化钙是一种比较稳定的金属过氧化物，它可在室温下长期保存而不分解。它的氧化性较缓和，有较强的漂白、杀菌、消毒和增氧等作用。由于它在生产和使用过程中均对环节无污染，属于安全无毒的化学品，可应用于环保、食品及化学工业等领域。

本实验以碳酸钙为原料制备过氧化钙，将碳酸钙溶于适量的盐酸中，在低温和碱性条件下与过氧化氢反应制备过氧化钙。反应方程式为

$$CaCO_3 + 2HCl = CaCl_2 + CO_2\uparrow + H_2O$$

$$CaCl_2 + H_2O_2 + 2NH_3·H_2O + 6H_2O = CaO_2·8H_2O + 2NH_4Cl$$

水溶液中制得的过氧化钙含有结晶水，颜色近乎白色。其结晶水的含量随制备方法及反应温度的不同而有所变化，最高可达 8 个结晶水。含结晶水的过氧化钙在加热后逐渐脱水，在 100℃ 以上完全失水，生成米黄色的无水过氧化钙。过氧化钙在室温下很稳定，难溶于水，可溶于稀酸生成过氧化氢。加热至 350℃ 左右，过氧化钙迅速分解，生成氧化钙，并放出氧气。反应方程式如下

$$2CaO_2 \xrightarrow{350℃} 2CaO + O_2$$

实验中测定过氧化钙含量的方法是：称取一定量的无水过氧化钙，加热使之完全分解，在一定的温度和压力下，测量放出氧气的体积。根据反应方程式及理想气体状态方程，计算产品中过氧化钙的含量。

【仪器和试剂】

仪器：电子天平（0.1g），电子分析天平，烧杯，量筒，加热板，漏斗，滤纸，磁力搅拌

器，表面皿，循环水式真空泵，抽滤瓶，布氏漏斗，量气管，漏斗，滤纸，橡胶管，酒精灯，试管，恒温干燥箱，干燥器。

试剂：$CaCO_3$固体，HCl（$6mol·L^{-1}$），$NH_3·H_2O$（1：1），H_2O_2（6%），冰。

【实验步骤】

1．过氧化钙的合成

（1）$CaCl_2$溶液的制备：称取3.0g $CaCO_3$置于100mL烧杯中，逐滴加入$6mol·L^{-1}$ HCl溶液，直至烧杯中仅剩余极少量的$CaCO_3$固体为止。将烧杯置于电炉上加热至沸，趁热常压过滤除去未溶的$CaCO_3$。将所得的$CaCl_2$滤液置于冰水中冷却。

（2）过氧化钙的合成：量取30mL浓度为6%的H_2O_2置于另一烧杯中，再加入18mL 1：1 $NH_3·H_2O$。将烧杯置常压于冰水中冷却，待溶液充分冷却后，在剧烈搅拌下将冷却的$CaCl_2$溶液逐滴滴入所制得的$NH_3-H_2O_2$溶液中（滴加溶液时烧杯仍置于冰水中）。滴加完后，继续在冰水浴中放置30min，直至有大量白色的过氧化钙晶体生成。然后减压抽滤，用少量冰水（纯水）洗涤2～3次，将晶体抽干。

将抽干后的过氧化钙晶体放在表面皿上，于恒温干燥箱内在150℃下烘30min，取出冷却，称重，计算产率。将产品置于干燥器中，备用。

2．过氧化钙含量的测定

按图5-1所示安装好仪器装置，取下试管塞，移动漏斗，使量气管中的水面略低于刻度，然后把漏斗固定。

准确称取0.25～0.28g无水产品于试管中，转动试管使产品在试管内均匀铺成薄层。然后把试管接到量气管上，塞紧橡胶塞，再次检查装置是否漏气。调节漏斗的液面与量气管的液面为同一水平面，记下量气管液面的初读数。

小火缓慢加热试管，过氧化钙逐渐分解放出氧气，量气管内液面开始下降。为避免量气管内外压力差过大，应缓慢下移漏斗，使漏斗内的液面和量气管内的液面基本持平。待过氧化钙大部分分解后，加大火使之完全分解，停止加热。

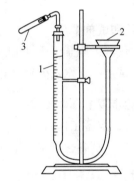

图5-1 过氧化钙含量测定装置
1—量气管；2—漏斗；3—试管

反应停止后，待试管冷却至室温，移动漏斗，使漏斗内的液面和量气管内的液面相平，记录量气管读数，并记录实验时的温度和大气压。

【数据处理】

1．计算CaO_2产率。

2．CaO_2的含量（%）。

【思考题】

1．CaO_2如何储存？为什么？

2．写出由实验数据计算过氧化钙含量的计算式。

3．所得产物中的主要杂质是什么？如何提高产品的产率与纯度？

实验 31　乙酸铬（Ⅱ）水合物的制备

【实验目的】

1. 学习在无氧气条件下制备易被氧化的不稳定化合物的原理和方法。
2. 巩固溶液的洗涤、过滤等基本操作。

【实验原理】

本实验在封闭体系中利用金属锌作还原剂，将三价铬还原为二价，再与乙酸钠溶液作用制得乙酸铬（Ⅱ）。反应体系中产生氢气（盐酸与锌粒反应制得）除了增大体系压强使 Cr（Ⅱ）溶液进入 NaAc 溶液中，同时，氢气还起到隔绝空气使体系保持还原性气氛的作用。

制备反应的离子方程式如下：

$$2Cr^{3+} + Zn \longrightarrow 2Cr^{2+} + Zn^{2+}$$

$$Cr_2O_7^{2-} + 4Zn + 14H^+ \longrightarrow 2Cr^{2+} + 4Zn^{2+} + 7H_2O$$

$$2Cr^{2+} + 4CH_3COO^- + 2H_2O \longrightarrow [Cr(CH_3COO)_2]_2 \cdot 2H_2O$$

【仪器和试剂】

仪器：电子天平（0.1g），吸滤瓶（250mL），布氏漏斗，滴液漏斗，锥形瓶，烧杯。

试剂：无水乙酸钠（s），锌粒（s），三氯化铬（s），乙醇，乙醚，纯水。

【实验步骤】

1. 准备工作

（1）制备去氧水：用 500mL 烧杯量取 400mL 纯水，在加热板上加热煮沸 10min，冷却，备用。

（2）配制乙酸钠溶液：用台秤称取 5g 无水乙酸钠于 250mL 锥形瓶中，用 12mL 去氧水溶解配成溶液，备用。

（3）按图 5-2 装好仪器，并检验气密性，保持气密性良好。

2. Cr^{2+} 的生成

（1）加 8gZn、5gCrCl$_3$、6mL 纯水于吸滤瓶，摇匀。

（2）夹住图 5-2 右边橡胶管，缓慢加入 10mL 浓盐酸，摇匀。

（3）氢气放出较快时，松开图 5-2 右边橡胶管，夹住图 5-2 左边橡胶管，搅拌。（时间约 1h。）

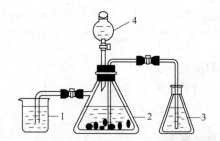

图 5-2　乙酸铬（Ⅱ）水合物的制备装置
1—烧杯；2—吸滤瓶；3—锥形瓶；4—滴液漏斗

（4）铺双层滤纸于布氏漏斗，过滤沉淀，用 15mL 去氧水洗涤，数次。

（5）用少量乙醇、乙醚各洗涤 3 次。

（6）将产物薄薄一层铺在表面皿上，在室温晾干，称量。

【数据处理】
根据三氯化铬计算乙酸铬（Ⅱ）的产率。

【思考题】
1. 为何要用封闭的装置来制备乙酸铬（Ⅱ）？
2. 反应物锌为什么要过量？产物为什么用乙醇、乙醚洗涤？
3. 根据乙酸铬（Ⅱ）的性质，该化合物如何保存？

实验32　十二钨硅酸的制备

【实验目的】
1. 学习十二硅钨酸常量和微型制备的方法。
2. 掌握萃取分离操作。
3. 了解用红外光谱、紫外吸收光谱及热谱等对产物进行表征的方法。

【实验原理】
钒、铌、钼、钨等元素的重要特征是易形成同多酸和杂多酸。在碱性溶液中 W（Ⅵ）以钨酸根（WO_4^{2-}）的形式存在；随着溶液 pH 的减小，WO_4^{2-} 逐渐聚合成多酸根离子，如表 5-4 所示。

表 5-4　酸化过程中的钨多酸根离子

H^+/WO_4^{2-}（物质的量之比）	同多酸阴离子
1.14	$[W_7O_{24}]^{6-}$仲钨酸根（A）离子
1.17	$[W_{12}O_{42}H_2]^{10-}$仲钨酸根（B）离子
1.50	α-$[H_2W_{12}O_{40}]^{6-}$钨酸根离子
1.60	$[W_{10}O_{32}]^{4-}$十钨酸根离子
…	…

若在上述酸化过程中，加入一定量的硅酸盐，则可生成有确定组成的硅钨杂多酸根离子，$[SiW_{12}O_{40}]^{4-}$。反应如下：

$$12WO_4^{2-} + SiO_3^{2-} + 22H^+ \longrightarrow [SiW_{12}O_{40}]^{4-} + 11H_2O$$

其中，十二钨杂多酸阴离子$[X^{n+}W_{12}O_{40}]^{(8-n)-}$的晶体结构称为 Keggin 结构，具有典型性。它是每三个 WO_6 八面体两两共边形成一组共顶三聚体，四组这样的三聚体又各通过其他 6 个顶点两两共顶相连，构成如图 5-3（a）所示的多面体结构；处于中心的杂原子 X 则分别与 4 组三聚体的 4 个共顶氧原子连接，形成 XO_4 四面体，其键结构如图 5-3（b）所示。这类钨杂多酸在溶液中结晶时，得到高聚合状态的杂多酸（盐）结晶 $H_m[XW_{12}O_{40}]·nH_2O$。后者易溶于水及含氧有机溶剂（乙醚、丙酮等），它们遇强碱时被分解成钨酸根，而在酸性水溶液中较稳定。

本实验利用钨硅酸在强酸性溶液中易与乙醚生成加合物［参见附注 2（1）］而被乙醚萃

取的性质来制备十二钨硅酸。钨硅酸高水合物在空气中易风化，也易潮解。对水合物晶体做热谱分析，可以从热重（TG）曲线看出，水合物在 30~165℃ 及 165~310℃ 温度范围，有两个失水阶段，曲线上有两个失水吸热峰。另外 DTA 曲线上，在 540℃ 附近出现 Keggin 结构被破坏后，由无序状态向 XO_4 及 SiO_2 有序结构转化的强吸热峰。十二钨硅酸不仅有强酸性，还有氧化还原性，在紫外光作用下，可以发生单电子或多电子还原反应。Keggin 构型的钨杂多酸在紫外区（260nm 附近）有特征吸收峰，这就是电子由配位氧原子向中心钨原子迁移的电荷迁移峰。

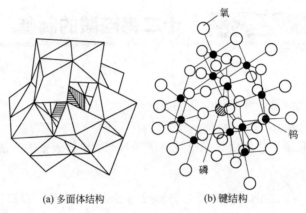

(a) 多面体结构　　　　(b) 键结构

图 5-3　Keggin 结构示意图

【仪器和试剂】

仪器：差热分析仪，红外光谱仪，UV-240 型分光光度计，烧杯（100mL、250mL、50mL），磁力加热搅拌器，滴液漏斗（100mL），分液漏斗（250mL），带柄蒸发皿，水浴锅，微型抽滤装置，表面皿，吸量管。

试剂：$Na_2WO_4 \cdot 2H_2O$（s），$Na_2SiO_3 \cdot 9H_2O$（s），HCl（6mol·L^{-1}、浓），乙醚，H_2O_2（3%，或溴水）。

【实验步骤】

1. 十二钨硅酸的制备

常规实验

（1）十二钨硅酸溶液的制备

称取 $Na_2WO_4 \cdot 2H_2O$ 5g 置于烧杯中，加入 50mL 纯水，再加入 $Na_2SiO_3 \cdot 9H_2O$ 1.88g，置于磁力加热搅拌器上加热搅拌，使其溶解。将混合物加热至近沸，由滴液漏斗以 1~2 滴·s^{-1} 的速度加入浓盐酸（约 10mL），开始滴入浓 HCl 时，有黄钨酸沉淀出现，要继续缓慢滴加并不断搅拌至溶液 pH 为 2。保持 30min 左右，将混合物冷却。

（2）酸化、乙醚萃取十二钨硅酸

将冷却后的全部液体转移至分液漏斗中，加入乙醚（约为混合物液体体积的 1/2），分 4 次向其中加入 10mL 浓盐酸，充分振荡，萃取，静止后液体分三层，上层是溶有少量杂多酸的醚，中间是氯化钠、盐酸和其他物质的水溶液，下层是油状的杂多酸醚合物。将最下层醚合物分出，放于蒸发皿中，加水 4mL，水浴蒸发至溶液表面有晶体析出时为止，冷却结晶，抽滤，即可得到产品。

微型实验

（1）十二钨硅酸溶液的制备

称取 $Na_2WO_4 \cdot 2H_2O$ 1.0g 置于烧杯中，加入 10mL 纯水，再加入 $Na_2SiO_3 \cdot 9H_2O$ 0.38g，置于磁力加热搅拌器上加热搅拌使其溶解，在微沸下用滴液漏斗（或滴管）以 $1\sim 2$ 滴·s^{-1} 的速度加入浓 HCl（约需 2mL）。开始滴入 HCl，有黄钨酸沉淀出现，要继续滴加 HCl 并不断搅拌，直至 pH 为 2 时，便可停加盐酸，保持 10min 左右，将混合物冷却。

（2）酸化、乙醚萃取十二钨硅酸

将冷却后的全部液体转移至分液漏斗中，再加入 4mL 乙醚、1mL 浓 HCl，充分振摇萃取，静止后液体分三层，上层是溶有少量杂多酸的醚，中间是氯化钠、盐酸和其他物质的水溶液，下层是油状的杂多酸醚合物。分出底层油状乙醚加合物到另一个分液漏斗中，再加入 1mL 浓盐酸、4mL 纯水及 2mL 乙醚，剧烈振摇后静置［参见附注 2（2）］（若油状物颜色偏黄，可重复萃取 1~2 次），分出澄清的第三相于蒸发皿中，加入少量纯水（15~20 滴），在 60℃ 水浴锅上蒸发浓缩至溶液表面有晶体析出时为止，冷却放置［参见附注 2（3）］，得到无色透明的 12-$H_4[SiW_{12}O_{40}] \cdot nH_2O$ 晶体，抽滤吸干后，称重装瓶。

2．测定产品热重（TG）曲线及差热分析（DTA）曲线

取少量未经风化的样品，在热分析仪上，测定室温至 650℃ 范围内的 TG 曲线及 DTA 曲线。

3．测定紫外吸收光谱

配制 5×10^{-5} mol·L^{-1} 12-钨硅酸溶液，用 1cm 比色皿，以蒸馏水为参比，在 UV-240 型分光光度计上，记录波长范围为 400~200nm 的吸收曲线。

4．测定红外光谱

将样品用 KBr 压片，在红外光谱仪上记录 4000~400cm^{-1} 范围的红外光谱图，并标识其主要的特征吸收峰。

【数据处理】

计算样品的含水量，以确定水合物中结晶水数目。

【附注】

1．注意事项

（1）由于十二钨硅酸易被还原，也可用下面方法提取：用水洗分出油状液体，并加少量乙醚，再分三层。将下层分出，用电吹风和吹入干净的空气（防止尘埃使之还原）以除去乙醚。将析出的晶体移至玻璃板上，在空气中干燥直至无乙醚味为止。

（2）乙醚沸点低，挥发性强，燃点低，易燃、易爆。因此，在使用时一定要加小心。

2．注释

（1）乙醚在高浓度的盐酸中生成 $(C_2H_5\!-\!\overset{H}{\underset{|}{O}}\!-\!C_2H_5)^+$，它能与 Keggin 类型钨杂多酸阴离子缔合成盐，这种油状物密度较大，沉于底部形成第三相。加水降低酸度时，可使盐破坏而析出乙醚及相应的硅钨杂多酸。

（2）油状物应澄清无色，如颜色偏黄，可继续萃取操作 1~2 次。

（3）钨硅酸溶液不要在日光下暴晒，也不要与金属器皿接触，以防止被还原。

【思考题】

1. 为什么钒、铌、钼、钨等元素易形成同多酸和杂多酸？

2. 十二钨硅酸易被还原，它与橡胶、纸张、塑料等有机物质接触，甚至与空气中灰尘接触时，均易被还原为"杂多蓝"。因此，在制备过程中要注意哪些问题？

3. 在 $[SiW_{12}O_{40}]^{4-}$ 中的氧原子有多种连接方式，有几种不同连接方式的氧原子？每种结构氧原子各有多少个？

4. 钨硅酸有哪些性质？

实验 33　硫酸四氨合铜（Ⅱ）的制备

【实验目的】

1. 了解硫酸四氨合铜（Ⅱ）的制备步骤并掌握其组成的测定方法。
2. 掌握蒸馏法测定氨的技术。

【实验原理】

1. 制备

硫酸四氨合铜（$[Cu(NH_3)_4]SO_4$）常用作杀虫剂、媒染剂，在碱性镀铜中也常用作电镀液的主要成分，在工业上用途广泛。硫酸四氨合铜为中度稳定的绎蓝色晶体，常温下在空气中易与水和二氧化碳反应，生成铜的碱式盐，使晶体变成绿色的粉末。

由于硫酸四氨合铜加热易失氨，所以其晶体的制备不宜选用蒸发浓缩的方法。

析出晶体主要有两种方法：

$$CuSO_4 + 4NH_3 + H_2O \longrightarrow ([Cu(NH_3)_4]SO_4) \cdot H_2O$$

一种是向硫酸铜溶液中通入过量氨气，并加入一定量硫酸钠晶体，使硫酸四氨合铜晶体析出。

另一种方法是根据硫酸四氨合铜在乙醇中的溶解度远小于在水中的溶解度的性质，向硫酸铜溶液中加入浓氨水之后，再加入浓乙醇溶液使晶体析出。

2. 组分分析

（1）NH_3 含量的测定

$$Cu(NH_3)_4SO_4 + 2NaOH \longrightarrow CuO\downarrow + 4NH_3\uparrow + Na_2SO_4 + H_2O$$

$$NH_3 + HCl(过量) \longrightarrow NH_4Cl$$

$$HCl(剩余量) + NaOH \longrightarrow NaCl + H_2O$$

（2）SO_4^{2-} 含量的测定

$$SO_4^{2-} + Ba^{2+} \longrightarrow BaSO_4\downarrow$$

【仪器和试剂】

仪器：烧杯，酒精灯，洗瓶，药匙，抽滤漏斗。

试剂：$CuSO_4 \cdot 5H_2O$ 晶体，浓氨水，乙醇（95%），HCl（0.5 mol·L^{-1}），NaOH（0.5 mol·L^{-1}）。

【实验步骤】

1. 硫酸四氨合铜的制备

取 10g $CuSO_4 \cdot 5H_2O$ 溶于 14mL 纯水中,加入 20mL 浓氨水,沿烧杯壁慢慢滴加 35mL 95%的乙醇,然后盖上表面皿。静置析出晶体后,减压过滤,晶体用 1:2 的乙醇与浓氨水的混合液洗涤,再用乙醇与乙醚的混合液淋洗,然后将其在 60 ℃左右烘干,称重,保存待用。

2. 组分分析

（1）NH_3 的测定

称取 0.25~0.30g 样品,放入 250mL 锥形瓶中,加 80mL 纯水溶解,再加入 10mL 10% 的 NaOH 溶液。在另一锥形瓶中,准确加入 30~35mL 标准 HCl（0.5mol·L^{-1}）溶液,放入冰浴中冷却。

按图 5-4 装好仪器,从漏斗中加入 3~5mL 10% NaOH 溶液于小试管中,漏斗下端插入液面下 2~3cm。加热样品,先用大火加热,当溶液接近沸腾时改用小火,保持微沸状态,蒸馏 1h 左右,即可将氨全部蒸出。蒸馏完毕后,取出插入 HCl 溶液中的导管,用蒸馏水冲洗导管内外,洗涤液收集在氨吸收瓶中,从冰浴中取出吸收瓶,加 2 滴 0.1%的甲基红溶液,用标准 NaOH（0.5mol·L^{-1}）溶液滴定剩余的溶液。

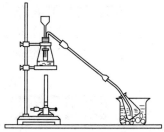

图 5-4　NH_3 的测定装置

计算 NH_3 的含量

$$NH_3 \text{的含量} = \frac{(c_1V_1 - c_2V_2) \times 17.04}{m_s \times 1000} \times 100\%$$

式中,c_1、V_1 为标准 HCl 溶液的浓度和体积;c_2、V_2 为标准 NaOH 溶液的浓度和体积;m_s 为样品质量;17.04 为 NH_3 的摩尔质量,g·mol^{-1}。

称取试样约 0.65g（含硫量约 90mg）,置于 400mL 烧杯中,加 25mL 纯水使其溶解,稀释至 200mL。

（2）SO_4^{2-} 的测定

① 沉淀的制备

在上述溶液中加稀 HCl（6mol·L^{-1}）2mL,盖上表面皿,置于电炉上,加热至近沸。取 $BaCl_2$（0.1mol·L^{-1}）溶液 30~35mL 于小烧杯中,加热至近沸,然后用滴管将热 $BaCl_2$ 溶液逐滴加入样品溶液中,同时不断搅拌溶液。当 $BaCl_2$ 溶液即将加完时,静置,于 $BaSO_4$ 上清液中加 1~2 滴 $BaCl_2$ 溶液,观察是否有白色浑浊出现,用以检验沉淀是否已完全。盖上表面皿,置于电炉（或水浴）上,在搅拌下继续加热,陈化约 30min,然后冷却至室温。

② 沉淀的过滤和洗涤

将上清液用倾注法倒入漏斗中的滤纸上,用一洁净烧杯收集滤液（检查有无沉淀穿滤现象。若有,应重新换滤纸）。用少量冷蒸馏水洗涤沉淀 3~4 次（每次加入水 10~15mL）,然后将沉淀小心地转移至滤纸上。用洗瓶吹洗烧杯内壁,洗涤液并入漏斗中,并用撕下的滤纸角擦拭玻璃棒和烧杯内壁,将滤纸角放入漏斗中,再用少量蒸馏水洗涤滤纸上的沉淀（约 10 次）,至滤液不显 Cl^- 反应为止[用 $AgNO_3$（0.1mol·L^{-1}）溶液检查]。

③ 沉淀的干燥和灼烧

先称好坩埚的质量,做好标记。取下滤纸,将沉淀包好,置于已恒重的坩埚中,先用小火烘干炭化，再用大火灼烧至滤纸灰化。然后将坩埚转入马弗炉中，在 800~850℃灼烧约 30min。取出坩埚，待红热退去，置于干燥器中，冷却 30min 后称量。再重复灼烧 20min，冷却，取出，称量直至恒重。根据 $BaSO_4$ 质量计算试样中硫酸根的百分含量。

【数据处理】
1. 计算样品中 NH_3 的百分含量。
2. 计算 SO_4^{2-} 的百分含量。

【思考题】
1. 硫酸四氨合铜中 NH_3、SO_4^{2-}、Cu^{2+} 还可以用什么方法测定？
2. 沉淀的制备中，在沉淀生成且沉淀完全后加热的目的是什么？
3. 在沉淀的过滤和洗涤的操作中，主要遵循的原则是什么？
4. 滤纸的质量在灼烧后是否会影响样品的量？为什么？

实验 34 二草酸合铜（Ⅱ）酸钾的制备

视频

【实验目的】
1. 进一步掌握溶解、沉淀、抽滤、蒸发、浓缩等基本操作。
2. 制备二草酸合铜（Ⅱ）酸钾晶体。
3. 确定二草酸合铜（Ⅱ）酸钾的组成。
4. 掌握 $KMnO_4$ 标定方法。
5. 掌握 $KMnO_4$ 法测定 $C_2O_4^{2-}$ 含量的原理和方法。

【实验原理】
二草酸合铜（Ⅱ）酸钾的制备方法很多，可由硫酸铜和草酸钾直接混合来制备，也可由氢氧化铜和草酸氢钾反应来制备，本实验由氧化铜和草酸氢钾反应来制备二草酸合铜酸钾。硫酸铜在碱性条件下生成氢氧化铜沉淀，加热则沉淀转化为易过滤的氧化铜。一定量的草酸溶于水后加入碳酸钾得到草酸氢钾和草酸钾的混合溶液，该混合溶液与氧化铜作用生成二草酸合铜酸钾，经水浴、蒸发、浓缩，冷却后得到蓝色晶体。

$$CuSO_4 + 2NaOH = Cu(OH)_2 \downarrow + Na_2SO_4$$
$$Cu(OH)_2 = CuO + H_2O$$
$$2H_2C_2O_4 + K_2CO_3 = 2KHC_2O_4 + CO_2 \uparrow + H_2O$$
$$2KHC_2O_4 + CuO = K_2[Cu(C_2O_4)_2] + H_2O$$

二草酸合铜（Ⅱ）酸钾在水中的溶解度很小，但是可以加入适量的氨水，使得其转化为铜氨配离子而溶解，或者可以采用氨水和氯化铵所组成的缓冲溶液而溶解。

【仪器和试剂】
仪器：电子天平（0.1g），电子分析天平，循环水式真空泵，布氏漏斗，抽滤瓶，药匙，烧杯，加热板，玻璃棒，滤纸，恒温水浴锅，带柄蒸发皿，量筒，50mL 滴定管，250mL 容量瓶，

250mL 锥形瓶，1mL 移液管，25mL 移液管，100mL 烧杯，250mL 烧杯。

试剂：$CuSO_4 \cdot 5H_2O$，$H_2C_2O_4 \cdot 2H_2O$，无水 K_2CO_3，$Na_2C_2O_4$（A.R.，s），NaOH（$2mol \cdot L^{-1}$），$KMnO_4$（$0.01mol \cdot L^{-1}$），H_2SO_4（$3mol \cdot L^{-1}$），1∶1 氨水，$2mol \cdot L^{-1}$ HCl 溶液，1∶1 HCl。

【实验步骤】

1．氧化铜的制备

称取 2.0g $CuSO_4 \cdot 5H_2O$ 于 100mL 烧杯中，加入 40mL 纯水溶解，在搅拌下加入 10mL $2mol \cdot L^{-1}$ NaOH 溶液，小火加热至沉淀变黑（生成 CuO），再煮沸约 20min。稍冷后用双层滤纸吸滤，用少量纯水洗涤沉淀两次。

2．制备草酸氢钾

称取 3.0g $H_2C_2O_4 \cdot 2H_2O$ 放入 250mL 烧杯中，加入 40mL 纯水，微热溶解（温度不能超过 85℃，以避免 $H_2C_2O_4$ 分解）。稍冷后分数次加入 2.2g 无水 K_2CO_3，溶解后生成 KHC_2O_4 和 $K_2C_2O_4$ 混合溶液。

3．制备二草酸合铜（Ⅱ）酸钾

将含有 KHC_2O_4 和 $K_2C_2O_4$ 混合溶液水浴加热，再将 CuO 和滤纸一起加入该溶液中。水浴加热充分反应至沉淀大部分溶解（约 30min）。趁热吸滤（若透滤，则应重新吸滤），用少量沸水洗涤两次，将滤液转入蒸发皿中。加热板加热将滤液浓缩到约原体积的一半。放置约 10min 后用水彻底冷却。待大量晶体析出后吸滤，晶体用滤纸吸干，称量，计算产率。

4．$0.01mol \cdot L^{-1}$ $KMnO_4$ 标准溶液的标定

用电子分析天平准确称取约 0.1000g $Na_2C_2O_4$ 基准物 3 份，分别置于 250mL 锥形瓶中，加新鲜蒸馏水 20mL 使之溶解，再各加入 5mL $3mol \cdot L^{-1}$ H_2SO_4 溶液，然后将锥形瓶置加热板上加热至 75~85℃（刚好冒蒸气），趁热用待标定的高锰酸钾溶液滴定。

每加入一滴 $KMnO_4$ 溶液，都要摇动锥形瓶，使 $KMnO_4$ 颜色褪去后，再继续滴定。由于产生的少量 Mn^{2+} 对滴定反应有催化作用，使反应速度加快，滴定速度可以逐渐加快，但临近终点时滴定速度要减慢，直至溶液呈现微红色并持续 30s 不褪色即为终点。

记录滴定所耗用 $KMnO_4$ 溶液的体积，按下式计算 $KMnO_4$ 溶液的准确浓度。

$$c(KMnO_4) = \frac{\frac{2}{5}m(Na_2C_2O_4)}{M(Na_2C_2O_4)V(KMnO_4) \times 10^{-3}}$$

（$M(Na_2C_2O_4) = 134.00g \cdot mol^{-1}$）

5．试样溶液的制备

准确称取合成的晶体试样一份（0.95~1.05g），置于 100mL 小烧杯中，加入 5mL 氨水（1∶1）使其溶解，再加入 10mL 水，试样溶解完全后，转移至 250mL 容量瓶中，加水至刻度。

6．$C_2O_4^{2-}$ 含量的测定

准确移取试样溶液 25mL，置于 250mL 锥形瓶中，加入 10mL $3mol \cdot L^{-1}$ 的 H_2SO_4 溶液，水浴加热至 75~85℃，在水浴中放置 3~4min。趁热用 $0.01mol \cdot L^{-1}$ 的 $KMnO_4$ 溶液滴定至淡粉色，30s 不褪色为终点，记下消耗 $KMnO_4$ 溶液的体积，平行测定 3 次。

【注意事项】

1．制备草酸氢钾时，温度不能超过 85℃，要等溶液稍微冷却后分多次少量加入 K_2CO_3，

同时不断搅拌，避免生成大量气泡。

2．吸滤时需要少量水洗。

3．蒸发皿在加热板上加热时，要不断搅拌，防止溶液剧烈沸腾。

4．$KMnO_4$ 色深，液面弯月面不易看出，读数时应以液面的最高线为准（即读液面的边缘）。

5．滴定速度不能太快，若滴定速度过快，部分 $KMnO_4$ 在热溶液下按下式分解：

$$4KMnO_4 + 2H_2SO_4 = 4MnO_2\downarrow + 2K_2SO_4 + 2H_2O + 3O_2\uparrow$$

产生 MnO_2，促进 H_2O_2 分解，增加误差。

6．温度不能太高，否则引起 $H_2C_2O_4$ 分解：

$$H_2C_2O_4 = H_2O + CO_2\uparrow + CO\uparrow$$

7．$KMnO_4$ 滴定终点不太稳定，这是由于空气中含有还原气体及尘埃等杂质，能使 $KMnO_4$ 慢慢分解，而使微红色消失，所以经过 30s 不褪色即可认为已到达终点。

【数据处理】

$K_2[Cu(C_2O_4)_2]$ 晶体的颜色状态：_____

$K_2[Cu(C_2O_4)_2]$ 晶体的质量 m/g：_____

$K_2[Cu(C_2O_4)_2]$ 晶体的产率：_____

$KMnO_4$ 标准溶液的标定和浓度计算：_____

二草酸合铜（Ⅱ）酸钾组成的确定：_____

【思考题】

1．制备草酸氢钾时一定不能温度太高的原因是什么？

2．晶体洗涤的注意事项是什么？

3．实验中为什么不采用氢氧化钾与草酸反应生成草酸氢钾？

第6章 综合、设计及研究性实验

实验35　无机离子的纸上色谱分离与鉴定

【实验目的】

1. 了解纸色谱法分离无机金属离子的基本原理。
2. 掌握用纸色谱法分离和鉴定 Fe^{3+}、Co^{2+}、Ni^{2+}、Cu^{2+} 的实验方法及操作技术。
3. 掌握相对比移值 R_f 的计算及其应用。

【实验原理】

纸色谱法（paper chromatography）又称为纸层析法，是在滤纸上进行的色谱分析法。滤纸纤维和水有较强的亲和力，能吸收 22%左右的水，而且其中 6%～7%的水是以氢键形式与纤维素的羟基结合，在一般条件下较难脱去，所以一般的纸层析实际上是以滤纸纤维的结合水为固定相，以有机溶剂或混合溶剂为流动相。当流动相沿纸经过样品时，试液中的各种组分利用其在固定相和流动相中溶解度的不同，即在两相中的分配系数 K 不同而得以分离。在相同淋洗时间内，不同样品随流动相上移的距离会存在差异，各组分在纸层中的相对比移值 R_f 也会不同，R_f 值与溶质在固定相和流动相间的分配系数有关，当色谱纸、固定相、流动相和温度一定时，每种物质的 R_f 值为一定值。化合物的吸附能力与它们的极性成正比，具有较大极性或亲水性强的组分，吸附较强，K 大，R_f 值小；极性弱或亲脂性强的组分，K 小，R_f 值大。R_f 的计算方法（图6-1）如下：

$$R_f = \frac{\text{斑点中心移动距离}}{\text{溶剂前沿移动距离}} = \frac{h}{H} \qquad (6-1)$$

为了让各组分能很好分离，需选择合适的滤纸及展开剂，对 R_f 值相差很小的化合物，宜采用慢速滤纸，对 R_f 值相差较大的化合物，则可用快速滤纸。可根据各组分分离情况改变展开剂的配比进行极性调节，以达到最佳分离效果。纸色谱的层析设备简单，操作简便，被广泛应用在药物、染料、抗生素、生物制品等的分析方面，也可以用来分离性质极其类似的无机离子。

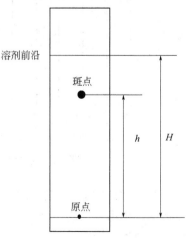

图6-1　R_f 值计算方法

在本实验中，在滤纸的下端滴上 Fe^{3+}、Co^{2+}、Ni^{2+}、Cu^{2+} 的混合液，将滤纸放入盛有适量盐酸和丙酮的容器中，由于 Fe^{3+}、Co^{2+}、Ni^{2+}、Cu^{2+} 各组分在固体相和流动相中具有不同的分配系数，即在两相中具有不同的溶解度，在水中溶解度较大的组分倾向于滞留在某个位置，向上移动的速度缓慢，在盐酸-丙酮溶剂中溶解度较大的组分倾向于随展开剂向上流动，向上流动的速度较快。通过足够长的时间后所有组分可以得到分离。当溶剂达到指定位置时，取出滤纸，滤纸干燥后进行显色，分别用 $0.1mol \cdot L^{-1}$ $K_3[Fe(CN)_6]$ 铁氰化钾和 $0.1mol \cdot L^{-1}$ $K_4[Fe(CN)_6]$ 亚铁氰化钾等体积混合溶液喷雾。

【仪器和试剂】

仪器：100mL 量筒，50mL 烧杯，层析缸，镊子，喉头喷雾器。

试剂：HCl（$6mol \cdot L^{-1}$），浓 $NH_3 \cdot H_2O$，$FeCl_3$（$0.1mol \cdot L^{-1}$），$CoCl_2$（$1mol \cdot L^{-1}$），$NiCl_2$（$1mol \cdot L^{-1}$），$CuCl_2$（$1mol \cdot L^{-1}$），未知液（从上述四种溶液中任选一种），$0.1mol \cdot L^{-1}$ $K_3[Fe(CN)_6]$，$0.1mol \cdot L^{-1}$ $K_4[Fe(CN)_6]$，层析专用滤纸（10cm×12cm），毛细管，点滴板。

【实验提示】

1. 取一张 10cm×12cm 的滤纸作色谱纸。以 10cm 宽的边为底边，距离上下底边 2cm 处用铅笔各画一条与其底边平行的基线，按图 6-2 将纸折叠成 8 片，除左右最外两片以外，在每片铅笔线的中心位置依次写上 Fe^{3+}、Co^{2+}、Ni^{2+}、Cu^{2+}、混合物和未知样品。

2. 分别配制浓度为 $0.1mol \cdot L^{-1} FeCl_3$、$1.0mol \cdot L^{-1} CoCl_2$、$1mol \cdot L^{-1} NiCl_2$、$1mol \cdot L^{-1} CuCl_2$ 溶液和它们的混合液，用干净的专用毛细管分别在色谱纸上按上述指定的位置上点样，最后用专用的毛细管点未知样品，每试样的斑点直径应小于 0.5cm。让色谱纸上的试液斑点自然干燥。

3. 在层析缸中加丙酮 17mL、$6mol \cdot L^{-1}$ 盐酸 4mL，盖上层析缸盖轻轻振摇烧杯，充分混合展开剂，揭开层析缸盖，按图 6-3 所示把层析纸放入烧杯内，展开剂液面应略低于色谱纸上铅笔线，盖上层析缸盖。

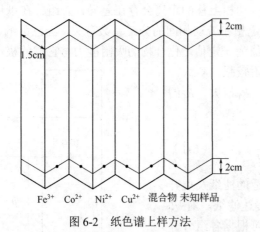

图 6-2　纸色谱上样方法　　图 6-3　纸色谱展开方法

4. 仔细观察与记录在层析过程中产生的现象。当展开剂前沿上升到上部画线处时，停止展开，用镊子取出色谱纸，及时用铅笔画下展开剂前沿位置。将滤纸放入空烧杯，置于通风橱内自然干燥。

5. 在通风橱内自然干燥色谱纸，干燥后用 0.1mol·L^{-1} K$_3$[Fe(CN)$_6$] 和 0.1mol·L^{-1} K$_4$[Fe(CN)$_6$] 等体积混合液喷雾，使斑点显色，自然干燥色谱纸。

【实验要求】

1. 记录所用展开剂的组成：丙酮：6mol·L^{-1} 盐酸=_____。
2. 记录各组分在层析时显示的颜色。
3. 用铅笔画下各斑点的轮廓，测量斑点中心位置至基线的垂直距离 h；测量展开剂前沿至基线的垂直距离 H（精确至 0.1cm），记录测量结果。
4. 计算 R_f 值。
5. 根据对照实验（颜色、R_f 值），试判断未知组分中是何种物质。

表 6-1 无机纸上色谱实验现象及结果

色谱物质名称	FeCl$_3$	NiCl$_2$	CuCl$_2$	CoCl$_2$	混合物	未知样品
色谱时颜色						
喷雾后显色						
h/cm						
H/cm						
R_f 值						

混合液中所含离子为：_____；

未知液中所含离子为：_____。

【思考题】

1. 纸上色谱分离无机离子的原理是什么？
2. 取出色谱纸后，为什么要及时画下展开剂前沿位置？且需要使用铅笔而非钢笔？
3. 展开剂的成分对展开效果有何影响？

实验 36　未知阳离子液的定性分析——设计实验

【实验目的】

1. 熟悉常见阳离子的基本性质，掌握常见阳离子的鉴定反应。
2. 学习实验方案的设计，对未知阳离子混合液进行分离和鉴定。
3. 练习分离与鉴定的基本操作。
4. 培养综合应用基础知识的能力。

【实验原理】

离子的分离和鉴定是以各离子对试剂的不同反应为依据的。这种反应常伴随着特殊的现象，如沉淀的生成或溶解、特殊颜色的出现、气体的产生等等。各离子对试剂的反应相似性和差异性都是构成离子分离与鉴定的基础。因而要想掌握分离检出的方法，就要熟悉离子的基本性质。

离子混合液中各组分若对鉴定反应不产生干扰，便可以利用特效反应直接鉴定某种离子。若共存的其他组分彼此干扰，就要选择适当方法消除干扰。通常采用掩蔽剂消除干扰，它是一种比较简单、有效的方法。但在很多情况下没有合适的掩蔽剂，就需要将彼此干扰的组分分离。沉淀分离是最经典的分离方法，这种方法是向混合溶液中加入沉淀剂，利用形成的化合物溶解度的差异，使被分离组分与干扰组分分离。常用的沉淀剂有 HCl、H_2SO_4、$NaOH$、$NH_3 \cdot H_2O$、$(NH_4)_2CO_3$ 及 $(NH_4)_2S$ 等。由于在元素周期表中位置相邻元素在化学性质上表现出相似性，因此一种沉淀剂往往可以使具有相似性质的元素同时产生沉淀，这种沉淀剂称为产生沉淀的元素的组试剂。组试剂将元素划分为不同的组，逐渐达到分离的目的。

1. 混合阳离子分组法

常见的阳离子有20多种，对它们进行个别检出时容易发生相互干扰。所以，在进行阳离子分析的时候，一般都是利用阳离子的某些共同的特性先将它们分成几组，然后再根据不同阳离子的个性检出。利用不同的组试剂把阳离子逐组分离再进行检出的方法叫作阳离子的系统分析。在阳离子系统分析中利用不同的组试剂，有很多不同的分组方案。

在众多的阳离子分组方案中，应用最广、时间最长的是硫化氢系统法（见图6-4），它所依据的主要是各阳离子的硫化物以及它们的氯化物、碳酸盐和氢氧化物的溶解度不同，按照一定的顺序加入分离试剂，把阳离子分为5组。然后在各组内根据各个阳离子的特性进一步分离与鉴定。这种分组方法的优点是系统性强、分离方法比较严谨，由于其能很好地与溶度积、沉淀-溶解平衡等基本理论相结合，因而有很大的教学价值。但是缺点是，操作复杂、耗时较长，且硫化氢气体有毒、易污染空气。

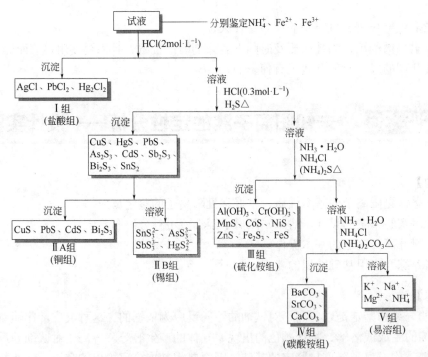

图6-4 硫化氢系统法混合阳离子分组示意图

实验室另外一种常用的混合阳离子分组法是两酸两碱系统法（见图 6-5）。该法的基本思路是先用 HCl 溶液将能形成氯化物沉淀的 Ag^+、Pb^{2+}、Hg_2^{2+} 分离出去；再用 H_2SO_4 溶液将能形成难溶硫酸盐的 Ba^{2+}、Pb^{2+}、Ca^{2+} 分离出去；然后用 $NH_3·H_2O$ 和 NaOH 溶液将剩余的离子进一步分组，分组后再进行个别检出。

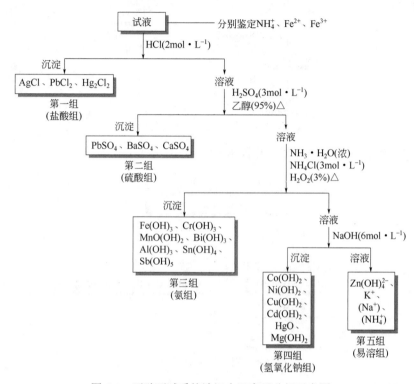

图 6-5　两酸两碱系统法混合阳离子分组示意图

为了减少硫化氢的污染，本实验以两酸两碱系统为例，将常见的 20 多种阳离子分组，然后根据离子的特性，分别进行分离鉴定。

第一组（盐酸组）阳离子的分离

根据 $PbCl_2$ 可溶于 NH_4Ac 和热水中，而 AgCl 可溶于氨水中，分离本组离子并鉴定（见图 6-6）。

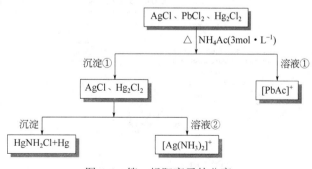

图 6-6　第一组阳离子的分离

第二组（硫酸组）阳离子的分离（见图 6-7）

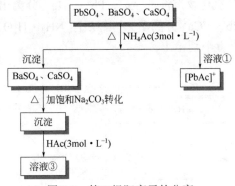

图 6-7　第二组阳离子的分离

第三组（氨组）阳离子的分离（见图 6-8）

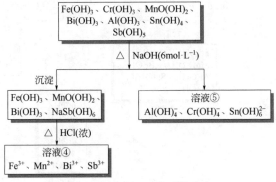

图 6-8　第三组阳离子的分离

第四组（氢氧化钠组）阳离子的分离

将氢氧化钠组所得的沉淀溶于 2.0mol·L^{-1} 的 HNO$_3$ 溶液中，得 Co^{2+}、Ni$^+$、Cu^{2+}、Cd^{2+}、Hg^{2+}、Mg^{2+} 混合溶液，将该溶液进行分离（见图 6-9）。

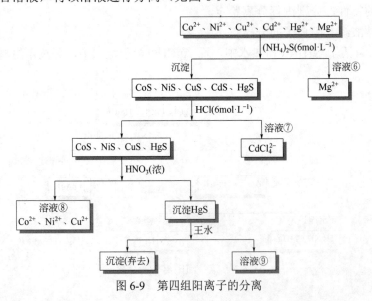

图 6-9　第四组阳离子的分离

第五组（易溶组）阳离子的鉴定

易溶组阳离子虽然是在阳离子分组最后一步得到的,但该组阳离子的鉴定,除$[Zn(OH)_4]^{2-}$外,最好取原试液进行,以免阳离子分离中引入大量的Na^+、NH_4^+对检测结果产生干扰,对于本组离子,本实验仅要求掌握NH_4^+的鉴定。

2. 阳离子的鉴定

(1) Pb^{2+}的鉴定 取溶液①,设计方案鉴定Pb^{2+}。

(2) Ag^+的鉴定 取溶液②,设计方案鉴定Ag^+。

(3) Hg_2^{2+}的鉴定 若沉淀①变为黑灰色,表示有Hg_2^{2+}存在,氯化亚汞与氨水的反应无其他离子干扰。

(4) Ca^{2+}与Ba^{2+}的鉴定 用$NH_3·H_2O$调节溶液③的pH为4~5,加入$0.1mol·L^{-1}$的K_2CrO_4溶液,若有黄色沉淀生成,表示有Ba^{2+}存在。该沉淀分离后,在清液中加入饱和$(NH_4)_2C_2O_4$溶液,水浴加热后,慢慢生成白色沉淀,表示有Ca^{2+}存在。

(5) Fe^{3+}、Mn^{2+}、Bi^{3+}、Sb^{3+}的鉴定 分别取溶液④ 2滴,设计方案鉴定Fe^{3+}、Mn^{2+}。Bi^{3+}、Sb^{3+}的鉴定相互干扰,先将二者分离后再鉴定。

(6) Cr^{3+}的鉴定 取溶液⑤10滴,设计方案鉴定Cr^{3+}。

(7) Al^{3+}的鉴定（不做基本要求） 用溶液⑤10滴,用$6mol·L^{-1}$ HAc酸化,调节pH为6~7,加3滴铝试剂,摇晃后,放置片刻,加$6mol·L^{-1}$ $NH_3·H_2O$碱化,水浴加热,如有红色絮状沉淀出现,表示有Al^{3+}存在。

(8) Sn^{4+}的鉴定 取溶液⑤10滴,用$6mol·L^{-1}$ HCl溶液酸化,加入少量铁粉,水浴加热至作用完全,取上层清液,加入1滴浓盐酸,加2滴Hg_2Cl_2溶液,若有白色或是灰黑色沉淀析出,表示有Sn^{4+}存在。

(9) Cd^{2+}的鉴定 取溶液⑦5滴,设计方案鉴定Cd^{2+}。

(10) Co^{2+}、Ni^{2+}、Cu^{2+}的鉴定 分别取溶液⑧5滴,设计方案鉴定Co^{2+}、Ni^{2+}、Cu^{2+}。

(11) Hg^{2+}的鉴定 取溶液⑨10滴,设计方案鉴定Hg^{2+}。

(12) Zn^{2+}的鉴定 取第五组溶液10滴,设计方案鉴定Zn^{2+}。

(13) NH_4^+的鉴定 取原未知溶液10滴,设计方案鉴定NH_4^+。

以上各离子的鉴定步骤参见附录9。

【仪器和试剂】

仪器：试管,离心管,点滴板,离心机,水浴加热装置,胶头滴管,药匙等。

试剂：HCl（$2mol·L^{-1}$、浓）,H_2SO_4（$1mol·L^{-1}$、$3mol·L^{-1}$）,HNO_3（$2mol·L^{-1}$、$6mol·L^{-1}$）,HAc（$6mol·L^{-1}$）,NaOH（$2mol·L^{-1}$、$6mol·L^{-1}$）,$NH_3·H_2O$（$2mol·L^{-1}$、$6mol·L^{-1}$、浓）,KSCN（$0.1mol·L^{-1}$）,KI（$0.1mol·L^{-1}$）,$HgCl_2$（$0.1mol·L^{-1}$）,EDTA（饱和）,NaAc（$3mol·L^{-1}$）,K_2CrO_4（$0.1mol·L^{-1}$）,Na_2CO_3（$0.5mol·L^{-1}$、饱和）,NH_4Cl（$3mol·L^{-1}$）,NH_4Ac（$3mol·L^{-1}$）,$(NH_4)_2C_2O_4$（饱和）,$(NH_4)_2S$（$6mol·L^{-1}$）,$K_4[Fe(CN)_6]$（$0.1mol·L^{-1}$）,H_2S（饱和）,$NaBiO_3$（s）,KSCN（s）,乙醇（95%）,奈斯勒试剂,铝片,戊醇,丙酮,CCl_4,丁二酮肟,二苯硫腙,pH试纸,滤纸条等。

【实验要求】

1. 领取5mL含有第一组至第五组阳离子的未知混合溶液,取其1mL进行分析,利用两酸两碱法设计分离、鉴定方案,并完成实验。

2. 对未知液中鉴定出的离子，写出鉴定步骤和有关反应方程式。

3. 为提高分析结果的准确性，应进行"空白实验"和"对照实验"。

4. 实验过程中每步获取沉淀后，都应将沉淀用含有沉淀剂的稀溶液或去离子水洗涤 1～2 次。

【思考题】

1. 选择一种试剂，区别下列 5 种溶液：$NaNO_3$、Na_2S、$NaCl$、$Na_2S_2O_3$、Na_2HPO_4，并写出相关的反应方程式。

2. 洗涤 $AgCl$、Hg_2Cl_2 沉淀时为什么要用热的 HCl 水溶液？

实验 37　含 Cr（Ⅵ）废水的处理

【实验目的】

1. 了解铁氧体法处理含铬废水的基本原理，学习水样中铬的处理方法。

2. 综合学习加热、溶液配制、酸碱滴定和固液分离及吸光光度法测六价铬的方法。

【实验原理】

含铬的工业废水，其铬的存在形式多为 Cr^{6+} 及 Cr^{3+}。Cr^{6+} 的毒性比 Cr^{3+} 大 100 倍，它能诱发皮肤溃疡、贫血、肾炎及神经炎等。工业废水排放时，要求 Cr^{6+} 的含量不超过 $0.3mg \cdot L^{-1}$；而生活饮用水和地面水，则要求 Cr^{6+} 的含量不超过 $0.05mg \cdot L^{-1}$。Cr^{6+} 的除去方法很多，本实验采用铁氧体法。所谓铁氧体是指：在含铬废水中，加入过量的硫酸亚铁溶液，使其中的 Cr^{6+} 和亚铁离子发生氧化还原反应，此时 Cr^{6+} 被还原为 Cr^{3+}，而亚铁离子则被氧化为 Fe^{3+}。调节溶液 pH，使 Cr^{3+}、Fe^{3+} 和 Fe^{2+} 转化为氢氧化物沉淀。然后加入 H_2O_2，再使部分+2 价铁氧化为+3 价，组成类似 $Fe_3O_4 \cdot xH_2O$ 的磁性氧化物，这种氧化物称为铁氧体，其中部分+3 价铁可被+3 价铬代替，其组成可写作 $Fe^{3+}[Fe^{2+}Fe^{3+}_{1-x}Cr_x]O_4$，因此可使铬成为铁氧体的组分而被沉淀出来。其反应方程式为：

$$Cr_2O_7^{2-} + 6Fe^{2+} + 14H^+ = 2Cr^{3+} + 6Fe^{3+} + 7H_2O$$

$$Fe^{2+} + (2-x)Fe^{3+} + xCr^{3+} + 6OH^- = Fe^{3+}[Fe^{2+}Fe^{3+}_{1-x}Cr_x]O_4（铁氧体）$$

式中，x 在 0～1 之间。

为了检查含铬废水的处理效果，必须测定废水样品和经处理后的试液中 Cr（Ⅵ）的含量。测定 Cr（Ⅵ）的方法较多，本实验采用分光光度法。在酸性介质中 Cr^{6+} 可与二苯酰肼（二苯碳酰二肼）（DPCI）作用产生红紫色配合物而加以检测。该配合物的最大吸收波长为 540nm 左右，摩尔吸光系数为 $2.6×10^4 \sim 4.17×10^4 L \cdot mol^{-1} \cdot cm^{-1}$。显色温度以 15℃为宜，过低温度显色速度慢，过高配合物稳定性差；显色时间 2～3min，配合物可在 1.5h 内稳定，根据朗伯-比尔定律，即可测定废水中的残留 Cr^{6+} 的含量。显色反应式可表示为：

$$2HCrO_4^- + 3H_4R + 6H^+ \longrightarrow Cr(HR)_2^+ + H_2R + Cr^{3+} + 8H_2O$$

式中，H_4R 表示 DPCI；H_2R 表示 DPO（二苯偶氮碳酰肼）。

本法很灵敏，铬的最低检出限可达到 $0.001\text{mg} \cdot \text{L}^{-1}$。$Hg_2^{2+}$ 和 Hg^{2+} 可与 DPCI 作用生成蓝（紫）色化合物，对 Cr^{6+} 的测定产生干扰，但在本实验所控制的酸度下，反应不甚灵敏。三价铁与 DPCI 作用生成黄色化合物，其干扰可通过加铁的络合剂 H_3PO_4 消除；V^{5+} 与 DPCI 作用生成的棕黄色化合物因不稳定而很快褪色（约 20min），可不予考虑；少量的 Cu^{2+}、Ag^+、Au^{3+} 在一定程度上有干扰；钼低于 $100\mu g \cdot mL^{-1}$ 时不干扰测定。

【仪器和试剂】

仪器：分析天平，台秤，烧杯，蒸发皿，电磁铁，电炉或酒精灯，漏斗，滴定管（25mL），锥形瓶（250mL），量筒（100mL、10mL），分光光度计及比色皿，容量瓶（50mL），移液管（25mL、5mL），pH 试纸，定性滤纸。

试剂：$K_2Cr_2O_7$（$0.01\text{mol} \cdot \text{L}^{-1}$）标准溶液，$H_2SO_4$（$3\text{mol} \cdot \text{L}^{-1}$）溶液，硫酸-磷酸混酸（冷却条件下向 140mL 水中加入 30mL 硫酸，再加入 30mL 磷酸），H_2O_2 溶液（3%），NaOH（$6\text{mol} \cdot \text{L}^{-1}$）溶液，$FeSO_4 \cdot 7H_2O$（s），二苯胺磺酸钠溶液（1%），含铬废水（约 $1.5\text{g} \cdot \text{L}^{-1}$）。

$100\text{mg} \cdot \text{L}^{-1}$ 含 Cr^{6+} 标准储液：准确称取 140℃下干燥的 $K_2Cr_2O_7$ 0.2829g 于小烧杯中，溶解后定量转入 1000mL 容量瓶中，用蒸馏水稀释至刻度，摇匀。

$1.0\text{mg} \cdot \text{L}^{-1}$ 含 Cr^{6+} 标准储备液：准确移取 5.00mL 储备液于 500mL 容量瓶中，用蒸馏水稀释至刻度，摇匀即制成 $1.0\text{mg} \cdot \text{L}^{-1}$ 标准溶液。

$0.05\text{mol} \cdot \text{L}^{-1}$ 硫酸亚铁铵标准溶液：用 $0.01\text{mol} \cdot \text{L}^{-1}$ $K_2Cr_2O_7$ 标准溶液标定。

二苯碳酰二肼：0.5g 二苯碳酰二肼加入 50mL 95%乙醇溶液。待溶解后再加入 200mL 10%H_2SO_4 溶液，摇匀。该物质不稳定，见光易分解，应储于棕色瓶中。

【实验提示】

1. 含铬废水中铬的测定

用移液管量取 10.00mL 含铬废水置于 250mL 锥形瓶中，依次加入 10mL 硫酸-磷酸混合酸、30mL 去离子水和 4 滴二苯胺磺酸钠指示剂，摇匀。用标准硫酸亚铁铵溶液滴定至溶液由红色变到绿色时为止，即为终点。平行三次。求出废水中 Cr^{6+} 的质量浓度。

2. 含铬废水的处理

量取 100mL 含铬废水，置于 250mL 烧杯中。根据上面测定的铬量，换算成 CrO_3 的质量，再按 CrO_3∶$FeSO_4 \cdot 7H_2O$ = 1∶16 的质量比算出所需 $FeSO_4 \cdot 7H_2O$ 的质量；用台秤称取所需质量的 $FeSO_4 \cdot 7H_2O$，加到所取含铬废水中，不断搅拌，待晶体溶解后，逐滴加入 $3\text{mol} \cdot \text{L}^{-1}$ H_2SO_4，并不断搅拌，直至溶液的 pH 值约为 1，此时溶液显亮绿色。

用 $6\text{mol} \cdot \text{L}^{-1}$ NaOH 逐滴加入上述溶液，调节溶液的 pH 值为 8～9。然后将溶液加热至 70℃左右，使 Fe^{3+}、Cr^{3+}、Fe^{2+} 形成氢氧化物沉淀，沉淀应为墨绿色。在不断搅拌下滴加 3%H_2O_2 溶液 8～10 滴，使沉淀刚好呈现棕色。再充分搅拌后，冷却静置，使所形成的氢氧化物沉淀沉降。

采用倾析法对上面的溶液进行过滤，滤液进入干净干燥的烧杯中，沉淀用去离子水洗涤数次，然后将沉淀物转移到蒸发皿中，用小火加热，蒸发至干。待冷却后，将沉淀均匀地摊在干净的白纸上，另用纸将磁铁紧紧裹住，然后与沉淀物接触，检验沉淀物的磁性。

3. 处理后水质的检验

（1）标准曲线的绘制：用吸量管分别移取 $1.0\text{mg} \cdot \text{L}^{-1}$ $K_2Cr_2O_7$ 标准溶液 0.00mL、0.50mL、1.00mL、2.00mL、4.00mL、7.00mL、10.00mL 各置于 50mL 容量瓶中，然后每一只容量瓶中加入 0.5mL 硫酸-磷酸混酸和 2.5mL 二苯基碳酰二肼溶液，最后用去离子水稀释到刻度，摇匀，让其静置10min。以试剂空白为参比溶液，在540nm波长处测量溶液的吸光度，并以吸光度为纵坐标、相应Cr^{6+}量为横坐标绘制标准曲线。

(2) 处理后水样中Cr^{6+}的含量：取适量上面处理后的滤液（如25mL）于50mL容量瓶中，加入0.5mL 硫酸-磷酸混酸和2.5mL 二苯碳酰二肼溶液，然后用去离子水稀释到刻度，摇匀，静置10min。最后用同样的方法在540 nm处测出其吸光度。

(3) 根据测定的吸光度，在标准曲线上查出相对应的Cr^{6+}量（μg），再用下面的公式计算出其在处理后水样中的含量：$Cr^{6+}(mg \cdot L^{-1}) = m/V$。这里，$m$表示从标准曲线上查得的$Cr^{6+}$量，μg；$V$表示所取处理后水样（滤液）的体积，mL。

【实验要求】

1. 根据实验提示，测量所给含铬废水中Cr^{6+}的质量浓度。
2. 对所给含铬废水进行铬离子脱除处理，并检验处理后的水样质量是否达标。

【思考题】

1. 处理废水中，为什么加$FeSO_4 \cdot 7H_2O$前要加酸调节 pH = 1，而后为什么又要加碱调整 pH = 8 左右，如果 pH 控制不好，会有什么不良影响？
2. 如果加入$FeSO_4 \cdot 7H_2O$不够，会产生什么影响？

实验38　海带中碘的提取

【实验目的】

1. 熟悉碘离子、碘酸根和单质碘的化学反应和单质碘的测定方法。
2. 掌握溶解、过滤、萃取、减压蒸馏和氧化还原滴定等基本操作。

【实验原理】

碘是动植物和人体的必需微量元素，也是制备无机和有机碘化物的基本原料。虽然海水中碘含量甚低，但海带、海藻等一些海洋植物具有选择性吸收和富集碘的能力。据文献报道，海带中碘含量一般在0.3%以上，最高可达0.7%～0.9%；我国海带碘含量多数在0.5%左右。由于海带价廉易得，可作为实验室提取碘的原料。

海带中碘的提取方法很多，目前主要有离子交换法、空气吹出法等。在碘的提取过程中，先用浸泡或烧化使海带中的碘转化成无机碘化物或碘酸盐形式进入溶液或灰分中，然后采用氧化析出碘。

【仪器和试剂】

仪器：坩埚，电炉，马弗炉，HJ-3 恒温磁力搅拌器，PHS-2F 型数字 pH 计，滴定管。

试剂：无水碳酸钠，浓盐酸，浓硫酸，30%过氧化氢，无水乙醚，无水硫酸镁，硫代硫酸钠，重铬酸钾和可溶性淀粉，亚硝酸钠，以上试剂均为分析纯；市售干海带。

【实验提示】

1. 水浸泡时间对海带中碘含量的影响

秦俊法等人用能量色散 X 射线荧光分析法（XPF）研究了水浸泡对海带中碘含量的影响。

结果表明，用淡水浸泡海带半小时以上就可使其中 80%左右的碘损失掉，时间延长至 6h 以上或用盐水浸泡可使海带中碘含量少流失 10%左右。所以在从海带中提取碘的实验中，海带样品要避免长时间地浸泡，即可将样品海带洗净后迅速烘干。

2. 炭化条件对海带中碘含量的影响

（1）炭化前的处理方式。若将干海带直接焙烧，由于单质碘容易升华，会导致海带灰中的碘大量损失。采用 KOH 浓溶液浸泡干海带，破坏海带中的有机质，然后进行焙烧。这是因为在碱性条件下，碘以碘盐的形式存在，不易被空气氧化，从而减少了在焙烧过程中碘的损失。

（2）炭化的时间及设备。由于炭化的时间及设备不同，碘的收获量也有很大的差别。通过对比实验，得出在马弗炉中炭化海带，能提高碘的提取率。在实验中，采取先将坩埚置于电炉上灼烧，然后转移至马弗炉中炭化 1.5h。

3. 氧化剂的选择

海带中碘经炭化后，主要形成无机碘化物，将海带灰用蒸馏水熬煮以使碘化物溶解于水，应遵循少量多次的原则，抽滤、收集滤液，调整溶液的 pH 值，使溶液呈弱酸性后，用氧化剂氧化即可析出单质碘。常用的氧化剂有重铬酸钾、氯气、过氧化氢、氯酸钾、二氧化锰等。若采用氯气、氯酸钾、重铬酸钾等强氧化剂，易将碘进一步氧化生成碘酸盐留在溶液中，这样反而降低了碘的收率。相对重铬酸钾、氯酸钾、二氧化锰以及过氧化氢而言，亚硝酸钠是一种中等强度的氧化剂。采用亚硝酸钠作为氧化剂的优点如下：①用亚硝酸钠氧化碘化物的速度快，比较完全，并且避免过强的氧化剂使碘进一步氧化成碘酸盐留在溶液中；②氧化过程是在溶液中进行的均相反应，比在固态条件下的非均相反应要快，采用亚硝酸盐作氧化剂时，其氧化速度快，因为氧化剂 HNO_2 对称性低，比对称性高的 $Cr_2O_7^{2-}$、NO_3^-、ClO_3^- 或其他氧化剂都要快，可快速从海带中提取碘；③反应是在常温下进行，能耗低，在反应过程中虽有 NO 生成，但 NO 在常温下能很快自动与空气中的氧气发生作用生成 NO_2，最后可被碱液吸收，可控制生成亚硝酸盐，也可循环使用，节省原材料。

4. 碘析出后的检测

（1）定性检验

溶液中的碘化物经亚硝酸钠氧化而析出 I_2 后，虽然碘在水中溶解度小 $[0.028g \cdot 100g^{-1}$（20℃）]，但因碘的含量低，溶液又较多，所以碘基本上能全部溶解进入水中，如用四氯化碳几次萃取后，因碘在四氯化碳中溶解度大 $[2.9g \cdot 100g^{-1}$（20℃）]，水中的 I_2 几乎完全进入了四氯化碳中而富集。为此，可将此过程改为将氧化后的碘溶液用 CCl_4 进行萃取，这样省了许多仪器的装置，操作简单，节省了大量时间。

（2）用硫代硫酸钠进行定量滴定

直接取萃取后含碘的 CCl_4 溶液，用已知浓度的硫代硫酸钠溶液进行滴定，以测出海带中碘的含量。其反应式为：$2S_2O_3^{2-} + I_2 \Longrightarrow 2I^- + S_4O_6^{2-}$。用 20mL 移液管吸取含碘的 CCl_4 溶液 3 份，分别加入 250mL 锥形瓶中，再各注入 40mL 蒸馏水，用 $0.0010mol \cdot L^{-1}$ 标准硫代硫酸钠溶液滴定，滴至呈淡黄色时（注意不要滴过量），注入 4mL 0.4%淀粉溶液，此时溶液应呈蓝色，继续滴定，至蓝色刚好消失，记下所消耗的硫代硫酸钠溶液的体积。根据反应方程式的计量关系可以计算出碘溶液的平均浓度，即可计算出海带中碘的含量。

5. 含碘的四氯化碳溶液的回收

在用四氯化碳定性检验碘以后，会产生大量含碘的四氯化碳溶液，如果对它回收利用，有如下优点：

（1）四氯化碳是一种较昂贵的化学试剂，回收处理具有一定的经济价值；

（2）四氯化碳又是有毒的试剂，实验中若随意排放，严重污染并破坏生态环境，危害人体健康；根据碘和四氯化碳的化学性质和物理性质的差别，可以用碱液处理法、饱和碘化钾溶液处理法、硫代硫酸钠处理法、浓硝酸处理法或锌粉处理法等。

【实验要求】

1. 实验方案制定　根据所提供的材料、试剂和仪器，自行查阅相关文献，分小组制定实验方案。指导教师组织学生集中讨论，并对各小组制定的实验方案进行点评。

2. 熟悉与本实验有关的实验装置、仪器的安装及使用。指导教师给学生演示相关实验装置、仪器的安装及使用，并指导学生学会正确安装和使用相关实验装置和仪器。

3. 按论文格式要求撰写实验报告。

【思考题】

1. 碱溶法煮泡海带与不加碱或海带灰化法相比有何优点？

2. 如何确定溶液中的 I^- 全部转化成 I_2，而且生成的 I_2 没有进一步被氧化？请设计合理的实验方案。

实验39　未知阴离子液的定性分析

【实验目的】

1. 了解混合阴离子的鉴定方案。
2. 掌握个别阴离子的鉴别方法。
3. 培养观察分析实验现象的综合能力。

【实验原理】

无机化学中的阴离子种类众多，阴离子可能以非金属元素简单阴离子、非金属元素复杂阴离子以及金属元素复杂阴离子等不同形式存在，常见阴离子有 Cl^-、Br^-、I^-、CO_3^{2-}、NO_2^-、NO_3^-、PO_4^{3-}、S^{2-}、SO_3^{2-}、$S_2O_3^{2-}$、SO_4^{2-} 等十余种，本实验主要涉及这些阴离子的鉴别方法。

许多阴离子只能在碱性或中性环境中存在或共存，一旦溶液被酸化，阴离子即会发生分解或相互作用。如在酸性环境下，CO_3^{2-}、NO_2^-、S^{2-}、SO_3^{2-}、$S_2O_3^{2-}$ 会发生分解；在酸性环境下，氧化性离子 NO_3^-、NO_2^-、SO_4^{2-} 可与还原性离子 I^-、S^{2-}、SO_3^{2-}、$S_2O_3^{2-}$ 发生氧化还原反应。还有的离子，如 NO_2^-、SO_3^{2-}、S^{2-} 易被空气氧化成 NO_3^-、SO_4^{2-} 和 S 等。因此，很多阴离子不能共存于同一溶液中，共存于溶液中的阴离子彼此干扰也较少，且许多阴离子有特征反应，故可采用分别分析的法，即利用阴离子的反应特性先对试剂进行一系列初步实验，分析并初步确定可能存在的阴离子，然后根据离子性质的差异和特征反应进行个别分离鉴别。

初步实验包括挥发性实验、沉淀实验、氧化还原实验等。先用 pH 试纸及稀 H_2SO_4 加之闻味进行挥发性实验；然后利用 $1 mol·L^{-1}$ 的 $BaCl_2$ 及 $0.1 mol·L^{-1}$ 的 $AgNO_3$ 进行沉淀实验；

最后利用 0.01mol·L^{-1} 的 KMnO$_4$、I$_2$-淀粉、KI-淀粉溶液进行氧化还原实验。每种阴离子与以上试剂反应的情况见表 6-2。根据初步实验结果，推断可能存在的阴离子种类。然后根据附录 9 中各种阴离子的鉴定方法，对可能存在的阴离子进行个别鉴定。

表 6-2 阴离子的初步实验

试剂	稀 H$_2$SO$_4$	BaCl$_2$（中性或弱碱性）	AgNO$_3$（稀 HNO$_3$）	I$_2$-淀粉（稀硫酸）	KMnO$_4$（稀硫酸）	KI-淀粉（稀硫酸）
Cl$^-$			白色沉淀		褪色①	
Br$^-$			淡黄色沉淀		褪色	
I$^-$			黄色沉淀		褪色	
NO$_3^-$						
NO$_2^-$	气体				褪色	变蓝
SO$_4^{2-}$		白色沉淀				
SO$_3^{2-}$	气体	白色沉淀		褪色	褪色	
S$_2$O$_3^{2-}$	气体	白色沉淀②	溶液或沉淀③	褪色	褪色	
S^{2-}	气体		黑色沉淀	褪色	褪色	
CO$_3^{2-}$	气体	白色沉淀				
PO$_4^{3-}$		白色沉淀				

① 当溶液中 Cl$^-$浓度大，溶液酸性强 KMnO$_4$才褪色；
② S$_2$O$_3^{2-}$ 的量大时生成 BaS$_2$O$_3$ 白色沉淀；
③ S$_2$O$_3^{2-}$ 的量大时生成[Ag(S$_2$O$_3$)$_2$]$^{3-}$无色溶液，S$_2$O$_3^{2-}$ 与 Ag$^+$的量适中时生成 Ag$_2$S$_2$O$_3$ 白色沉淀，并很快分解，颜色由白→黄→棕→黑，最后产物为 Ag$_2$S。

为了提高分析结果的准确性，应进行"空白实验"和"对照实验"。"空白实验"是以去离子水代替试液，而"对照实验"是用已知有被检验离子的溶液代替试液。若某些离子在鉴定时发生相互干扰，应先分离，后鉴定。例如，S^{2-} 的存在将干扰 SO$_3^{2-}$ 和 S$_2$O$_3^{2-}$ 的鉴定，应先将 S^{2-} 除去。除去的方法是在含有 S^{2-}、SO$_3^{2-}$、S$_2$O$_3^{2-}$ 的混合溶液中，加入 PbCO$_3$ 或 CdCO$_3$ 固体，使 S^{2-}生成溶解度更小的硫化物而被分离出去，然后对 SO$_3^{2-}$ 和 S$_2$O$_3^{2-}$ 进行分别鉴定。

【仪器和试剂】

仪器：离心机，酒精灯，试管，点滴板，玻璃棒，水浴锅，胶头滴管。

试剂：H$_2$SO$_4$（2mol·L^{-1}、浓），HCl 溶液（6mol·L^{-1}），HNO$_3$（2mol·L^{-1}、6mol·L^{-1}、浓），HAc（2mol·L^{-1}、6mol·L^{-1}），NH$_3$·H$_2$O（2mol·L^{-1}），Ba(OH)$_2$（饱和），KMnO$_4$（0.01mol·L^{-1}），KI（0.1mol·L^{-1}），K$_4$[Fe(CN)$_6$]（0.1mol·L^{-1}），NaNO$_2$（0.1mol·L^{-1}），BaCl$_2$（1mol·L^{-1}），Na$_2$[Fe(CN)$_5$NO]（1%，新配），(NH$_4$)$_2$CO$_3$（12%），AgNO$_3$（0.1mol·L^{-1}），(NH$_4$)$_2$MoO$_4$ 溶液，Ag$_2$SO$_4$（0.02mol·L^{-1}），Zn（粉），PbCO$_3$（s），FeSO$_4$·7H$_2$O（s），尿素，氯水（饱和），碘水（饱和），CCl$_4$，淀粉溶液。

材料：pH 试纸。

【实验提示】

如果某混合离子试液可能含有 CO$_3^{2-}$、NO$_2^-$、NO$_3^-$、PO$_4^{3-}$、S^{2-}、SO$_3^{2-}$、S$_2$O$_3^{2-}$、SO$_4^{2-}$、Cl$^-$、Br$^-$、I$^-$，按下列步骤进行分析，确定试液中含有哪些离子。

1. 初步检验

（1）用 pH 试纸测试未知试液的酸碱性

如果溶液呈酸性，哪些离子不可能存在？如果试液呈碱性或中性，可取试液数滴，用 3mol·L^{-1} H_2SO_4 酸化并水浴加热。若无气体产生，表示 CO_3^{2-}、NO_2^-、S^{2-}、SO_3^{2-}、$S_2O_3^{2-}$ 等离子不存在；如果有气体产生，则可根据气体的颜色、臭味和性质初步判断哪些阴离子可能存在。

（2）用 Ba^{2+} 检验阴离子种类

在离心试管中加入几滴未知液，加入 1~2 滴 1mol·L^{-1} $BaCl_2$ 溶液，观察有无沉淀产生。如果有白色沉淀产生，可能有 SO_4^{2-}、$S_2O_3^{2-}$、PO_4^{3-}、CO_3^{2-} 等，离子的浓度大时才会产生 BaS_2O_3 沉淀。离心分离，在沉淀中加入数滴 6mol·L^{-1} HCl，根据沉淀是否溶解，进一步判断哪些离子可能存在。

（3）用 Ag^+ 检验阴离子种类

取几滴未知液，滴加 0.1mol·L^{-1} $AgNO_3$ 溶液。如果立即生成黑色沉淀，表示有 S^{2-} 存在；如果生成白色沉淀，迅速变黄变棕变黑，则有 $S_2O_3^{2-}$。但 $S_2O_3^{2-}$ 浓度大时，也可能生成 $Ag(S_2O_3)_2^{3-}$ 不析出沉淀。Cl^-、Br^-、I^-、CO_3^{2-}、PO_4^{3-} 都与 Ag^+ 形成浅色沉淀，如有黑色沉淀，则它们有可能被掩盖。离心分离，在沉淀中加入 6mol·L^{-1} HNO_3，必要时加热。若沉淀不溶或只发生部分溶解，则表示可能 Cl^-、Br^-、I^- 存在。

（4）氧化还原反应鉴定氧化性阴离子种类

取几滴未知液，用稀 H_2SO_4 酸化，加 CCl_4 5~6 滴，再加入几滴 0.1mol·L^{-1} KI 溶液。振荡后，CCl_4 层呈紫色，说明有 NO_2^- 存在（若溶液中有 SO_3^{2-} 等，酸化后 NO_2^- 先与它们反应而不一定氧化 I^-，CCl_4 层无紫色不能说明无 NO_2^-）。

（5）氧化还原反应鉴定还原性阴离子种类

取几滴未知液，用稀 H_2SO_4 酸化，然后加入 1~2 滴 0.01mol·L^{-1} $KMnO_4$ 溶液。若 $KMnO_4$ 的紫红色褪去，表示可能存在 SO_3^{2-}、$S_2O_3^{2-}$ 等离子。

根据（1）~（5）实验结果，判断有哪些离子可能存在，并将实验结果填入表 6-3。

表 6-3 阴离子鉴定现象与结果

项目	pH 试纸实验	稀 H_2SO_4 实验	$BaCl_2$ 实验	$AgNO_3$ 实验	KI-淀粉实验（氧化性阴离子）	还原性阴离子实验		综合分析
						$KMnO_4$	I_2-淀粉	
SO_4^{2-}								
SO_3^{2-}								
$S_2O_3^{2-}$								
S^{2-}								
PO_4^{3-}								
CO_3^{2-}								
NO_3^-								
NO_2^-								
Cl^-								
Br^-								
I^-								

2. 阴离子的个别鉴定

根据初步实验结果，对可能存在的阴离子，按照附录 10 的方法进行个别鉴定实验，最终确定混合液中阴离子种类。

【实验要求】
1. 向教师领取混合阴离子未知液，设计方案，分析鉴定未知液中所含的阴离子。
2. 给出鉴定结果，写出鉴定步骤及相关的反应方程式。
3. 提交书面报告。

【思考题】
1. 混合阴离子的一般鉴定方法和思路是什么？
2. 鉴定 SO_4^{2-} 时，怎样除去 SO_3^{2-}、$S_2O_3^{2-}$、CO_3^{2-} 的干扰？
3. 在 Cl^-、Br^-、I^- 的分离鉴定中，为什么用 12%的 $(NH_4)_2CO_3$ 将 AgCl 与 AgBr 和 AgI 分离开？

实验40　废旧电池的回收和利用

【实验目的】
1. 进一步熟练无机物的实验室提取、制备、提纯、分析等方法和技能。
2. 学习实验方案的设计。
3. 了解废物中有效成分的回收利用方法。

【实验原理】
日常生活中用的干电池为锌锰干电池，其负极为电池壳体的锌电极，正极是被 MnO_2（为增强导电能力，填充有炭粉）包围着的石墨电极，电解质是氯化锌和氯化铵的糊状物。其电池反应为：

$$Zn + 2NH_4Cl + 2MnO_2 = Zn(NH_3)_2Cl_2 + 2MnOOH$$

在使用过程中，锌皮消耗最多，MnO_2 只起氧化作用，NH_4Cl 作为电解质没有消耗，炭粉是填料。因而回收处理废干电池可以获得多种物质，如铜、锌、二氧化锰、氯化铵以及炭棒等，废干电池实为一种可变废为宝的可利用资源。

回收时，剥去电池外壳包装纸，用螺丝刀撬开顶盖，用小刀挖去盖小面的沥青层，即可用钳子慢慢拔出炭棒（连同铜帽）。取下铜帽集存，可作为实验或生产硫酸铜的原料。炭棒留作电极使用。

用剪刀或钢锯片把废电池外壳剥开，即可取出里面的黑色物质，它为二氧化锰、炭粉、氯化铵和氯化锌等的混合物。把这些黑色混合物倒入烧杯中，按每节大电池加入蒸馏水 50mL 左右，搅拌、溶解、过滤，滤液用以提取氯化铵。滤渣可用于制备 MnO_2 及锰的化合物，电池的外壳可用以制锌或锌盐。

【仪器和试剂】
查阅有关文献，自己选用配置相应的仪器和试剂。

【实验要求】

查阅有关文献,设计实验方案,完成下列三项实验内容。

1. 从黑色混合物的滤液中提取氯化铵

① 设计实验方案,提取并提纯氯化铵;

② 产品定性检验:证实其为铵盐;证实其为氯化物。

2. 从黑色混合物的滤渣中提取 MnO_2。

① 设计实验方案,精制 MnO_2。

② 实验 MnO_2 与盐酸、MnO_2 与 $KMnO_4$ 的作用。

3. 由锌壳制取七水硫酸锌

① 设计实验方案,以含锌单质的锌壳制备七水硫酸锌。

② 产品定性检验:硫酸盐验证;证实为锌盐;证实不含 Fe^{3+}、Cu^{2+}。

【实验提示】

1. 从黑色混合物的滤液中提取氯化铵

已知滤液的主要成分是 $ZnCl_2$ 和 NH_4Cl,两者在不同温度下的溶解度见表 6-4。

表 6-4　$ZnCl_2$ 和 NH_4Cl 在不同温度下的溶解度

温度/K	273	283	293	303	313	333	353	363	373
NH_4Cl/g·100g^{-1} 水	29.4	33.2	37.2	31.4	45.8	55.3	65.6	71.2	77.3
$ZnCl_2$/g·100g^{-1} 水	342	363	395	437	452	488	541	—	614

氯化铵在 100℃时开始显著地挥发,338℃时离解,350℃时升华。氯化铵和甲醛作用生成六亚甲基四胺盐酸,后者用 NaOH 标准溶液滴定,便可求出产品中氯化铵的含量。有关反应:

$$4NH_4Cl + 6HCHO = (CH_2)_6N_4 + 4HCl + 6H_2O$$

2. 从黑色混合物的滤渣中提取 MnO_2

黑色混合物的滤渣中含有二氧化锰、炭粉和其他少量有机物。用少量的水冲洗,滤干固体,灼烧除去炭粉和有机物。粗的二氧化锰中尚含有一些低价锰和少量其他金属化合物,应设法除去,以获得精制二氧化锰。

3. 由锌壳制取七水硫酸锌

将洁净的碎锌壳以适量的酸溶解。溶液中含有 Fe^{3+}、Cu^{2+} 杂质时,设法除去。

【思考题】

1. 查阅相关资料,了解有关背景知识和废电池回收处理的意义。

2. 制取七水硫酸锌时可能含有哪些杂质离子?如何除去?

实验 41　纳米 MnO_2 的制备和表征的综合实验

【实验目的】

1. 了解超级电容器及其相关材料的发展现状。

2．掌握纳米 MnO_2 的基本性质和水热制备方法。

3．了解 X 射线粉末衍射仪测定物质晶体结构的原理及 X 射线粉末衍射图获取物质结构信息的方法。

4．了解扫描电镜（SEM）观察样品形貌的原理和方法。

5．掌握循环伏安测试的方法。

【实验原理】

纳米材料是指晶粒尺寸为 0.1～100nm 的超细材料。作为电极活性物质的材料纳米化后，表面积增大，电流密度会降低，极化将减小，使得电容量增大，从而具有更优良的电化学活性。因此，纳米材料在电化学领域将有着广阔的应用前景。MnO_2 来源丰富、价格低廉、对环境友好，具有广泛的用途，可作为分子筛、高级催化剂、可充电池电极材料等。特别是纳米 MnO_2 电化学性能较好，具有优越的离子/电子传导率和相对高的电位，使其在电化学领域有非常重要的应用，例如作为碱锰电池正极材料、高能量密度锂电池正极材料和超级电容器电极材料等。

1．MnO_2 的基本性质与制备方法

（1）基本性质

目前，纳米 MnO_2 在超级电容器中已经广泛应用，在碱性溶液中，充放电过程中二氧化锰主要发生的反应为：

$$MnO_2 + H_2O + e^- \longrightarrow MnOOH + OH^-$$

在 -0.1～$0.6V$（vs Hg/HgO）电位范围内，该反应是一个快速可逆的电化学过程，放电时 MnO_2 吸附溶液中的氢离子，同时接受电子，被还原为 MnOOH；充电时 MnOOH 失去电子并释放出氢离子，被氧化为 MnO_2。这样电极便将电荷储存/释放出来，表现出法拉第电容性质。不同晶型的 MnO_2 结构参数不同，见表 6-5。

表 6-5　不同晶型的 MnO_2 结构参数

晶型	晶胞参数/Å			晶系	MnO_n 中的 n 值
	a	b	c		
α-MnO_2	9.82	—	2.86	四方晶系	接近 2
β-MnO_2	4.42	—	2.87	四方晶系	1.98
γ-MnO_2	4.52	9.27	2.86	斜方晶系	1.9～1.96

注：1Å = 0.1nm，下同。

在适当的条件下，不同晶型的 MnO_2 可以相互转化。MnO_2 的电化学性能取决于许多因素，但是结构对其电化学性能的影响最大。

（2）制备方法

纳米 MnO_2 电容器的性能受 MnO_2 的形态、结构影响很大，因而 MnO_2 的制备尤显重要。用于超级电容器材料的纳米 MnO_2 的制备方法目前主要有氧化法、化学沉淀煅灼法、低热固相反应法、溶胶凝胶法等。本实验采用水热法，该法具有工艺简单、易于控制、无需高温烧结、产物晶粒尺寸均匀、分散性和结晶形态较好等优点，它一般采用高压反应釜作为反应容器，以水溶液为反应介质，创造高温高压环境来实现纳米微粒的构筑及生长，并且可以通过改变实验条件来调控纳米颗粒的形状。采用该法制备纳米 MnO_2 的反应式为：

$$Na_2S_2O_8 + MnSO_4 + 2H_2O = Na_2SO_4 + MnO_2 + 2H_2SO_4$$

通过控制 pH 值、水热反应的温度和时间等条件，制得纳米 MnO_2。

2．X 射线粉末衍射图获取物质结构信息的原理

根据晶体的面间距和各晶体对 X 射线的衍射能力来鉴定晶体物相的方法，称为晶体 X 射线物相分析。

各种晶体都具有自身特有的化学组成和晶体结构，对 X 射线的衍射都产生各自特有的衍射花样，其特征可用衍射面间距 d 和衍射线的相对强度 I/I_1 来表示。d 与晶胞大小、形状有关，I/I_1 则与晶胞中所含质点的种类、数目以及它所在晶胞中的位置有关。任何一种晶体物质的衍射数据 d 和 I/I_1 是晶体结构的特征反映。可以根据衍射数据来鉴别晶体物质的物相。

国际专门机构——粉末衍射标准委员会（JCPDS）收集了几万种晶体的衍射标准数据，并编制了一套 X 射线粉末衍射数据的卡片（JCPDS 卡片）。只要测得物质粉末衍射数据，查对 JCPDS 卡片，即可得知该被测物的化学式、习惯名称以及有关的各种晶体学数据。由于粉末衍射法在不同实验条件下总能得到一系列基本不变的衍射数据，因此，借以进行物相分析的衍射数据都取为粉末法。

3．循环伏安测试

循环伏安法通过模拟电极表面的浅充放过程考察电极的充放电性能、电极反应的难易程度、可逆性、析氧特性和充放电效率以及电极表面的吸脱附等特征。采用循环伏安法研究粉末电极正极材料，具有简便迅捷、清晰明了的特点，本实验以压成式电极作研究电极，电解液为 30%的 KOH 溶液。以 Pt 作辅助电极、Hg/HgO 作参比电极，在电化学工作站上进行，以 $5mV \cdot s^{-1}$ 的扫速测量，电位范围为 $-0.1 \sim 0.6V$（vs Hg/HgO）。

4．恒电流充放电测试

测量体系同上。充放电电流为 10mA 或 50mA，截止电位为 $-0.1 \sim -0.6V$（vs Hg/HgO）。循环伏安和充放电实验数据直接由与电化学测试系统连接的微机采集并储存，处理时调出，利用作图软件作图。

【仪器和试剂】

仪器：X 射线粉末衍射仪，扫描电子显微镜，电化学工作站，高压反应釜，电子分析天平，离心机，电热恒温高燥箱，真空干燥箱，pH 计等。

试剂：$MnSO_4$，$Na_2S_2O_8$（A.R.），无水乙醇。

【实验要求】

要求学生根据如下步骤提示，自行设计实验方案，完成实验。

1．配制一定浓度的 $MnSO_4$ 溶液（$0.2mol \cdot L^{-1}$）和 $Na_2S_2O_8$ 溶液（$0.1mol \cdot L^{-1}$）。

2．按一定比例量取两种溶液，混合后转移到 50mL 高压反应釜中，填充度为 80%，将高压反应釜放入电热干燥箱中，控制一定的温度（180℃）和反应时间（24h）。

3．自然冷却后，分别用去离子水和无水乙醇洗涤 3 次，在 180℃下真空干燥 4~5h 制得纳米 MnO_2。

4．用 10mL 量筒和台秤测量其振实密度。

5．取 1g 样品作 X 射线粉末衍射图。

6．通过扫描电镜（SEM）观察样品的形貌。

7．将所制材料进行循环伏安测试。

8. 将所制材料进行恒电流充放电测试。

【实验提示】
1. 测量振实密度；
2. 分析 X 射线粉末衍射图，确定样品晶型，计算晶胞参数；
3. 分析样品的形貌；
4. 分析材料的循环伏安图，确定氧化电位和还原电位，分析材料的循环性能。
5. 分析充放电数据，计算材料的电容量。

【思考题】
1. 水热法制备纳米 MnO_2 有哪些影响条件？
2. 具有良好电化学活性的 MnO_2 应具备哪些指标？

实验42　(+)-[Co(Ⅲ)(en)$_3$]I$_3$ 的制备

【实验目的】
1. 通过(+)-[Co(Ⅲ)(en)$_3$]I$_3$ 的制备，理解手性配合物的形成。
2. 熟练水浴加热、减压过滤等基本操作。
3. 了解拆分(+)-[Co(Ⅲ)(en)$_3$]I$_3$ 的基本原理。

【实验原理】

实验中采用 O_2 作氧化剂，在大量乙二胺（en）存在下，选择活性炭作为催化剂将 Co（Ⅱ）氧化为 Co（Ⅲ），来制备[Co(Ⅲ)(en)$_3$]$^{3+}$，再与(+)-酒石酸钡（tart = 酒石酸）反应生成(+)-[Co(Ⅲ)(en)$_3$]Cl·(+)-tart·5H$_2$O 沉淀析出。最后与 KI 反应生成溶解度更小的(+)-[Co(Ⅲ)(en)$_3$]I$_3$。反应式为：

$$Co^{2+} + en + O_2 \longrightarrow Co(en)_3^{3+} + OH^-$$

$$Co(en)_3^{3+} + tart + Cl^- \longrightarrow (+)\text{-}[Co(Ⅲ)(en)_3]Cl \cdot (+)\text{-}tart \cdot 5H_2O$$

$$(+)\text{-}[Co(Ⅲ)(en)_3]Cl \cdot (+)\text{-}tart \cdot 5H_2O + 3I^- \longrightarrow (+)\text{-}[Co(Ⅲ)(en)_3]I_3 + tart + 5H_2O + Cl^-$$

【仪器和试剂】

仪器：烧杯，水浴锅，抽滤瓶，布氏漏斗。

试剂：硫酸钴，活性炭，乙二胺，蒸馏水，盐酸，乙醇，KI，(+)-酒石酸钠（Na$_2$tart），$BaCl_2$，氨水。

【实验步骤】

1. 取 18.5g 乙二胺（en）用 50mL 水稀释，在冷水冷却下，缓慢加入 17mL 6mol·L^{-1} HCl。
2. 向此溶液中加入 28.1 g 七水硫酸钴及 5g 活性炭，在室温下通入空气 4 h，最后滴加稀盐酸调解 pH7～7.5。加热 20min，待黄色析出晶体溶解，迅速过滤。用 20mL 水洗涤滤纸，合并滤液和洗液。
3. 取 24.4g $BaCl_2·2H_2O$ 加入适量水中完全溶解，与含有 28.2 g 四水合(+)-酒石酸钠的水溶液混合，在 90℃加热（注意搅拌）。把生成的沉淀过滤出，用温水洗涤直至无 Ba^{2+}。将固体连同滤纸加入上述的滤液中，加热 30min。过滤出 $BaSO_4$，用少量热水洗涤。

4．将滤液浓缩到 60mL，静置冰水冷却，析出(+)-[Co(Ⅲ)(en)₃]Cl·(+)-tart·5H₂O。将滤液保存待用。

5．将得到的晶体溶解在 30mL 水中加入 0.5mL 的浓氨水，加入过量的 NaI（35g 溶解于 15mL 水中）。将溶液冰冷却析出(+)-[Co(Ⅲ)(en)₃]I₃，如果析出物少，可以适当浓缩溶液再冷却。将结晶抽滤，充分脱水后，用 30%的 NaI（冰冷却 20mL）洗涤，自然干燥（可用少量乙醇、丙酮洗涤）。称量，计算产率。

【数据处理】

计算(+)-[Co(Ⅲ)(en)₃]I₃ 的产率。

【思考题】

1．合成的(+)-酒石酸钡的用途是什么？
2．制备过程中，将生成沉淀过滤后，需要用温水洗涤直至无 Ba^{2+}，如何确定？
3．滤液浓缩的作用是什么？

实验43　三氯六氨合钴（Ⅲ）的制备、性质和组成

【实验目的】

1．通过三氯六氨合钴（Ⅲ）的制备，进一步理解配合物的形成。
2．掌握水浴加热、减压过滤等基本操作。
3．了解合成三氯六氨合钴（Ⅲ）的基本原理。
4．学习使用凯氏定氮仪。

【实验原理】

1．三氯六氨合钴（Ⅲ）的制备原理

实验中采用 H_2O_2 作氧化剂，在大量氨和氯化铵存在下，选择活性炭作为催化剂将 Co（Ⅱ）氧化为 Co（Ⅲ）以制备三氯六氨合钴（Ⅲ）配合物，涉及的反应方程式为

$$CoCl_2 + NH_3 \cdot H_2O \longrightarrow Co(OH)Cl + NH_4Cl$$

$$Co(OH)Cl + 6NH_3 \longrightarrow [Co(NH_3)_6](OH)Cl$$

$$2[Co(NH_3)_6](OH)Cl + 4NH_4Cl + H_2O_2 \longrightarrow 2[Co(NH_3)_6]Cl_3 + 4H_2O + 4NH_3$$

三氯六氨合钴（Ⅲ）为橙黄色单斜晶体。将产物溶解在酸性溶液中以除去其中混有的催化剂，抽滤除去活性炭，然后在较浓盐酸存在下使产物结晶析出。

2．氨的测定原理

常温下，三氯六氨合钴（Ⅲ）基本不被强酸、强碱分解，在沸腾的条件下，才被强碱分解。在试液中加入氢氧化钠，加热至沸腾使三氯六氨合钴（Ⅲ）分解，并蒸出氨，蒸出的氨用过量的 2%的硼酸溶液吸收，以甲基红-溴甲酚绿为指示剂，用盐酸标准溶液滴定生成的硼酸-氨，这样即可计算生成的氨的量。

$$[Co(NH_3)_6]Cl_3 + 3NaOH = Co(OH)_3 + 6NH_3\uparrow + 3NaCl$$

3．钴的测定原理

三氯六氨合钴（Ⅲ）在沸腾强碱溶液中发生反应生成棕黑色氢氧化钴沉淀，加入盐酸、碘化钾后，溶液中钴（Ⅲ）具有强氧化性，可以与碘（Ⅰ）发生氧化还原反应，通过硫代硫酸钠标准溶液滴定生成的碘（Ⅰ），用淀粉作指示剂，终点由蓝色变为浅红色，即可计算生成的钴的含量。

$$[Co(NH_3)_6]Cl_3 + 3NaOH = Co(OH)_3 + 6NH_3\uparrow + 3NaCl$$

$$Co(OH)_3 + 3HCl = CoCl_3 + 3H_2O$$

$$2Co^{3+} + 2I^- = I_2 + 2Co^{2+}$$

$$I_2 + 2S_2O_3^{2-} = 2I^- + S_4O_6^{2-}$$

4．氯的测定原理（莫尔法）

在中性或碱性溶液中，以重铬酸钾作指示剂，用硝酸银做标准溶液滴定，由于氯化银沉淀溶解度比铬酸银大，待滴定到化学计量点附近，由于银离子浓度增加，出现砖红色铬酸银沉淀，指示滴定终点。即可计算生成的氯的含量。

【仪器和试剂】

仪器：烧杯，水浴锅，抽滤瓶，布氏漏斗，容量瓶（100mL、250mL），25.00mL 移液管，250mL 锥形瓶，250mL 碘量瓶，滴定管，铁架台，研钵，量筒，pH 试纸（精密），温度计（100℃）。

试剂：$CoCl_2 \cdot 6H_2O$（s），活性炭，氯化铵，浓氨水，蒸馏水，双氧水，浓盐酸，$6mol \cdot L^{-1}$ 盐酸，无水乙醇，2%硼酸，10%NaOH，KI 固体，冰，$0.1mol \cdot L^{-1}$ Na_2SO_3 标准溶液，$0.1mol \cdot L^{-1}$ $AgNO_3$ 标准溶液，$0.1mol \cdot L^{-1}$ Na_2CO_3 标准溶液，0.5%淀粉溶液，甲基橙指示剂，甲基红-溴甲酚绿指示剂，$K_2Cr_2O_7$（s），Na_2CO_3（s）。

【实验步骤】

1．三氯六氨合钴（Ⅲ）的制备

将 6.0g 研细的 $CoCl_2 \cdot 6H_2O$ 和 4.0g NH_4Cl 加到 10mL 水中，搅拌微热溶解（约 5min），溶液呈蓝色，冷却至室温，加入 0.1~0.2 g 活性炭（粉）和 14mL 浓氨水，冷却至室温，在不断搅拌中，逐滴加入 14mL H_2O_2（30%）溶液，溶液呈棕黑色，然后水浴加热至 60℃，恒温 20min。冷却至室温。抽滤，得橙黄色滤液（弃去）和黑色沉淀，冷却至室温（约15min），在沉淀中加入 50mL 热水和 2mL 浓盐酸，趁热抽滤，沉淀弃去。在滤液中加入 7mL 浓盐酸，冷却，迅速抽滤，得橙黄色晶体。用乙醇多次洗涤，将固体置于 105℃以下干燥。称量，计算产率。

$$\underset{\text{4.0g NH}_4\text{Cl}}{\underset{\text{6.0g CoCl}_2 \cdot \text{6H}_2\text{O}}{}} \xrightarrow[\text{温热溶解}]{\text{10mL水}} \underset{\text{蓝色}}{[Co(H_2O)_2Cl_4]^{2-}} \xrightarrow[\text{冷却}]{\text{0.1~0.2g活性炭}} \xrightarrow[\text{浓氨水}]{\text{14mL}} \underset{\text{黑紫色}}{[Co(NH_3)_6]Cl_2}$$

$$\xrightarrow[\text{14mL 30\%H}_2\text{O}_2]{\text{冷至室温}} \underset{\text{棕黑色}}{[Co(NH_3)_6]Cl_3} \xrightarrow[\text{恒温20min}]{\text{水浴加热至60℃}} \xrightarrow[\text{抽滤}]{\text{冷至室温}} \begin{cases}\text{滤液(弃)}\\ \text{沉淀} \xrightarrow[\text{2mL浓盐酸}]{\text{50mL热水}}\end{cases}$$

$$\xrightarrow{\text{趁热抽滤}} \begin{cases}\text{沉淀(活性炭，弃)}\\ \text{滤液} \xrightarrow[\text{室温}]{\text{7mL浓盐酸}}\end{cases} \xrightarrow{\text{迅速抽滤}} \begin{cases}[Co(NH_3)_6]Cl_3\\ \text{滤液(弃)}\end{cases} \xrightarrow[\text{抽滤}]{\text{乙醇洗涤}} [Co(NH_3)_6]Cl_3$$

2. 三氯六氨合钴（Ⅲ）的测定

（1）氨的测定

称取 0.2g 左右的试样，放入 250mL 锥形瓶中，加入 50mL 水溶解，放入冷水浴中冷却。在另一个锥形瓶中加入 50mL 2%硼酸溶液。

使用凯氏定氮仪，将样品溶液放入石英管中，放在仪器上，将盛有硼酸的锥形瓶中加入 5 滴甲基红-溴甲酚绿指示剂，打开仪器，按三次加碱按钮，然后按加热键，实验开始，在实验过程中发现样品液逐渐变黑，锥形瓶中颜色由无色逐渐变成蓝色，待锥形瓶中溶液达到 100mL 刻度线时停止加入。取下石英管，将溶液倒掉洗净后可用于下一组实验。取下锥形瓶。

用标准溶液滴定至溶液由蓝色变浅红色，停止滴定，记录体积并计算含量。

（2）钴的测定原理

称取 0.2g 左右的试样两份，分别加入 10mL 水溶解，然后加入 15mL 10%NaOH 溶液，水浴加热至无氨气放出（用干燥的 pH 试纸检验，若不变蓝，则无氨气放出），冷却至室温，将溶液全部转移入碘量瓶中，加入 1g KI，充分摇匀后，再加入 20mL 水、15mL 6mol·L^{-1} 盐酸溶液，立即盖好瓶盖，然后在暗处放置 10min，取出用 0.1mol·L^{-1} Na$_2$SO$_3$ 标准溶液标定。溶液颜色变浅黄时，加入 2 滴淀粉溶液，再滴定至蓝色消失呈现稳定的粉红色，记录滴定数据，计算含量。

（3）氯的测定（莫尔法）

称取试样两份，分别加入锥形瓶中，再加入 25mL 去离子水溶解，然后加入 1mL 5% 重铬酸钾作指示剂，用 0.1mol·L^{-1} AgNO$_3$ 标准溶液滴定出现砖红色铬酸银沉淀，指示滴定终点。

【数据处理】

理论产率计算：　　　　$CoCl_2 \cdot 6H_2O \longrightarrow [Co(NH_3)_6]Cl_3$

【思考题】

1. 本实验中活性炭、过氧化氢溶液各起什么作用？
2. 三氯六氨合钴（Ⅲ）能溶于浓盐酸，冷却后为什么有其晶体析出？浓盐酸起什么作用？
3. 制备过程中，加入过氧化氢溶液后，在水浴上加热 20min 的目的是什么？能否加热至沸腾？

实验 44　三草酸合铁（Ⅲ）酸钾的制备及成分分析

视频

【实验目的】

1. 掌握合成 $K_3[Fe(C_2O_4)_3] \cdot 3H_2O$ 的基本原理和操作技术。
2. 掌握用 $KMnO_4$ 法测定 $C_2O_4^{2-}$ 和 Fe^{3+} 的原理和方法。
3. 综合训练无机合成、滴定分析基本操作，掌握确定配合物组成的原理和方法。

【实验原理】

1. 制备

三草酸合铁（Ⅲ）酸钾 $K_3[Fe(C_2O_4)_3] \cdot 3H_2O$ 为翠绿色的单斜晶体，易溶于水（溶解度：

0℃，4.7g·100g^{-1} H$_2$O；100℃，117.7g·100g^{-1} H$_2$O），难溶于乙醇。110℃下可失去全部结晶水，230℃时分解。此配合物对光敏感，受光照射分解变为黄色：

$$2K_3[Fe(C_2O_4)_3] \xrightarrow{\text{光}} 3K_2C_2O_4 + 2FeC_2O_4 + 2CO_2$$

因其具有光敏性，所以常用来作为化学光量剂。另外，它是制备某些负载型活性铁催化剂的主要原料，也是一些有机反应良好的催化剂。

本实验以硫酸亚铁铵为原料，与草酸在酸性溶液中先制得草酸亚铁沉淀：

$$(NH_4)_2Fe(SO_4)_2 \cdot 6H_2O + H_2C_2O_4 \longrightarrow FeC_2O_4 \cdot 2H_2O(s) + (NH_4)_2SO_4 + H_2SO_4 + 4H_2O$$

然后在草酸钾存在下，以过氧化氢为氧化剂，将草酸亚铁氧化为三草酸合铁（Ⅲ）酸钾配合物。同时有氢氧化铁生成，反应为

$$6FeC_2O_4 \cdot 2H_2O(s) + 3H_2O_2 + 6K_2C_2O_4 \longrightarrow 4K_3[Fe(C_2O_4)_3] + 2Fe(OH)_3 + 6H_2O$$

加入适量草酸可使 Fe(OH)$_3$ 转化为三草酸合铁（Ⅲ）酸钾，反应为

$$2Fe(OH)_3 + 3H_2C_2O_4 + 3K_2C_2O_4 \longrightarrow 2K_3[Fe(C_2O_4)_3] + 6H_2O$$

加入乙醇放置，便可析出翠绿色的晶体。

2．产物的定性分析

产物组成的定性分析采用化学分析法。

K$^+$ 与 Na$_3$[Co(NO$_2$)$_6$] 在中性或稀醋酸介质中，生成亮黄色的 K$_2$Na[Co(NO$_2$)$_6$] 沉淀

$$2K^+ + Na^+ + [Co(NO_2)_6]^{3-} \longrightarrow K_2Na[Co(NO_2)_6](s)$$

Fe^{3+} 能与 KSCN 反应生成血红色[Fe(SCN)$_n$]$^{3-n}$。C$_2$O$_4^{2-}$ 能与 Ca^{2+} 反应生成白色 CaC$_2$O$_4$ 沉淀。根据上述离子反应可以判断它们处于配合物的内界还是外界。

3．产物的定量分析

产物中 C$_2$O$_4^{2-}$ 和 Fe^{3+} 的定量分析采用 KMnO$_4$ 滴定法。用标准的 KMnO$_4$ 溶液滴定 C$_2$O$_4^{2-}$，测得样品中 C$_2$O$_4^{2-}$ 的量

$$2MnO_4^- + 5C_2O_4^{2-} + 16H^+ \longrightarrow 2Mn^{2+} + 10CO_2 + 8H_2O$$

在测定铁含量时，首先用 Zn 粉还原 Fe^{3+} 成 Fe^{2+}，然后用标准的 KMnO$_4$ 溶液滴定 Fe^{2+}，测得样品中 Fe^{2+} 的量

$$2Fe^{3+} + Zn \longrightarrow 2Fe^{2+} + Zn^{2+}$$

$$MnO_4^- + 5Fe^{2+} + 8H^+ \longrightarrow Mn^{2+} + 5Fe^{3+} + 4H_2O$$

结晶水的测定采用烘干法。

根据测得的各组成成分的质量，换算成物质的量，再求出钾的物质的量，可确定配合物的化学式。

【仪器和试剂】

仪器：电子天平，电子分析天平，干燥器，恒温干燥箱，恒温水浴锅，真空泵，抽滤瓶，布氏漏斗，烧杯（100mL、250mL），量筒（10mL、50mL），电炉，石棉网，玻璃棒，滴管，滴定管，锥形瓶（4个），漏斗，称量瓶（2个）。

试剂：(NH$_4$)$_2$Fe(SO$_4$)$_2$·6H$_2$O(s)，H$_2$SO$_4$（3mol·L^{-1}），H$_2$C$_2$O$_4$（饱和），K$_2$C$_2$O$_4$（饱和），

H_2O_2（3%），乙醇（95%），$Na_3[Co(NO_2)_6]$，KSCN（$0.1mol \cdot L^{-1}$），$FeCl_3$（$0.1mol \cdot L^{-1}$），$CaCl_2$（$0.1mol \cdot L^{-1}$），$KMnO_4$（$0.02mol \cdot L^{-1}$），Zn 粉，滤纸。

【实验步骤】

1. 三草酸合铁（Ⅲ）酸钾的制备

（1）草酸亚铁的制备

称取 6.0g 硫酸亚铁铵固体放入 250mL 烧杯中，然后加 20mL 去离子水和 10 滴 $3mol \cdot L^{-1}$ H_2SO_4 溶液。加热溶解后，再加入 22mL 饱和 $H_2C_2O_4$ 溶液，加热搅拌至沸，保持微沸 5min，防止飞溅，停止加热，静置。待黄色晶体 $FeC_2O_4 \cdot 2H_2O$ 沉淀后，倾析法弃去上清液。洗涤沉淀三次，每次用 10mL 去离子水，搅拌并温热，静置，弃去上层清液，即得黄色沉淀草酸亚铁。

（2）三草酸合铁（Ⅲ）酸钾的制备

往草酸亚铁沉淀中，加入饱和 $K_2C_2O_4$ 溶液 15mL，水浴加热至 40℃，恒温下慢慢滴加 3% 的 H_2O_2 溶液 25mL，边加边搅拌，沉淀转为深棕色，加完后将溶液加热至沸除去过量的 H_2O_2，趁热加入 10mL 饱和 $H_2C_2O_4$ 溶液，沉淀完全溶解，溶液转为绿色。冷却后加入 95% 的乙醇 25mL，在暗处放置，烧杯底部有晶体析出。为了加快结晶速度，可往其中滴加几滴 KNO_3 溶液。晶体完全析出后，减压过滤，用少量乙醇洗涤产品，继续抽干混合液。用滤纸吸干，称重，计算产率，并将晶体放在干燥器内避光保存。

2. 产物的定性鉴定

（1）K^+ 的鉴定

取一支试管，加入少量产品，用去离子水溶解，再加入 $1mL\ Na_3[Co(NO_2)_6]$ 溶液，放置片刻，观察现象并解释。

（2）Fe^{3+} 的鉴定

取两支试管，一支加入少量产品并用去离子水溶解，另一支加入少量 $FeCl_3$ 溶液，两支试管中各加入 2 滴 $0.1mol \cdot L^{-1}$ KSCN，观察实验现象。在装有产物溶液的试管中加入 2 滴 $3mol \cdot L^{-1} H_2SO_4$，再观察溶液颜色有何变化，解释原因。

（3）$C_2O_4^{2-}$ 的鉴定

取两支试管，一支加入少量产品并用去离子水溶解，另一支加入少量 $K_2C_2O_4$ 溶液，两支试管中各加入 2 滴 $0.6mol \cdot L^{-1} CaCl_2$ 溶液，观察实验现象。在装有产物溶液的试管中加入 2 滴 $3mol \cdot L^{-1} H_2SO_4$ 溶液，再观察溶液颜色有何变化，解释原因。

3. 产物组成的定量分析

（1）结晶水的测定

将两个洗净的称量瓶在 110℃ 的电热干燥箱中干燥 1h，取出置于干燥器中冷却，至室温时在电子天平上称量。然后再在 110℃ 的电热干燥箱中干燥 0.5h，置于干燥器中冷却，至室温时在电子天平上称量。重复上述干燥→冷却→称量操作，直至质量恒定为止（两次称量相差不超过 0.3mg）。

在电子天平上准确称取 0.5000～0.6000g 产品两份，放入上述已恒重的称量瓶中，在 110℃ 的电热干燥箱中干燥 1h(称量瓶开一条小缝)，置于干燥器中冷却至室温，称重。重复上述干燥（时间改为 0.5h）→冷却→称量操作，直至质量恒定。根据称量结果计算产品中结晶水的质量，换算成物质的量。

（2）草酸根的测定

在电子分析天平上精确称取 0.2000～0.3000g 产品两份，分别放入两个 250mL 锥形瓶中，加入 10mL 3mol·L^{-1} H$_2$SO$_4$ 和 20mL 去离子水，加热至 75～85℃（锥形瓶内口有水蒸气凝结），趁热用已标定准确浓度的 KMnO$_4$ 标准溶液滴定至微红色在 30s 内不褪即为终点，记下消耗 KMnO$_4$ 标准溶液的体积，计算 K$_3$[Fe(C$_2$O$_4$)$_3$]·3H$_2$O 中草酸根的质量，换算成草酸跟的物质的量。滴定后的溶液保留，供铁的测定使用。

（3）铁的测定

在上述滴定过草酸根后保留的溶液中加一小匙锌粉（注意量不能太多），至黄色消失。继续加热 3min，使 Fe^{3+} 完全还原为 Fe^{2+}。趁热过滤除去多余的锌粉，滤液转入另一 250mL 锥形瓶中，洗涤漏斗，将洗涤液一并转入到上述锥形瓶中，继续用上述 KMnO$_4$ 标准溶液滴定至微红色即为终点，根据消耗 KMnO$_4$ 的体积计算 K$_3$[Fe(C$_2$O$_4$)$_3$]·3H$_2$O 中铁的质量及物质的量。根据（1）～（3）的实验结果，计算钾的物质的量，推断出配合物的化学式。

【数据处理】

1. 三草酸合铁（Ⅲ）酸钾的产率计算。
2. 产品组成的定量分析，列表记录所有实验数据。

结论：在 1mol 产品中含_____Fe^{3+}、_____C$_2$O$_4^{2-}$、_____H$_2$O、_____K$^+$，该物质的化学式为_____。

【思考题】

1. 滴加 H$_2$O$_2$ 氧化 Fe^{2+} 时，为什么温度不能超过 40℃？
2. 制备配合物时加入 H$_2$O$_2$ 后为什么要煮沸溶液？煮沸时间过长有何影响？
3. 加入乙醇的作用是什么？不加入乙醇可否用浓缩蒸干的方法来制得晶体？

附　录

附录1　国际原子量表

（按原子序数排序）

序数	名称	符号	原子量	序数	名称	符号	原子量
1	氢	H	1.007 94	30	锌	Zn	65.39
2	氦	He	4.002 602	31	镓	Ga	69.723
3	锂	Li	6.941	32	锗	Ge	72.61
4	铍	Be	9.012 182	33	砷	As	74.921 60
5	硼	B	10.811	34	硒	Se	78.96
6	碳	C	12.010 7	35	溴	Br	79.904
7	氮	N	14.006 74	36	氪	Kr	83.80
8	氧	O	15.9994	37	铷	Rb	85.467 8
9	氟	F	18.998 403 2	38	锶	Sr	87.62
10	氖	Ne	20.179 7	39	钇	Y	88.905 85
11	钠	Na	22.989 770	40	锆	Zr	91.224
12	镁	Mg	24.305 0	41	铌	Nb	92.906 38
13	铝	Al	26.981 538	42	钼	Mo	95.94
14	硅	Si	28.085 5	43	锝	Te	(98)
15	磷	P	30.973 761	44	钌	Ru	101.07
16	硫	S	32.066	45	铑	Rh	102.905 50
17	氯	Cl	35.452 7	46	钯	Pd	106.42
18	氩	Ar	39.948	47	银	Ag	107.868 2
19	钾	K	39.098 3	48	镉	Cd	112.411
20	钙	Ca	40.078	49	铟	In	114.818
21	钪	Sc	44.955 910	50	锡	Sn	118.710
22	钛	Ti	47.867	51	锑	Sb	121.760
23	钒	V	50.941 5	52	碲	Te	127.60
24	铬	Cr	51.996 1	53	碘	I	126.904 47
25	锰	Mn	54.938 049	54	氙	Xe	131.29
26	铁	Fe	55.845	55	铯	Cs	132.905 43
27	钴	Co	58.933 200	56	钡	Ba	137.327
28	镍	Ni	58.693 4	57	镧	La	138.905 5
29	铜	Cu	63.546	58	铈	Ce	140.116

续表

序数	名称	符号	原子量	序数	名称	符号	原子量
59	镨	Pr	140.907 65	89	锕	Ac	(227)
60	钕	Nd	144.23	90	钍	Th	232.038 1
61	钷	Pm	(145)	91	镤	Pa	231.035 88
62	钐	Sm	150.36	92	铀	U	238.028 9
63	铕	Eu	151.964	93	镎	Np	(237)
64	钆	Gd	157.25	94	钚	Pu	(244)
65	铽	Tb	158.925 34	95	镅	Am	(243)
66	镝	Dy	162.50	96	锔	Cm	(247)
67	钬	Ho	164.930 32	97	锫	Bk	(247)
68	铒	Er	167.26	98	锎	Cf	(251)
69	铥	Tm	168.934 21	99	锿	Es	(252)
70	镱	Yb	173.04	100	镄	Fm	(257)
71	镥	Lu	174.967	101	钔	Md	(258)
72	铪	Hf	178.49	102	锘	No	(259)
73	钽	Ta	180.947 9	103	铹	Lr	(262)
74	钨	W	183.84	104		Rf	(267)
75	铼	Re	186.207	105		Db	(270)
76	锇	Os	190.23	106		Sg	(269)
77	铱	Ir	192.217	107		Bh	(270)
78	铂	Pt	195.078	108		Hs	(270)
79	金	Au	196.966 55	109		Mt	(278)
80	汞	Hg	200.59	110		Ds	(281)
81	铊	Tl	204.383 3	111		Rg	(281)
82	铅	Pb	207.2	112		Cn	(285)
83	铋	Bi	208.980 38	113	鉨	Nh	(286)
84	钋	Po	(209)	114		Fl	(289)
85	砹	At	(210)	115	镆	Mc	(289)
86	氡	Rn	(222)	116		Lv	(293)
87	钫	Fr	(223)	117		Ts	(293)
88	镭	Ra	(226)	118		Og	(294)

注：1. 摘译自 Lide D R. Handbook of Chemistry and Physics. 78 th. CRC Press, 1997～1998。

2. 英文版元素周期表及更新请见 www.iupac.org；中文译版元素周期表及更新请见 www.chemsoc.org.cn。

附录2　不同温度下水的饱和蒸气压

单位：Pa

温度 / K	0.0	0.2	0.4	0.6	0.8
273	601.5	619.5	628.6	637.9	647.3
274	656.8	666.3	675.9	685.8	695.8
275	705.8	715.9	726.2	736.6	747.3
276	757.9	768.7	779.7	790.7	801.9
277	813.4	824.9	836.5	848.3	860.3
278	872.3	884.6	897.0	909.5	922.2
279	935.0	948.1	961.1	974.5	988.1
280	1 001.7	1 015.5	1 029.5	1 043.6	1 058.0
281	1 072.6	1 087.2	1 102.2	1 117.2	1 132.4
282	1 147.8	1 163.5	1 179.2	1 195.2	1 211.4
283	1 227.8	1 244.3	1 261.0	1 277.9	1 295.1
284	1 312.4	1 330.0	1 347.8	1 365.8	1 383.9
285	1 402.3	1 421.0	1 439.7	1 458.7	1 477.6
286	1 497.3	1 517.1	1 536.9	1 557.2	1 577.6
287	1 598.1	1 619.1	1 640.1	1 661.5	1 683.1
288	1 704.9	1 726.9	1 749.3	1 771.9	1 794.7
289	1 817.7	1 841.1	1 864.8	1 888.6	1 912.8
290	1 937.2	1 961.8	1 986.9	2 012.1	2 037.7
291	2 063.4	2 089.6	2 166.0	2 142.6	2 169.4
292	2 196.8	2 224.5	2 252.3	2 380.5	2 309.0
293	2 337.8	2 366.9	2 396.3	2 426.1	2 456.1
294	2 486.5	2 517.1	2 550.5	2 579.7	2 611.4
295	2 643.4	2 675.8	2 708.6	2 741.8	2 775.1
296	2 808.8	2 843.8	2 877.5	2 913.6	2 947.8
297	2 983.4	3 019.5	3 056.0	3 092.8	3 129.9
298	3 167.2	3 204.9	3 243.2	3 282.0	3 321.3
299	3 360.9	3 400.9	3 441.3	3 482.0	3 523.2
300	3 564.9	3 607.0	3 646.0	3 692.5	3 735.8
301	3 779.6	3 823.7	3 858.3	3 913.5	3 959.3
302	4 005.4	4 051.9	4 099.0	4 146.6	4 194.5
303	4 242.9	4 286.1	4 314.1	4 390.3	4 441.2
304	4 492.3	4 543.9	4 595.8	4 648.2	4 701.0
305	4 754.7	4 808.9	4 863.2	4 918.4	4 974.0
306	5 030.1	5 086.9	5 144.1	5 202.0	5 260.5
307	5 319.2	5 378.8	5 439.0	5 499.7	5 560.9
308	5 622.9	5 685.4	5 748.5	5 812.2	5 876.6
309	5 941.2	6 006.7	6 072.7	6 139.5	6 207.0

续表

温度 / K	0.0	0.2	0.4	0.6	0.8
310	6 275.1	6 343.7	6 413.1	6 483.1	6 553.7
311	6 625.1	6 696.9	6 769.3	6 842.5	6 916.6
312	6 991.7	7 067.3	7 143.4	7 220.2	7 297.7
313	7 375.9	7 454.1	7 534.0	7 614.0	7 695.4
314	7 778.0	7 860.7	7 943.3	8 028.7	8 114.0
315	8 199.3	8 284.7	8 372.6	8 460.6	8 548.6
316	8 639.3	8 729.9	8 820.6	8 913.9	9 007.3
317	9 100.6	9 195.2	9 291.2	9 387.2	9 484.6
318	9 583.2	9 681.9	9 780.5	9 781.9	9 983.2
319	10 086	10 190	10 293	10 399	10 506
320	10 612	10 720	10 830	10 939	11 048
321	11 160	11 274	11 388	11 503	11 618
322	11 735	11 852	11 971	12 091	11 211
323	12 334	12 466	12 586	12 706	12 839
333	19 916				
343	31 157				
353	47 343				
363	70 096				
373	101 325				

注：1. 开氏度与摄氏度的换算关系为：$T(\text{K}) = t(\text{℃}) + 273.15$。

2. 表中数据摘自 Dean J A. Lange's Handbook of Chemistry. 15th ed. New York：McGraw-Hill，1999.

附录 3 弱电解质的解离常数（离子强度等于零的稀溶液）

弱酸的解离常数

酸	$T/℃$	级	$K_a^\ominus$	$pK_a^\ominus$
砷酸（H_3AsO_4）	25	1	5.5×10^{-2}	2.26
		2	1.7×10^{-7}	6.76
		3	5.1×10^{-12}	11.29
亚砷酸（H_3AsO_3）	25		5.1×10^{-10}	9.29
正硼酸（H_3BO_3）	20		5.7×10^{-10}	9.24
碳酸（H_2CO_3）	25	1	4.5×10^{-7}	6.35
		2	4.7×10^{-11}	10.33
铬酸（H_2CrO_4）	25	1	1.8×10^{-1}	0.74
		2	3.2×10^{-7}	6.49
氢氰酸（HCN）	25		6.2×10^{-10}	9.21
氢氟酸（HF）	25		1.3×10^{-7}	6.89
氢硫酸（H_2S）	25	1	7.1×10^{-15}	14.15
		2	1×10^{-19}	19
过氧化氢（H_2O_2）	25	1	2.4×10^{-12}	11.62
次溴酸（HBrO）	18		2.8×10^{-9}	8.55
次氯酸（HClO）			2.95×10^{-8}	7.53
次碘酸（HIO）	25		3×10^{-11}	10.5
碘酸（HIO_3）	25		1.7×10^{-1}	0.78
亚硝酸（HNO_2）	25		5.6×10^{-4}	3.25
高碘酸（HIO_4）	25		2.3×10^{-2}	1.64
正磷酸（H_3PO_4）	25	1	6.9×10^{-3}	2.16
		2	6.23×10^{-8}	7.21
		3	4.8×10^{-13}	12.32
亚磷酸（H_3PO_3）	20	1	5×10^{-2}	1.3
		2	2.0×10^{-7}	6.70
焦磷酸（$H_4P_2O_7$）	25	1	1.2×10^{-1}	0.91
		2	7.9×10^{-3}	2.10
		3	2.0×10^{-7}	6.70
		4	4.8×10^{-10}	9.32
硒酸（H_2SeO_4）	25	2	2×10^{-2}	1.7
亚硒酸（H_2SeO_3）	25	1	2.4×10^{-3}	2.62
		2	4.8×10^{-9}	8.32
硅酸（H_2SiO_3）	30	1	1×10^{-10}	9.9
		2	2×10^{-12}	11.8
硫酸（H_2SO_4）	25	2	1.0×1^{-2}	1.99
亚硫酸（H_2SO_3）	25	1	1.4×10^{-2}	1.85
		2	6×10^{-8}	7.2
甲酸（HCOOH）	20		6.3×10^{-8}	7.20
醋酸（HAc）	25		1.8×10^{-4}	3.74
草酸（$H_2C_2O_4$）	25	1	1.8×10^{-5}	4.74
		2	6.40×10^{-5}	4.19

弱碱的解离常数

碱	$T/℃$	级	K_b	pK_b
氨水（$NH_3·H_2O$）	25		$1.8×10^{-5}$	4.74
氢氧化铍 [$Be(OH)_2$]①	25	2	$5×10^{-11}$	10.30
氢氧化钙 [$Ca(OH)_2$]①	25	1	$3.74×10^{-3}$	2.43
	30	2	$4.0×10^{-2}$	1.4
联氨（NH_2NH_2）	20		$1.2×10^{-6}$	5.9
羟胺（NH_2OH）	25		$8.71×10^{-9}$	8.06
氢氧化铅 [$Pb(OH)_2$]①	25		$9.6×10^{-4}$	3.02
氢氧化银（AgOH）①	25		$1.1×10^{-4}$	3.96
氢氧化锌 [$Zn(OH)_2$]①	25		$9.6×10^{-4}$	3.02

① 摘译自 Weast R C. Handbook of Chemistry and Physics. D159～163, 66 th. 1985～1986。

注：摘译自 Lide D R. Handbook of Chemistry and Physics. 8-43～8-44, 78th. 1997～1998。

附录4　常见沉淀物的溶度积常数

化合物	溶度积常数（T/℃）	化合物	溶度积常数（T/℃）
Al		硫酸钙	$4.93×10^{-5}$(25)
	$4×10^{-13}$（15）	Cd	
铝酸(H_3AlO_3)[2]	$1.1×10^{-15}$（18）	草酸镉 $CdC_2O_4·3H_2O$	$1.42×10^{-8}$（25）
	$3.7×10^{-15}$（25）	氢氧化镉	$7.2×10^{-15}$（25）
氢氧化铝[2]	$1.9×10^{-33}$（18～20）	硫化镉[2]	$3.6×10^{-29}$（18）
Ag		Co	
溴化银	$5.35×10^{-13}$（25）	硫化钴（Ⅱ）α-CoS[2]	$4.0×10^{-21}$（18～25）
碳酸银	$8.46×10^{-12}$（25）	β-CoS[2]	$2.0×10^{-25}$（18～25）
氯化银	$1.77×10^{-10}$（25）	Cu	
铬酸银[2]	$1.2×10^{-12}$（14.8）	硫化铜[2]	$8.5×10^{-45}$（18）
铬酸银	$1.12×10^{-12}$（25）	溴化亚铜	$6.27×10^{-9}$（25）
重铬酸银[2]	$2×10^{-7}$（25）	氯化亚铜	$1.72×10^{-7}$（25）
氢氧化银[1]	$1.52×10^{-8}$（20）	碘化亚铜	$1.27×10^{-12}$（25）
碘酸银	$3.17×10^{-8}$（25）	硫化亚铜[2]	$2×10^{-47}$（16～18）
碘化银[2]	$0.32×10^{-16}$（13）	硫氰酸亚铜	$1.77×10^{-13}$（25）
碘化银	$8.52×10^{-17}$（25）	亚铁氰化铜	$1.3×10^{-16}$（18～25）
硫化银[2]	$1.6×10^{-49}$（18）	一水合碘酸铜	$6.94×10^{-8}$（25）
溴酸银	$5.38×10^{-5}$（25）	草酸铜	$4.43×10^{-10}$（25）
硫氰酸银[2]	$0.49×10^{-12}$（18）	Fe	
硫氰酸银	$1.03×10^{-12}$（25）	草酸亚铁	$2.1×10^{-7}$（25）
Ba		硫化亚铁[2]	$3.7×10^{-19}$（18）
碳酸钡	$2.58×10^{-9}$（25）	氢氧化铁	$2.79×10^{-39}$（25）
铬酸钡	$1.17×10^{-10}$（25）	氢氧化亚铁	$4.87×10^{-17}$（18）
氟化钡	$1.84×10^{-7}$（25）	Hg	
碘酸钡 $Ba(IO_3)_2·2H_2O$	$1.67×10^{-9}$（25）	氢氧化汞[1],[2]	$3.0×10^{-26}$（18～25）
碘酸钡	$4.01×10^{-9}$（25）	硫化汞（红）[2]	$4.0×10^{-53}$（18～25）
草酸钡 $BaC_2O_4·2H_2O$[2]	$1.2×10^{-7}$（18）	硫化汞（黑）[2]	$1.6×10^{-52}$（18～25）
硫酸钡[2]	$1.08×10^{-10}$（25）	氯化亚汞	$1.43×10^{-18}$（25）
Ca		碘化亚汞	$5.2×10^{-29}$（25）
碳酸钙	$3.36×10^{-9}$（25）	溴化亚汞	$6.4×10^{-23}$（25）
氟化钙	$3.45×10^{-11}$（25）	Li	
碘酸钙 $Ca(IO_3)_2·6H_2O$	$7.10×10^{-7}$（25）	碳酸锂	$8.15×10^{-4}$（25）
碘酸钙	$6.47×10^{-6}$（25）	Mg	
草酸钙	$2.32×10^{-9}$（25）	磷酸镁铵[2]	$2.5×10^{-13}$（25）

续表

化合物	溶度积常数（T/℃）	化合物	溶度积常数（T/℃）
碳酸镁	6.82×10^{-6}（25）	碘化铅	9.8×10^{-9}（25）
氟化镁	5.16×10^{-11}（25）	草酸铅[②]	2.74×10^{-11}（18）
氢氧化镁	5.61×10^{-12}（25）	硫酸铅	2.53×10^{-8}（25）
二水合草酸镁	4.83×10^{-6}（25）	硫化铅[②]	3.4×10^{-28}（18）
Mn		Sr	
硫化锰[②]	1.4×10^{-15}（18）	碳酸锶	5.60×10^{-10}（25）
氢氧化锰[②]	4×10^{-14}（18）	氟化锶	4.33×10^{-9}（25）
Ni		草酸锶[②]	5.61×10^{-8}（18）
硫化镍(Ⅱ)α-NiS[②]	3.2×10^{-19}（18~25）	硫酸锶[②]	3.44×10^{-7}（25）
β-NiS[②]	1.0×10^{-24}（18~25）	铬酸锶[②]	2.2×10^{-5}（18~25）
γ-NiS[②]	2.0×10^{-26}（18~25）	Zn	
Pb		氢氧化锌	3.0×10^{-17}（25）
碳酸铅	7.4×10^{-14}（25）	草酸锌 $ZnC_2O_4\cdot 2H_2O$	1.38×10^{-9}（25）
铬酸铅[②]	1.77×10^{-14}（18）	硫化锌[②]	1.2×10^{-23}（18）
氟化铅	3.3×10^{-8}（25）		
碘酸铅	3.69×10^{-13}（25）		

[①] 为 $1/2Ag_2O(s) \rightleftharpoons Ag^+ + OH^-$ 和 $HgO + H_2O \rightleftharpoons Hg^{2+} + 2OH^-$。

[②] 摘译自 Weast R C. Handbook of Chemistry and Physics, B-222. 66 th. 1985～1986。

注：本表主要摘译自 Lide D R. Handbook of Chemistry and Physics，8-106～8-109. 78th. 1997～1998。

附录5 常见配离子的累积稳定常数（298.15K）

配离子	$K_f^{\ominus}$	$\lg K_f^{\ominus}$	配离子	$K_f^{\ominus}$	$\lg K_f^{\ominus}$
$[AgY]^{3-}$	2.09×10^7	7.32	$[AuCl_2]^+$	6.31×10^9	9.8
$[AlY]^-$	1.29×10^{16}	16.11	$[CdCl_4]^{2-}$	6.31×10^2	2.80
$[BaY]^{2-}$	(6.0×10^7)	(7.78)	$[CuCl_3]^{2-}$	5.01×10^5	5.7
$[BeY]^{2-}$	(2×10^9)	(9.30)	$[FeCl_4]^-$	1.02×10^0	0.01
$[BiY]^-$	(6.3×10^{22})	(22.80)	$[HgCl_4]^{2-}$	1.17×10^{15}	15.07
$[CaY]^{2-}$	1.00×10^{11}	11.0	$[PtCl_4]^{2-}$	1.00×10^{16}	16.0
$[CdY]^{2-}$	2.51×10^{16}	16.4	$[SnCl_4]^{2-}$	3.02×10^1	1.48
$[CoY]^{2-}$	2.04×10^{16}	16.31	$[ZnCl_4]^{2-}$	1.58×10^0	0.20
$[CoY]^-$	1.00×10^{36}	36	$[Ag(en)_2]^+$	5.01×10^7	7.70
$[CrY]^-$	(1.0×10^{23})	(23.0)	$[Cd(en)_3]^{2+}$	1.23×10^{12}	12.09
$[CuY]^{2-}$	5.01×10^{18}	18.7	$[Co(en)_3]^{2+}$	8.71×10^{13}	13.94
$[FeY]^{2-}$	2.14×10^{14}	14.33	$[Co(en)_3]^{3+}$	4.90×10^{48}	48.69
$[FeY]^-$	1.70×10^{24}	24.23	$[Cr(en)_2]^{2+}$	1.55×10^9	9.19
$[HgY]^{2-}$	6.31×10^{21}	21.80	$[Cu(en)_2]^+$	6.31×10^{10}	10.8
$[MgY]^{2-}$	4.37×10^8	8.64	$[Cu(en)_2]^{2+}$	1.00×10^{21}	21.0
$[MnY]^{2-}$	6.31×10^{13}	13.8	$[Ni(en)_3]^{2+}$	2.14×10^{18}	18.33
$[NiY]^{2-}$	3.63×10^{18}	18.56	$[Zn(en)_3]^{2+}$	1.29×10^{14}	14.11
$[PbY]^{2-}$	(2×10^{18})	(18.30)	$[Ag(CN)_2]^-$	1.26×10^{21}	21.11
$[PdY]^{2-}$	(3.2×10^{18})	(18.51)	$[Ag(CN)_4]^{3-}$	3.98×10^{20}	20.6
$[ZnY]^{2-}$	2.51×10^{16}	16.4	$[Au(CN)_2]^-$	2.00×10^{38}	38.3
$[Ag(NH_3)_2]^+$	1.12×10^7	7.05	$[Cd(CN)_4]^{2-}$	6.03×10^{18}	18.78
$[Cd(NH_3)_4]^{2+}$	1.32×10^7	7.12	$[Cu(CN)_2]^-$	1.00×10^{24}	24.0
$[Cd(NH_3)_6]^{2+}$	1.38×10^5	5.14	$[Cu(CN)_4]^{3-}$	2.00×10^{30}	30.3
$[Co(NH_3)_6]^{2+}$	1.29×10^5	5.11	$[Fe(CN)_6]^{3-}$	1.0×10^{42}	42
$[Co(NH_3)_6]^{3+}$	1.58×10^{35}	35.2	$[Fe(CN)_6]^{4-}$	1.0×10^{35}	35
$[Cu(NH_3)_2]^+$	7.24×10^{10}	10.86	$[Hg(CN)_2]^{2-}$	2.51×10^{41}	41.4
$[Cu(NH_3)_4]^{2+}$	2.09×10^{13}	13.32	$[Ni(CN)_4]^{2-}$	2.00×10^{31}	31.3
$[Fe(NH_3)_2]^{2+}$	1.58×10^2	2.2	$[Zn(CN)_4]^{2-}$	5.01×10^{16}	16.7
$[Hg(NH_3)_4]^{2+}$	1.91×10^{19}	19.28	$[Al(OH)_4]^-$	1.07×10^{33}	33.03
$[Mg(NH_3)_2]^{2+}$	2.00×10^1	1.3	$[Bi(OH)_4]^-$	1.58×10^{35}	35.2
$[Ni(NH_3)_4]^{2+}$	9.12×10^7	7.96	$[Cd(OH)_4]^{2-}$	4.17×10^8	8.62
$[Ni(NH_3)_6]^{2+}$	5.50×10^8	8.74	$[Cr(OH)_4]^-$	7.94×10^{29}	29.9
$[Pt(NH_3)_6]^{2+}$	2.00×10^{35}	35.3	$[Cu(OH)_4]^{2-}$	3.16×10^{18}	18.5
$[Zn(NH_3)_4]^{2+}$	2.88×10^9	9.46	$[Fe(OH)_4]^{2-}$	3.8×10^8	8.58

续表

配离子	$K_f^\ominus$	$\lg K_f^\ominus$	配离子	$K_f^\ominus$	$\lg K_f^\ominus$
$[AlF_6]^{3-}$	6.92×10^{19}	19.84	$[Al(C_2O_4)_3]^{3-}$	2.00×10^{16}	16.3
$[FeF]^{2+}$	1.91×10^5	5.28	$[Ce(C_2O_4)_3]^{3-}$	2.00×10^{11}	11.3
$[FeF_2]^+$	2.00×10^9	9.30	$[Co(C_2O_4)_3]^{4-}$	5.01×10^9	9.7
$[ScF_6]^{3-}$	2.00×10^{17}	17.3	$[Co(C_2O_4)_3]^{3-}$	1×10^{20}	20
$[AgI_3]^{2-}$	4.79×10^{13}	13.68	$[Cu(C_2O_4)_2]^{2-}$	3.16×10^8	8.5
$[AgI_2]^-$	5.50×10^{11}	11.74	$[Fe(C_2O_4)_3]^{4-}$	1.66×10^5	5.22
$[CdI_4]^{2-}$	2.57×10^5	5.41	$[Fe(C_2O_4)_3]^{3-}$	1.58×10^{20}	20.2
$[CuI_2]^-$	7.08×10^8	8.85	$[Ag(SCN)_2]^-$	3.72×10^8	7.57
$[PbI_4]^{2-}$	2.95×10^4	4.47	$[Ag(SCN)_4]^{3-}$	1.20×10^{10}	10.08
$[HgI_4]^{2-}$	6.76×10^{29}	29.83	$[Cu(SCN)_2]^-$	1.51×10^5	5.18
$[Ag(S_2O_3)_2]^{3-}$	2.88×10^{13}	13.46	$[Fe(SCN)]^{2+}$	8.91×10^2	2.95
$[Cd(S_2O_3)_2]^{2-}$	2.75×10^6	6.44	$[Fe(SCN)_2]^+$	2.29×10^3	3.36
$[Cu(S_2O_3)_2]^{3-}$	1.66×10^{12}	12.22	$[Cu(SCN)_2]^-$	1.51×10^5	5.18
$[Pb(S_2O_3)_2]^{2-}$	1.35×10^5	5.13	$[Hg(SCN)_4]^{2-}$	1.70×10^{21}	21.23
$[Hg(S_2O_3)_4]^{6-}$	1.74×10^{33}	33.24			

注：1. 表中 Y^{4-} 表示 EDTA 的酸根；en 表示乙二胺；$C_2O_4^{2-}$ 为草酸根。

2. 本表数据摘自 James G Speight. Lange's Handbook of Chemistry，table 1.75，table 1.76. 16th. 2005。括号中的数据摘自 Dean J A. Lange's Handbook of Chemistry. 13th. 1985。

附录6　标准电极电势（298.15K）

电对符号	电极反应 氧化型 + ze^- ⟶ 还原型	$E^{\ominus}$/V
Li^+/Li	$Li^+ + e^- \longrightarrow Li$	−3.040 1
K^+/K	$K^+ + e^- \longrightarrow K$	−2.931
Ba^{2+}/Ba	$Ba^{2+} + 2e^- \longrightarrow Ba$	−2.912
Sr^{2+}/Sr	$Sr^{2+} + 2e^- \longrightarrow Sr$	−2.899
Ca^{2+}/Ca	$Ca^{2+} + 2e^- \longrightarrow Ca$	−2.868
Na^+/Na	$Na^+ + e^- \longrightarrow Na$	−2.71
Mg^{2+}/Mg	$Mg^{2+} + 2e^- \longrightarrow Mg$	−2.372
Al^{3+}/Al	$Al^{3+} + 3e^- \longrightarrow Al$	−1.662
Ti^{3+}/Ti	$Ti^{3+} + 3e^- \longrightarrow Ti$	−1.37
Mn^{2+}/Mn	$Mn^{2+} + 2e^- \longrightarrow Mn$	−1.185
V^{2+}/V	$V^{2+} + 2e^- \longrightarrow V$	−1.175
Nb^{3+}/Nb	$Nb^{3+} + 3e^- \longrightarrow Nb$	−1.099
Cr^{2+}/Cr	$Cr^{2+} + 2e^- \longrightarrow Cr$	−0.913
Bi/BiH_3	$Bi + 3H^+ + 3e^- \longrightarrow BiH_3$	−0.8
Zn^{2+}/Zn	$Zn^{2+} + 2e^- \longrightarrow Zn$	−0.761 8
Cr^{3+}/Cr	$Cr^{3+} + 3e^- \longrightarrow Cr$	−0.744
As/AsH_3	$As + 3H^+ + 3e^- \longrightarrow AsH_3$	−0.608
Ga^{3+}/Ga	$Ga^{3+} + 3e^- \longrightarrow Ga$	−0.549
Sb/SbH_3	$Sb + 3H^+ + 3e^- \longrightarrow SbH_3$	−0.510
H_3PO_3/H_3PO_2	$H_3PO_3 + 2H^+ + 2e^- \longrightarrow H_3PO_2 + H_2O$	−0.499
Fe^{2+}/Fe	$Fe^{2+} + 2e^- \longrightarrow Fe$	−0.447
Cr^{3+}/Cr^{2+}	$Cr^{3+} + e^- \longrightarrow Cr^{2+}$	−0.407
Cd^{2+}/Cd	$Cd^{2+} + 2e^- \longrightarrow Cd$	−0.403 0
$PbSO_4/Pb$	$PbSO_4 + 2e^- \longrightarrow Pb + SO_4^{2-}$	−0.358 8
In^{3+}/In	$In^{3+} + 3e^- \longrightarrow In$	−0.338 2
Tl^+/Tl	$Tl^+ + e^- \longrightarrow Tl$	−0.336
Co^{2+}/Co	$Co^{2+} + 2e^- \longrightarrow Co$	−0.28
H_3PO_4/H_3PO_3	$H_3PO_4 + 2H^+ + 2e^- \longrightarrow H_3PO_3 + H_2O$	−0.276
Ni^{2+}/Ni	$Ni^{2+} + 2e^- \longrightarrow Ni$	−0.257
AgI/Ag	$AgI + e^- \longrightarrow Ag + I^-$	−0.152 24
Sn^{2+}/Sn	$Sn^{2+} + 2e^- \longrightarrow Sn$	−0.137 5
Pb^{2+}/Pb	$Pb^{2+} + 2e^- \longrightarrow Pb$	−0.126 2
$P/PH_3(g)$	$P(白) + 3H^+ + 3e^- \longrightarrow PH_3(g)$	−0.063
Hg_2I_2/Hg	$Hg_2I_2 + 2e^- \longrightarrow 2Hg + 2I^-$	−0.040 5
Fe^{3+}/Fe	$Fe^{3+} + 3e^- \longrightarrow Fe$	−0.037
Ag_2S/Ag	$Ag_2S + 2H^+ + 2e^- \longrightarrow 2Ag + H_2S$	−0.036 6

续表

电对符号	电极反应 氧化型 + ze^- ⟶ 还原型	$E^{\ominus}$/V
H^+/H_2	$2H^+ + 2e^- \longrightarrow H_2$	0.000 00
MoO_3/Mo	$MoO_3 + 6H^+ + 6e^- \longrightarrow Mo + 3H_2O$	0.075
$AgBr/Ag$	$AgBr + e^- \longrightarrow Ag + Br^-$	0.071 33
Ge^{4+}/Ge	$Ge^{4+} + 4e^- \longrightarrow Ge$	0.124
Hg_2Br_2/Hg	$Hg_2Br_2 + 2e^- \longrightarrow 2Hg + 2Br^-$	0.139 23
S/H_2S	$S + 2H^+ + 2e^- \longrightarrow H_2S(aq)$	0.142
Sn^{4+}/Sn^{2+}	$Sn^{4+} + 2e^- \longrightarrow Sn^{2+}$	0.151
Cu^{2+}/Cu^+	$Cu^{2+} + e^- \longrightarrow Cu^+$	0.153
SO_4^{2-}/H_2SO_3	$SO_4^{2-} + 4H^+ + 2e^- \longrightarrow H_2SO_3 + H_2O$	0.172
SbO^+/Sb	$SbO^+ + 2H^+ + 3e^- \longrightarrow Sb + H_2O$	0.212
$AgCl/Ag$	$AgCl + e^- \longrightarrow Ag + Cl^-$	0.222 33
As_2O_3/As	$As_2O_3 + 6H^+ + 6e^- \longrightarrow 2As + 3H_2O$	0.234
Hg_2Cl_2/Hg	$Hg_2Cl_2 + 2e^- \longrightarrow 2Hg + 2Cl^-$	0.268 08
Bi^{3+}/Bi	$Bi^{3+} + 3e^- \longrightarrow Bi$	0.308
BiO^+/Bi	$BiO^+ + 2H^+ + 3e^- \longrightarrow Bi + H_2O$	0.320
VO^{2+}/V^{3+}	$VO^{2+} + 2H^+ + e^- \longrightarrow V^{3+} + H_2O$	0.337
Cu^{2+}/Cu	$Cu^{2+} + e^- \longrightarrow Cu$	0.341 9
H_2SO_3/S	$H_2SO_3 + 4H^+ + 4e^- \longrightarrow S + 3H_2O$	0.449
Cu^+/Cu	$Cu^+ + e^- \longrightarrow Cu$	0.521
I_2/I^-	$I_2 + 2e^- \longrightarrow 2I^-$	0.535 5
MnO_4^-/MnO_4^{2-}	$MnO_4^- + e^- \longrightarrow MnO_4^{2-}$	0.558
$H_3AsO_4/HAsO_2$	$H_3AsO_4 + 2H^+ + 2e^- \longrightarrow HAsO_2 + 2H_2O$	0.560
MnO_4^-/MnO_2	$MnO_4^- + 2H_2O + 3e^- \longrightarrow MnO_2 + 4OH^-$	0.596 5
BrO_3^-/Br^-	$BrO_3^- + 3H_2O + 6e^- \longrightarrow Br^- + 6OH^-$	0.612 6
MnO_4^{2-}/MnO_2	$MnO_4^{2-} + 2H_2O + 2e^- \longrightarrow MnO_2 + 4OH^-$	0.617 5
$[PtCl_6]^{2-}/[PtCl_4]^{2-}$	$[PtCl_6]^{2-} + 2e^- \longrightarrow [PtCl_4]^{2-} + 2Cl^-$	0.68
O_2/H_2O_2	$O_2 + 2H^+ + 2e^- \longrightarrow 2H_2O_2$	0.695
$[PtCl_4]^{2-}/Pt$	$[PtCl_4]^{2-} + 2e^- \longrightarrow Pt + 4Cl^-$	0.755
Fe^{3+}/Fe^{2+}	$Fe^{3+} + e^- \longrightarrow Fe^{2+}$	0.771
Hg_2^{2+}/Hg	$Hg_2^{2+} + 2e^- \longrightarrow 2Hg$	0.797 3
Ag^+/Ag	$Ag^+ + e^- \longrightarrow Ag$	0.799 6
NO_3^-/N_2O_4	$2NO_3^- + 4H^+ + 2e^- \longrightarrow N_2O_4 + 2H_2O$	0.803
Hg^{2+}/Hg_2^{2+}	$2Hg^{2+} + 2e^- \longrightarrow Hg_2^{2+}$	0.920
NO_3^-/HNO_2	$NO_3^- + 3H^+ + 2e^- \longrightarrow HNO_2 + H_2O$	0.934
NO_3^-/NO	$NO_3^- + 4H^+ + 3e^- \longrightarrow NO + 2H_2O$	0.957
HNO_2/NO	$HNO_2 + H^+ + e^- \longrightarrow NO + H_2O$	0.983
HIO/I^-	$HIO + H^+ + 2e^- \longrightarrow I^- + H_2O$	0.987
VO_2^+/VO^{2+}	$VO_2^+ + 2H^+ + e^- \longrightarrow VO^{2+} + H_2O$	0.991
N_2O_4/NO	$N_2O_4 + 4H^+ + 4e^- \longrightarrow 2NO + 2H_2O$	1.035
N_2O_4/HNO_2	$N_2O_4 + 2H^+ + 2e^- \longrightarrow 2HNO_2$	1.056
Br_2/Br^-	$Br_2 + 2e^- \longrightarrow 2Br^-$	1.087 3
Pt^{2+}/Pt	$Pt^{2+} + 2e^- \longrightarrow Pt$	1.18

续表

电对符号	电极反应 氧化型 + ze^- ⟶ 还原型	$E^\ominus$/V
ClO_4^-/ClO_3^-	$ClO_4^- + 2H^+ + 2e^- \longrightarrow ClO_3^- + H_2O$	1.189
IO_3^-/I_2	$2IO_3^- + 12H^+ + 10e^- \longrightarrow I_2 + 6H_2O$	1.195
$ClO_3^-/HClO_2$	$ClO_3^- + 3H^+ + 2e^- \longrightarrow HClO_2 + H_2O$	1.214
MnO_2/Mn^{2+}	$MnO_2 + 4H^+ + 2e^- \longrightarrow Mn^{2+} + 2H_2O$	1.224
O_2/H_2O	$O_2 + 4H^+ + 4e^- \longrightarrow 2H_2O$	1.229
Tl^{3+}/Tl^+	$Tl^{3+} + 2e^- \longrightarrow Tl^+$	1.252
$ClO_2/HClO_2$	$ClO_2 + H^+ + e^- \longrightarrow HClO_2$	1.277
HNO_2/N_2O	$2HNO_2 + 4H^+ + 4e^- \longrightarrow N_2O + 3H_2O$	1.297
Cl_2/Cl^-	$Cl_2 + 2e^- \longrightarrow 2Cl^-$	1.358
$Cr_2O_7^{2-}/Cr^{3+}$	$Cr_2O_7^{2-} + 14H^+ + 6e^- \longrightarrow 2Cr^{3+} + 7H_2O$	1.36
ClO_4^-/Cl_2	$ClO_4^- + 8H^+ + 7e^- \longrightarrow 1/2Cl_2 + 4H_2O$	1.39
HIO/I_2	$2HIO + 2H^+ + 2e^- \longrightarrow I_2 + 2H_2O$	1.439
PbO_2/Pb^{2+}	$PbO_2 + 4H^+ + 2e^- \longrightarrow Pb^{2+} + 2H_2O$	1.455
ClO_3^-/Cl_2	$ClO_3^- + 6H^+ + 5e^- \longrightarrow 1/2Cl_2 + 3H_2O$	1.47
BrO_3^-/Br_2	$BrO_3^- + 6H^+ + 5e^- \longrightarrow 1/2Br_2 + 3H_2O$	1.482
MnO_4^-/Mn^{2+}	$MnO_4^- + 8H^+ + 5e^- \longrightarrow Mn^{2+} + 4H_2O$	1.507
Mn^{3+}/Mn^{2+}	$Mn^{3+} + e^- \longrightarrow Mn^{2+}$	1.541 5
$HbrO/Br_2(aq)$	$HbrO + H^+ + e^- \longrightarrow 1/2Br_2(aq) + H_2O$	1.574
NO/N_2O	$2NO + 2H^+ + 2e^- \longrightarrow N_2O + H_2O$	1.591
Bi_2O_4/BiO^+	$Bi_2O_4 + 4H^+ + 2e^- \longrightarrow 2BiO^+ + 2H_2O$	1.593
H_5IO_6/IO_3^-	$H_5IO_6 + H^+ + 2e^- \longrightarrow IO_3^- + 3H_2O$	1.601
$HClO/Cl_2$	$2HClO + 2H^+ + 2e^- \longrightarrow Cl_2 + 2H_2O$	1.611
$HClO_2/Cl_2$	$2HClO_2 + 6H^+ + 6e^- \longrightarrow Cl_2 + 4H_2O$	1.628
NiO_2/Ni^{2+}	$NiO_2 + 4H^+ + 2e^- \longrightarrow Ni^{2+} + 2H_2O$	1.678
MnO_4^-/MnO_2	$MnO_4^- + 4H^+ + 3e^- \longrightarrow MnO_2 + 2H_2O$	1.679
$PbO_2/PbSO_4$	$PbO_2 + SO_4^{2-} + 4H^+ + 2e^- \longrightarrow PbSO_4 + 2H_2O$	1.691 3
N_2O/N_2	$N_2O + 2H^+ + 2e^- \longrightarrow N_2 + H_2O$	1.766
H_2O_2/H_2O	$H_2O_2 + 2H^+ + 2e^- \longrightarrow 2H_2O$	1.776
Co^{3+}/Co^{2+}	$Co^{3+} + e^- \longrightarrow Co^{2+}$	1.92
Ag^{2+}/Ag^+	$Ag^{2+} + e^- \longrightarrow Ag^+$	1.980
$S_2O_8^{2-}/SO_4^{2-}$	$S_2O_8^{2-} + 2e^- \longrightarrow 2SO_4^{2-}$	2.010
O_3/H_2O	$O_3 + 2H^+ + 2e^- \longrightarrow O_2 + H_2O$	2.076
F_2/HF	$F_2 + 2H^+ + 2e^- \longrightarrow 2HF$	3.053

注：本表数据摘自 Haynes W M. CRC Handbook of Chemistry and Physics. 93rd. 2012—2013。

附录7　特殊试剂的配制

试剂	浓度/mol·L^{-1}	配制方法
氯化铁 $FeCl_3$	0.5	溶解 135.2g $FeCl_3$·$6H_2O$ 溶于 100mL 6mol·L^{-1} HCl 中，加水稀释至 1L
三氯化铬 $CrCl_3$	0.1	溶解 26.7g $CrCl_3$·$6H_2O$ 于 30mL 6mol·L^{-1} HCl 中，加水稀释至 1L
氯化亚锡 $SnCl_2$	0.1	溶解 22.6g $SnCl_2$·$2H_2O$ 于 300mL 6mol·L^{-1} HCl 中，加水稀释至 1L，加入数粒纯锡，以防氧化
硝酸铅 $Pb(NO_3)_2$	0.25	溶解 83g $Pb(NO_3)_2$ 溶于少量水中，加入 15mL 6mol·L^{-1} HNO_3，用水稀释至 1L
硝酸铋 $Bi(NO_3)_3$	0.1	溶解 48.5g $Bi(NO_3)_3$·$5H_2O$ 溶于 250mL 1mol·L^{-1} HNO_3，用水稀释至 1L
硝酸汞 $Hg(NO_3)_2$	0.1	溶解 33.4g $Hg(NO_3)_2$·H_2O 于 250mL 6mol·L^{-1} HNO_3 中，加水稀释至 1L
硝酸亚汞 $Hg_2(NO_3)_2$	0.1	溶解 56.1g $Hg_2(NO_3)_2$·$2H_2O$ 于 250mL 6mol·L^{-1} HNO_3 中，加水稀释至 1L，并加入少许金属汞
碳酸铵 $(NH_4)_2CO_3$	1	96g 研细的 $(NH_4)_2CO_3$ 溶于 1L 2mol·L^{-1} 氨水
硫酸铵 $(NH_4)_2SO_4$	饱和	50g $(NH_4)_2SO_4$ 溶于 100mL 热水，冷却后过滤
硫酸亚铁 $FeSO_4$	0.5	溶解 69.5g $FeSO_4$·$7H_2O$ 于适量水中，加入 5mL 18mol·L^{-1} H_2SO_4，再用水稀释至 1L，置入小铁钉数枚
硫化钠 Na_2S	1	溶解 240g Na_2S·$9H_2O$ 和 40g NaOH 于水中，用水稀释至 1L
硫化铵 $(NH_4)_2S$	3	通 H_2S 于 200 mL 浓 NH_3·$6H_2O$ 至饱和，然后再加入 200 mL 浓 NH_3·$6H_2O$，混匀，再以水稀释至 1L
氯水	饱和	在水中通入氯气直至饱和，该溶液使用时临时配制
溴水	饱和	在具磨口玻璃塞的玻璃瓶内将市售的液溴约 16mL 注入 1L 水中，在 2h 内经常剧烈振摇，每次振摇后微开瓶塞，使积聚的溴蒸气放出。在储存瓶底保持总有过量的溴。将溴水倒入试剂瓶时，剩余的液溴应留在储存瓶中。倾倒液溴或溴水时应在通风橱中进行，并将凡士林涂在手上或戴橡胶手套操作，以防被溴蒸气灼伤
碘水	约 0.005	溶解 1.3g I_2 和 5g KI 于尽可能少量的水中，待 I_2 完全溶解（充分搅动）后再加水稀释至 1L

试剂	质量分数/%	配制方法
对氨基苯磺酸	0.34	0.5g 对氨基苯磺酸溶于 150mL 2mol·L^{-1} HAc 溶液中
α-萘胺	0.12	0.3g α-萘胺溶于 20mL 水，加热煮沸，在所得溶液中加入 150mL 2mol·L^{-1} HAc 溶液
镍试剂	1	溶解 1g 镍试剂（丁二酮肟）于 100mL 95%的乙醇中
镁试剂	0.007	溶解 0.01g 镁试剂于 1L 1mol·L^{-1} NaOH 溶液中
铝试剂	1	1g 铝试剂溶于 1L 水中
二苯硫腙	0.01	10mg 二苯硫腙溶于 100mL CCl_4 中
奈斯勒试剂	—	溶解 10g HgI_2 和 7g KI 于少量水中，再缓慢加入至 50mL 6mol·L^{-1} NaOH 溶液中，以水稀释至 100mL，静置后取其清液，保存在聚乙烯瓶中
格里斯试剂	—	① 在加热下溶解 0.5g 对氨基苯磺酸于 50mL 30% HAc 中，储于暗处保存； ② 将 0.4g α-萘胺与 100mL 水混合煮沸，再从蓝色渣滓中倾出的无色溶液中加入 6mL 80%HAc； 使用前将①、②两液等体积混合
钼酸铵	—	5g 钼酸铵溶于 100mL 水中，再把所得溶液倾入 35mL HNO_3（33%，密度 1.2g·L^{-1}）中。不得相反。静置 48h，若有沉淀，倾出溶液

续表

试剂	质量分数/%	配制方法
乙酸铀酰锌	—	① 10g $UO_2Ac_2 \cdot 2H_2O$ 和 6mL 6mol·L^{-1} HAc 溶于 50 mL 水中； ② 30g $ZnAc_2 \cdot 2H_2O$ 和 3mL 6mol·L^{-1} HCl 溶于 50 mL 水中； 将①、②两种溶液混合，24h 后取清液使用
淀粉溶液	0.5%	将 1g 易溶淀粉和 5mg $HgCl_2$（作防腐剂）置于烧杯中，加少许水调成糊状，倒入 200mL 沸水中，煮沸后冷却即可
亚硝酰铁氰化钠 $Na_2[Fe(CN)_5NO]$	3	3g $Na_2[Fe(CN)_5NO] \cdot 2H_2O$ 溶解于 100mL 水中。保存于棕色瓶内，如果溶液变绿就不能用
二苯碳酰二肼	0.04	0.04g 二苯碳酰二肼溶于 20mL 95%的乙醇中，边搅拌边加入 80mL（1∶9）H_2SO_4（储存于冰箱中可用一个月）
六亚硝酸合钴（Ⅲ）钠盐	—	溶解 $Na_3[Co(NO_2)_6]$ 和 NaAc 各 20g 于 20 mL 冰醋酸和 80 mL 水的混合液中，储存于棕色瓶中备用（久置溶液颜色由棕变红即失效）

附录 8　某些离子和化合物的颜色

1. 离子

（1）无色离子

阳离子：Ag^+、Al^{3+}、Ba^{2+}、Bi^{3+}、Ca^{2+}、Cd^{2+}、Hg_2^{2+}、Hg^{2+}、K^+、Mg^{2+}、Na^+、NH_4^+、Pb^{2+}、Sn^{2+}、Sn^{4+}、Sr^{2+}、Zn^{2+} 等。

阴离子：Ac^-、AsO_3^{3-}、AsO_4^{3-}、$B_4O_7^{2-}$、$B(OH)_4^-$、Br^-、BrO_3^-、CO_3^-、$C_2O_4^{2-}$、$CuCl_2^-$、Cl^-、ClO_3^-、F^-、I^-、MoO_4^{2-}、NO_3^-、NO_2^-、PO_4^{3-}、$SbCl_6^{3-}$、$SbCl_6^-$、S^{2-}、SO_4^{2-}、SO_3^{2-}、$S_2O_3^{2-}$、SCN^-、SiO_3^{2-}、WO_4^{2-}、VO_3^- 等。

（2）有色离子

Fe^{2+} 浅绿色，稀溶液无色；$[Fe(H_2O)_6]^{3+}$ 淡紫色，但平时所见 Fe^{3+} 盐溶液黄色或红棕色；Mn^{2+} 肉色，稀溶液无色；Co^{2+} 粉红色；Cr^{3+} 绿色或紫色；Cr^{2+} 蓝色；CrO_4^{2-} 黄色；$Cr_2O_7^{2-}$ 橙色；Cu^{2+} 浅蓝色；Ni^{2+} 绿色；Ti^{3+} 紫色；MnO_4^- 紫色；MoO_4^{2-} 绿色；V^{2+} 蓝紫色；V^{3+} 绿色；VO^{2+} 蓝色；VO_2^+ 黄色；$[Co(NH_3)_6]^{2+}$ 黄色；$[Co(NH_3)_6]^{3+}$ 橙黄色；$[Co(CN)_6]^{3-}$ 紫色；$[Co(SCN)_4]^{2-}$ 蓝色；$[Cu(NH_3)_4]^{2+}$ 深蓝色；$[Cu(NH_3)_2]^+$ 无色；$[Fe(CN)_6]^{4-}$ 黄绿色；$[Fe(CN)_6]^{3-}$ 黄棕色；$[Fe(SCN)_n]^{3-n}$ 血红色；$[Ni(CN)_4]^{2-}$ 黄色；$[Ni(NH_3)_6]^{2+}$ 蓝紫色。

2. 化合物

（1）氧化物

Ag_2O	CuO	Cu_2O	CdO	Cr_2O_3	CrO_3	CoO	Co_2O_3	HgO
暗棕色	黑色	暗红色	棕红色	绿色	红色	灰绿色	黑色	红或黄色
FeO	Fe_2O_3	Fe_3O_4	Na_2O_2	K_2O	MoO_2	NiO	Ni_2O_3	Hg_2O
黑色	红棕色	黑色	浅黄色	黄色	铅灰色	暗绿色	黑色	黑褐色
VO	VO_2	V_2O_3	V_2O_5	PbO	Pb_3O_4	WO_2	MnO	MnO_2
亮灰色	深蓝色	黑色	红棕色	黄色	红色	棕红色	绿色	棕褐色

（2）氢氧化物

$CsOH$	$Cu(OH)_2$	$CuOH$	$Co(OH)_2$	$Co(OH)_3$	$Cr(OH)_3$	$Fe(OH)_3$
亮黄色	蓝色	黄色	粉红色	棕褐色	灰绿色	红棕色
$Fe(OH)_2$	$Hg(OH)_2$	$Ni(OH)_2$	$Ni(OH)_3$			
白色或苍绿色	橘红色	浅绿色	黑色			

（3）卤化物

$AgBr$	$CuCl_2$	$CuCl_2 \cdot 7H_2O$	$CoCl_2$	$CoCl_2 \cdot H_2O$	FeI_2	HgI_2
浅黄色	棕黄色	蓝绿色	蓝色	紫色	暗红色	红色
AgI	$CuBr_2$	$FeCl_3 \cdot 6H_2O$	$FeBr_2$	$CoCl_2 \cdot 2H_2O$	PbI_2	$NiCl_2$
黄色	黑紫色	黄棕色	黄绿色	紫红色	黄色	黄色
BiI_3	Hg_2Cl_2	$TiCl_3 \cdot 6H_2O$	Hg_2I_2	$CoCl_2 \cdot 6H_2O$	SbI_2	$TiCl_2$
绿黑色	淡黄色	紫色或绿色	黄绿色	粉红色	红黄色	黑色

(4) 硫化物

Ag_2S	As_2S_3	Bi_2S_3	CdS	CoS	CuS	Cu_2S	MnS	HgS	
黑色	黄色	黑褐色	黄色	黑色	黑色	黑色	肉色	红或黑色	
FeS	Fe_2S_3	NiS	PbS	Sb_2S_3	Sb_2S_5	SnS	SnS_2		
棕黑色	黑色	黑色	黑色	橙色	橙红色	褐色	金黄色		

(5) 硫（碳、磷、硅、铬、草、卤）酸盐

$CuSO_4 \cdot 5H_2O$	$CoSO_4 \cdot 7H_2O$	$Cr_2(SO_4)_3 \cdot 6H_2O$	$Cr_2(SO_4)_3 \cdot 18H_2O$	Ag_3PO_4
蓝色	红色	绿色	蓝紫色	黄色
$Cr_2(SO_4)_3$	$Hg_2(OH)_2CO_3$	$Co_2(OH)_2CO_3$	$KCr(SO_4)_2 \cdot 12H_2O$	$FePO_4$
紫色或红色	红褐色	红色	紫色	浅黄色
$[Fe(NO)]SO_4$	$Ni_2(OH)_2CO_3$	$Cu_2(OH)_2CO_3$	$FeCrO_4 \cdot 2H_2O$	$BaCrO_4$
深棕色	浅绿色	暗绿色	黄色	黄色
Ag_2CrO_4	$PbCrO_4$	$CuSiO_3$	$CoSiO_3$	$MnSiO_3$
砖红色	黄色	蓝色	紫色	肉色
$Fe_2(SiO_3)_3$	$NiSiO_3$	$FeC_2O_4 \cdot 2H_2O$	Ag_3AsO_4	
棕红色	翠绿色	黄色	红褐色	

(6) 其他化合物

$Cu(CN)_2$	$Ag_3[Fe(CN)_6]$	$Ag_4[Fe(CN)_6]$	$K_3[Co(NO_2)_6]$
浅棕黄色	橙色	白色	黄色
$Cu(SCN)_2$	$Cu_2[Fe(CN)_6]$	$Co_2[Fe(CN)_6]$	$K_2Na[Co(NO_2)_6]$
黑绿色	红褐色	绿色	黄色
$Ni(CN)_2$	$Zn_2[Fe(CN)_6]$	$Zn_3[Fe(CN)_6]_2$	$K_2[PtCl_6]$
浅绿色	白色	黄褐色	黄色
$KHC_4H_4O_6$	$Na[Sb(OH)_6]$	$(NH_4)_2Na[Co(NO_2)_6]$	
白色	白色	黄色	
$Fe_4^{III}[Fe^{II}(CN)_6]_3 \cdot xH_2O$		$Na_2[Fe(CN)_5NO] \cdot 2H_2O$	
蓝色		红色	
$NaAc \cdot Zn(Ac)_2 \cdot 3[UO_2(Ac)_2] \cdot 9H_2O$			
黄色			

$$\left[\begin{array}{c} Hg \\ O \quad NH_2 \\ Hg \end{array} \right] I$$

红棕色

$$\left[\begin{array}{c} I-Hg \\ NH_2 \\ I-Hg \end{array} \right] I$$

深褐色或红棕色

附录9　常见无机阳离子的定性鉴定方法

1. Na^+

取 3 滴试液于试管中，加入 $6.0mol \cdot L^{-1}$ 氨水至碱性，再加入 $6.0mol \cdot L^{-1}$ HAc 酸化，然后加 3 滴饱和 EDTA 溶液和 6~8 滴醋酸铀酰锌，充分振摇，放置片刻，若有淡黄色结晶状沉淀生成，则存在 Na^+。

在中性或醋酸酸性溶液中，Na^+ 与醋酸铀酰锌 $Zn(Ac)_2 \cdot UO_2(Ac)_2$ 发生反应，生成淡黄色结晶状的醋酸铀锌钠沉淀：

$$Na^+ + 3UO_2^{2+} + Zn^{2+} + 9Ac^- + 9H_2O \Longrightarrow NaAc \cdot Zn(Ac)_2 \cdot 3UO_2(Ac)_2 \cdot 9H_2O \downarrow$$

该晶体的溶解度较大，且易形成过饱和溶液，可加入适量的乙醇，降低它的溶解度，也可用玻璃棒摩擦器壁，破坏它的过饱和状态，促进晶体快速生成。在碱性溶液中，$UO_2(Ac)_2$ 可生成 $(NH_4)_2U_2O_7$ 或 $K_2U_2O_7$ 沉淀；强酸性溶液中，醋酸铀锌钠沉淀的溶解度增加。其他金属离子干扰可加 EDTA 配位掩蔽。

2. K^+

取 3~4 滴含 K^+ 试液于试管中，加入 4~5 滴 $0.5mol \cdot L^{-1}$ 碳酸钠溶液，加热，使有色离子变为碳酸盐沉淀。离心分离，在所得清液中加入 $6.0mol \cdot L^{-1}$ HAc 溶液，再加 2 滴六硝基合钴酸钠 $Na_3[Co(NO_2)_6]$ 溶液，充分振摇后将试管放置沸水浴中加热片刻，若析出亮黄色的 $K_2Na[Co(NO_2)_6]$ 沉淀，则存在 K^+。

$$2K^+ + Na^+ + [Co(NO_2)_6]^{3-} \Longrightarrow K_2Na[Co(NO_2)_6] \downarrow$$

因强酸、强碱都能分解试剂中的 $[Co(NO_2)_6]^{3-}$，故鉴定时必须将溶液调节至中性或微酸性。

Cu^{2+}、Fe^{3+}、Co^{2+} 和 Ni^{2+} 等有色离子会干扰鉴定，可先使其转化为碳酸盐沉淀而除去。

NH_4^+ 可与试剂生成橙色沉淀 $(NH_4)_2Na[Co(NO_2)_6]$ 而干扰鉴定，但在沸水中加热 1~2min 后 $(NH_4)_2Na[Co(NO_2)_6]$ 完全分解，$K_2Na[Co(NO_2)_6]$ 无变化，从而消除 NH_4^+ 的干扰。

3. NH_4^+

取 1 滴 NH_4^+ 试液，放在白滴板的圆孔中，加 2 滴奈斯勒试剂（K_2HgI_4 的 NaOH 溶液），生成红棕色沉淀，则存在 NH_4^+：

$$NH_4^+ + 2[HgI_4]^{2-} + 4OH^- \Longrightarrow HgO \cdot HgNH_2I \downarrow + 7I^- + 3H_2O$$

Fe^{3+}、Co^{2+}、Ni^{2+}、Ag^+、Cr^{3+} 等存在时，与试剂中的 NaOH 生成有色沉淀而干扰，必须预先除去；大量 S^{2-} 的存在，使 $[HgI_4]^{2-}$ 分解析出 HgS 沉淀。大量 I^- 存在使反应向左进行，沉淀溶解。

4. Mg^{2+}

取 2 滴含 Mg^{2+} 试液于点滴板上，加 2 滴 EDTA 饱和溶液，搅拌后，加 2 滴 $2mol \cdot L^{-1}$ NaOH 溶液、1 滴镁试剂 I（对硝基苯偶氮苯二酚），若有蓝色沉淀生成，则存在 Mg^{2+}。

镁试剂 I

对硝基苯偶氮苯二酚俗称镁试剂 I，在碱性环境下呈红色或红紫色，被 $Mg(OH)_2$ 吸附后则呈蓝色。反应必须在碱性溶液中进行，如大量 NH_4^+ 存在会降低 OH^- 的浓度，因而妨碍 Mg^{2+} 的检出，故在鉴定前需加碱煮沸，以除去大量的 NH_4^+。有些能与 OH^- 生成深色氢氧化物沉淀的离子对鉴定有干扰，可用 EDTA 配位掩蔽。

5. Ca^{2+}

取 1~2 滴 Ca^{2+} 试液于试管中,加入 10 滴 $CHCl_3$,再加入 2 滴 $6mol \cdot L^{-1}$NaOH、4 滴 0.2%GBHA、2 滴 Na_2CO_3 溶液,振摇试管,若 $CHCl_3$ 层显红色,则存在 Ca^{2+}。

乙二醛双缩[2-羟基苯胺]简称 GBHA,与 Ca^{2+} 在 pH = 12~12.6 的溶液中生成红色螯合物沉淀:

(GBHA)　　　　(红色)

Ba^{2+}、Sr^{2+} 在相同条件下生成橙色、红色沉淀,但加入 Na_2CO_3 后,形成碳酸盐沉淀,螯合物颜色变浅,而钙的螯合物颜色基本不变。Cu^{2+}、Cd^{2+}、Co^{2+}、Ni^{2+}、Mn^{2+}、UO_2^{2+} 等也与试剂生成有色螯合物而干扰,但当用 $CHCl_3$ 萃取时,只有 Cd^{2+} 的产物和 Ca^{2+} 的产物一起被萃取。

6. Ba^{2+}

取 4 滴 Ba^{2+} 试液于试管中,加浓氨水使呈碱性,再加锌粉少许,在沸水浴中加热 1~2min,并不断搅拌,离心分离。在溶液中加 HAc 酸化,加 3~4 滴 $0.1mol \cdot L^{-1}K_2CrO_4$ 溶液,振摇,在沸水中加热,有 $BaCrO_4$ 黄色沉淀生成,则存在 Ba^{2+}。

沉淀不溶于醋酸,但可溶于强酸,故需在 $HAc-NH_4Ac$ 缓冲溶液中进行反应。Pb^{2+}、Hg^{2+}、Ag^+ 等离子也能与 K_2CrO_4 反应生成不溶于 HAc 的有色沉淀,故可用金属锌使上述离子还原成金属单质而除去。

7. Al^{3+}

取 4 滴 Al^{3+} 试液于试管中,加 $6mol \cdot L^{-1}$NaOH 碱化,并过量 2 滴,加 2 滴 $3\%H_2O_2$,加热 2min,离心分离。用 $6mol \cdot L^{-1}$HAc 酸化,调节 pH 为 6~7,加 3 滴铝试剂,振摇后静置片刻,加 $6mol \cdot L^{-1}NH_3 \cdot H_2O$ 碱化,水浴加热,若有红色沉淀生成且不消失,则存在 Al^{3+}。

(铝试剂)　　　　(红色沉淀)

Cr^{3+}、Fe^{3+}、Bi^{3+}、Cu^{2+}、Ca^{2+} 等离子在 HAc 缓冲溶液中也能与铝试剂生成红色化合物而干扰,但加入氨水碱化后,Cr^{3+}、Cu^{2+} 的化合物即分解,加入$(NH_4)_2CO_3$,可使 Ca^{2+} 的化合物生成 $CaCO_3$ 而分解,Fe^{3+}、Bi^{3+}(包括 Cu^{2+})可预先加 NaOH 形成沉淀而分离。

8. Cr^{3+}

(1) 取 2 滴 Cr^{3+} 试液于试管中,加 $2.0mol \cdot L^{-1}$NaOH 溶液至生成沉淀又溶解,再多加 2 滴。加 $3\%H_2O_2$ 溶液,微热,溶液呈黄色。冷却后再加 5 滴 $3\%H_2O_2$ 溶液,加 1mL 戊醇(或乙醚),最后逐滴滴加 $6.0mol \cdot L^{-1}HNO_3$ 溶液。注意,每加 1 滴 HNO_3 都必须充分振摇。如戊醇层显蓝色,则存在 Cr^{3+}。

在强碱性介质中,H_2O_2 将 Cr^{3+} 氧化为 CrO_4^{2-},再酸化并用戊醇萃取:

$$Cr^{3+} + 4OH^- \longrightarrow [Cr(OH)_4]^-$$

$$2[Cr(OH)_4]^- + 3H_2O_2 + 2OH^- \longrightarrow 2CrO_4^{2-} + 8H_2O$$

$$2H^+ + 2CrO_4^{2-} \longrightarrow Cr_2O_7^{2-} + H_2O$$

$$Cr_2O_7^{2-} + 4H_2O_2 + 2H^+ \longrightarrow 2CrO_5 + 5H_2O$$

蓝色的 CrO_5 在水溶液中不稳定,但在戊醇中较为稳定。反应应在较低温度下进行,溶液应控制酸度为 pH=2~3,酸度过大时 CrO_5 易分解,溶液变为蓝绿色。

$$4CrO_5 + 12H^+ \longrightarrow 4Cr^{3+} + 7O_2\uparrow + 6H_2O$$

(2)取 3 滴 Cr^{3+} 试液,加 $6mol \cdot L^{-1}NaOH$ 溶液直到生成的沉淀溶解,搅动后加 4 滴 3%的 H_2O_2,水浴加热,溶液颜色由绿变黄,继续加热直至剩余的 H_2O_2 分解完,冷却,加 $6mol \cdot L^{-1}HAc$ 酸化,加 2 滴 $0.1mol \cdot L^{-1}Pb(NO_3)_2$ 溶液,生成黄色 $PbCrO_4$ 沉淀,则存在 Cr^{3+}:

$$Cr^{3+} + 4OH^- \longrightarrow CrO_2^- + 2H_2O$$
$$2CrO_2^- + 3H_2O_2 + 2OH^- \longrightarrow 2CrO_4^{2-} + 4H_2O$$
$$Pb^{2+} + CrO_4^{2-} \longrightarrow PbCrO_4\downarrow$$

9. Fe^{3+}

(1)取 1 滴 Fe^{3+} 试液于点滴板上,加 1 滴 $2mol \cdot L^{-1}HCl$ 酸化,加 1 滴 $0.1mol \cdot L^{-1}K_4[Fe(CN)_6]$ 溶液,生成蓝色沉淀(普鲁士蓝),则存在 Fe^{3+}。

$$Fe^{3+} + [Fe(CN)_6]^{4-} + K^+ \longrightarrow KFe[Fe(CN)_6]\downarrow$$

$K_4[Fe(CN)_6]$ 不溶于强酸,但被强碱分解生成氢氧化物,故反应在酸性溶液中进行。

其他阳离子与试剂生成的有色化合物的颜色不及 Fe^{3+} 的鲜明,故可在其他离子存在时鉴定 Fe^{3+},如大量存在 Cu^{2+}、Co^{2+}、Ni^{2+} 等离子,也有干扰,分离后再作鉴定。

(2)取 1 滴 Fe^{3+} 试液于点滴板上,加 1 滴 $2mol \cdot L^{-1}HCl$ 酸化,加 1 滴 $0.1mol \cdot L^{-1}KSCN$ 溶液,若溶液显红色,则存在 Fe^{3+}。

$$Fe^{3+} + nSCN^- \longrightarrow [Fe(SCN)_n]^{3-n}$$

在酸性溶液中进行,但不能用 HNO_3。

F^-、H_3PO_4、$H_2C_2O_4$、酒石酸、柠檬酸以及含有 α-或 β-羟基的有机酸都能与 Fe^{3+} 形成稳定的配合物而干扰。溶液中若有大量汞盐,由于形成 $[Hg(SCN)_4]^{2-}$ 而干扰,钴、镍、铬和铜盐因离子有色,或因与 SCN^- 的反应产物的颜色而降低检出 Fe^{3+} 的灵敏度。

10. Fe^{2+}

(1)取 1 滴 Fe^{2+} 试液于点滴板上,加 1 滴 $2mol \cdot L^{-1}HCl$ 酸化,加 1 滴 $0.1mol \cdot L^{-1}K_3[Fe(CN)_6]$ 溶液,若生成深蓝色沉淀,则存在 Fe^{2+}。

$$Fe^{2+} + [Fe(CN)_6]^{3-} + K^+ \longrightarrow KFe[Fe(CN)_6]\downarrow$$

本法灵敏度、选择性都很高,仅在大量重金属离子存在而 $[Fe^{2+}]$ 很低时,现象不明显;反应在 pH<7 的酸性溶液中进行。

(2)取 1 滴 Fe^{2+} 试液于点滴板,加几滴 $2.5g \cdot L^{-1}$ 的邻菲罗啉溶液,若生成橘红色的溶液,则存在 Fe^{2+}。

$$\left[Fe(phen)_3\right]^{2+}$$

此法选择性高,反应应在中性或微酸性溶液中进行。Fe^{3+} 生成微橙黄色,不干扰,但在 Fe^{3+}、Co^{2+} 同时存在时不适用。10 倍量的 Cu^{2+}、40 倍量的 Co^{2+}、140 倍量的 $C_2O_4^{2-}$、6 倍量的 CN^- 干扰反应。

11. Mn^{2+}

取 1 滴 Mn^{2+} 试液于试管中，加 10 滴水、5 滴 $2mol \cdot L^{-1}HNO_3$ 溶液，然后加少量固体 $NaBiO_3$，振摇后静置片刻，若形成紫色溶液，则存在 Mn^{2+}。

$$2Mn^{2+} + 5NaBiO_3(s) + 14H^+ \longrightarrow 2MnO_4^- + 5Bi^{3+} + 5Na^+ + 7H_2O$$

反应在稀 HNO_3 或稀 H_2SO_4 酸性介质中进行，还原剂 Cl^-、Br^-、I^-、H_2O_2 等有干扰。

12. Zn^{2+}

取 2 滴 Zn^{2+} 于试管中，加 5 滴 $6mol \cdot L^{-1}NaOH$ 溶液，加 10 滴 CCl_4、2 滴二苯硫腙，振摇，若水层呈粉色，CCl_4 层由绿色变棕色，则存在 Zn^{2+}。

$$\begin{array}{c} NH-NH-C_6H_5 \\ C=S \\ N=N-C_6H_5 \end{array} \qquad \begin{array}{c} NH-N-C_6H_5 \\ C=S \longrightarrow Zn/2 \quad (s) \\ N=N-C_6H_5 \end{array}$$

二苯硫腙　　　　　　　螯合物

在中性或弱酸性介质中，许多重金属离子都能与二苯硫腙生成有色配合物，故此反应应在碱性条件下进行。

13. Co^{2+}

取 5 滴 Co^{2+} 试液于试管中，加少量固体 NH_4SCN 或固体 $KSCN$，加 5～6 滴戊醇或丙酮，充分振荡，静置，若有机层呈艳蓝绿色，则存在 Co^{2+}。

$$Co^{2+} + 4SCN^- \longrightarrow [Co(SCN)_4]^{2-}$$

配合物在水中解离度大，不稳定，故用固体 NH_4SCN，并用有机溶剂萃取，增加它的稳定性。Fe^{3+} 有干扰，加 NaF 掩蔽。大量 Cu^{2+} 也干扰。大量 Ni^{2+} 存在时溶液呈浅蓝色，干扰反应。

14. Ni^{2+}

取 5 滴 Ni^{2+} 试液于试管中，加 5 滴 $2mol \cdot L^{-1}$ 氨水碱化，加 1 滴 1%丁二酮肟溶液，稍等片刻，若出现鲜红色沉淀，则存在 Ni^{2+}。

$$\begin{array}{c} H_3C-C=N-OH \\ H_3C-C=N-OH \end{array}$$
丁二酮肟　　　　　　　二丁二酮肟合镍(Ⅱ)

反应在弱碱性溶液中进行，但氨不宜太多。沉淀溶于酸、强碱，故合适的酸度 pH = 5～10。Fe^{2+}、Pd^{2+}、Cu^{2+}、Co^{2+}、Fe^{3+}、Cr^{3+}、Mn^{2+} 等干扰，可事先把 Fe^{2+} 氧化成 Fe^{3+}，加柠檬酸或酒石酸掩蔽 Fe^{3+} 和其他离子。

15. Cu^{2+}

取 1 滴 Cu^{2+} 试液于点滴板上，加 1 滴 $6mol \cdot L^{-1}HAc$ 酸化，加 2 滴 $0.1mol \cdot L^{-1}K_4[Fe(CN)_6]$ 溶液，若生成红棕色沉淀，则存在 Cu^{2+}。

$$2Cu^{2+} + [Fe(CN)_6]^{4-} \longrightarrow Cu_2[Fe(CN)_6]\downarrow$$

反应在中性或弱酸性溶液中进行。如试液为强酸性，则用 $6mol \cdot L^{-1}NaAc$ 调至弱酸性后进行。沉淀不溶于稀酸，溶于氨水，生成 $[Cu(NH_3)_4]^{2+}$，与强碱生成 $Cu(OH)_2$。Fe^{3+} 以及大量的 Co^{2+}、Ni^{2+} 会干扰鉴定。

16. Pb^{2+}

取 2 滴 Pb^{2+} 试液，加 1 滴 $6mol\cdot L^{-1}$ HAc 酸化，加 2 滴 $0.1mol\cdot L^{-1}K_2CrO_4$ 溶液，生成黄色沉淀，则存在 Pb^{2+}。

$$Pb^{2+} + CrO_4^{2-} \longrightarrow PbCrO_4\downarrow$$

反应在稀 HAc 溶液中进行，沉淀溶于强酸，溶于碱则生成 PbO_2^{2-}。Ba^{2+}、Bi^{3+}、Hg^{2+}、Ag^+ 等也能与 CrO_4^{2-} 生成有色沉淀干扰，可预先除去。

17. Hg^{2+}

取 2 滴 Hg^{2+} 试液，加过量的 4%KI 溶液，使生成沉淀后又溶解，加 2~3 滴 $CuSO_4$ 溶液、少量 Na_2SO_3 固体，若生成橙红色沉淀，则存在 Hg^{2+}。

$$Hg^{2+} + 4I^- \longrightarrow [HgI_4]^{2-}$$
$$2Cu^{2+} + 4I^- \longrightarrow 2CuI\downarrow + I_2$$
$$SO_3^{2-} + I_2 + H_2O \longrightarrow SO_4^{2-} + 2H^+ + 2I^-$$
$$2CuI + [HgI_4]^{2-} \longrightarrow Cu_2[HgI_4]\downarrow + 2I^-$$

Pd^{2+} 会与 CuI 反应产生的 PdI_2 使 CuI 变黑，产生干扰。CuI 是还原剂，须考虑到氧化剂的干扰。

18. Sn^{2+}

取 2 滴 Sn^{2+} 试液于试管中，加 2 滴 $6mol\cdot L^{-1}$HCl 溶液，加 2 滴 $0.1mol\cdot L^{-1}HgCl_2$ 溶液，若生成白色沉淀，则存在 Sn^{2+}。

$$SnCl_4^{2-} + 2HgCl_2 \longrightarrow SnCl_6^{2-} + Hg_2Cl_2\downarrow (白色)$$

Sn^{2+} 在溶液中主要以 $SnCl_4^{2-}$ 存在，而若 $SnCl_4^{2-}$ 过量，则沉淀变为灰色，即为 Hg_2Cl_2 和 Hg 的混合物，最后变为黑色 Hg。

$$SnCl_4^{2-} + Hg_2Cl_2(s) \longrightarrow SnCl_6^{2-} + 2Hg(s) (黑色)$$

加入铁粉可以使许多电极电势大的电对的离子还原为金属，而预先分离，消除干扰。

19. Ag^+

取 2 滴 Ag^+ 试液于试管中，加 5 滴 $2mol\cdot L^{-1}$ HCl，振摇后置于水浴上温热，离心分离。沉淀用热的去离子水洗一次，再加如过量 $6mol\cdot L^{-1}$ 氨水，微热，沉淀溶解。取一部分溶液加 $2mol\cdot L^{-1}HNO_3$ 酸化，若白色沉淀重又出现，则存在 Ag^+。或取一部分溶液于一试管中，加入 $0.1mol\cdot L^{-1}$KI 溶液，若有黄色沉淀 AgI 析出，则存在 Ag^+。

$$Ag^+ + HCl \longrightarrow AgCl\downarrow (白色)$$
$$AgCl + 2NH_3 \longrightarrow [Ag(NH_3)_2]^+ + Cl^-$$
$$[Ag(NH_3)_2]^+ + Cl^- + 2H^+ \longrightarrow AgCl(s) + 2NH_4^+$$

20. Ti^{4+}

取 4 滴 Ti^{4+} 试液于试管中，加 7 滴浓氨水和 5 滴 $1.0mol\cdot L^{-1}NH_4Cl$ 溶液振摇，离心分离。在沉淀中加入 2~3 滴浓 HCl 和 4 滴浓 H_3PO_4，使沉淀溶解再加 4 滴 $3\%H_2O_2$ 溶液，振摇，若溶液显橙色，则存在 Ti^{4+}。

$$Ti^{4+} + 4Cl^- + H_2O_2 \longrightarrow \begin{bmatrix} O \\ | \\ O \end{bmatrix} TiCl_4 \end{bmatrix}^{2-} + 2H^+$$

附录 10　常见无机阴离子的定性鉴定方法

1. SO_4^{2-}

取 5 滴试液于试管中，用 6mol·L^{-1}HCl 酸化至无气泡产生，再多加 2 滴。加 2 滴 1mol·L^{-1} BaCl$_2$ 溶液，若析出白色沉淀，则存在 SO_4^{2-}。

$$SO_4^{2-} + Ba^{2+} \longrightarrow BaSO_4$$

SO_3^{2-}、CO_3^{2-} 等干扰 SO_4^{2-} 的鉴定，可先酸化，以除去这些离子。

2. SO_3^{2-}

取 1 滴 ZnSO$_4$ 饱和溶液于点滴板上，加 1 滴 0.1mol·L^{-1}K$_4$[Fe(CN)$_6$]、1 滴 1%的 Na$_2$[Fe(CN)$_5$NO]、1 滴 SO_3^{2-} 试液（中性），若白色沉淀转化为红色沉淀，则存在 SO_3^{2-}。

反应在中性介质中进行，在酸性溶液中红色沉淀消失，故若溶液为酸性，必须用氨水中和。S^{2-} 干扰 SO_3^{2-} 的鉴定，可加入固体 PbCO$_3$ 使其生成 PbS 沉淀除去。

3. $S_2O_3^{2-}$

取 1 滴 $S_2O_3^{2-}$ 试液于点滴板上，加 2 滴 0.1mol·L^{-1}AgNO$_3$ 溶液，若出现白色沉淀，并迅速变黄、变棕、变黑，则存在 $S_2O_3^{2-}$：

$$2Ag^+ + S_2O_3^{2-} \longrightarrow Ag_2S_2O_3 \text{ (s，白色)}$$

$$Ag_2S_2O_3 + H_2O \longrightarrow H_2SO_4 + Ag_2S \text{ (s，黑色)}$$

4. S^{2-}

取 1 滴 S^{2-} 试液于点滴板上，加 1 滴 1%Na$_2$[Fe(CN)$_5$NO]，若溶液显紫色，则存在 S^{2-}。

$$S^{2-} + [Fe(CN)_5NO]^{2-} \longrightarrow [Fe(CN)_5NOS]^{4-} \text{ (紫色 aq)}$$

在酸性溶液中，S^{2-} 变为 HS$^-$ 而不产生颜色，加碱则颜色出现，故反应在碱性介质中进行。

5. CO_3^{2-}

取 10 滴试液于试管中，加入 10 滴 3%H$_2$O$_2$ 溶液，置于水浴上加热 3min，若检验溶液中无 SO_3^{2-}、S^{2-} 存在，则向试管中加入半滴管 6.0mol·L^{-1}HCl 溶液，并立即插入吸有饱和 Ba(OH)$_2$ 溶液的带塞滴管，使滴管口悬挂 1 滴溶液，观察溶液是否变浑浊。

SO_3^{2-}、S^{2-} 对 CO_3^{2-} 的检出有干扰，可在酸化前加入 H$_2$O$_2$ 溶液，使其转化为 SO_4^{2-}。

$$SO_3^{2-} + H_2O_2 \longrightarrow SO_4^{2-} + H_2O$$

$$S^{2-} + 4H_2O_2 \longrightarrow SO_4^{2-} + 4H_2O$$

6. PO_4^{3-}

取 5 滴 PO_4^{3-} 试液于试管中，加入 20 滴钼酸铵试剂，并在 40～45℃水浴上加热，若生成黄色磷钼酸铵沉淀，则存在 PO_4^{3-}。

$$PO_4^{3-} + 3NH_4^+ + 12MoO_4^{2-} + 24H^+ \longrightarrow (NH_4)_3PO_4 \cdot 12MoO_3 \cdot 6H_2O(s) + 6H_2O$$

S^{2-}、$S_2O_3^{2-}$、SO_3^{2-} 等还原性离子存在时，能使 Mo（Ⅵ）还原成低氧化值化合物。故可预先加入 HNO_3 并于水浴上加热 1~2min，以除去干扰离子。

7. Cl^-

取 10 滴 Cl^- 试液于试管中，加 6mol·L^{-1} HNO_3 酸化，加 0.1mol·L^{-1} $AgNO_3$ 至沉淀完全，水浴加热，离心分离。在沉淀上加 5~8 滴银氨溶液，振摇，加热，沉淀溶解，再加 6mol·L^{-1} HNO_3 酸化，白色沉淀重又出现，则存在 Cl^-。

SCN^- 也能与 Ag^+ 生成白色沉淀，故会干扰 Cl^- 鉴定。但在 2mol·L^{-1} 氨水中，AgSCN 难溶，而 AgCl 易溶，并生成 $[Ag(NH_3)_2]^+$。由此，可将 SCN^- 除去。在清液中加 HNO_3 可降低 NH_3 的浓度，使 AgCl 再次析出。

8. Br^-

取 5 滴 Br^- 试液于试管中，加入 1mL CCl_4，滴入氯水，充分振摇，有机层显棕黄色或黄色，则存在 Br^-。

$$2Br^- + Cl_2 \longrightarrow Br_2 + 2Cl^-$$

若氯水过量，生成 BrCl，使有机层显淡黄色。

9. I^-

取 5 滴 I^- 试液于试管中，加入 1mL CCl_4，滴加氯水，充分振摇，有机层显紫红色，则存在 I^-，反应为：

$$2I^- + Cl_2 \longrightarrow I_2 + 2Cl^-$$

而过量的氯水可将 I_2 氧化为 IO_3^-，有机层紫色褪去。

$$I_2 + 5Cl_2 + 6H_2O \longrightarrow 2HIO_3 + 10HCl$$

10. NO_3^-

棕色环法：取 10 滴 NO_3^- 试液于试管中，加入少量固体 $FeSO_4$，振摇溶解后斜持试管，沿着管壁慢慢滴加浓 H_2SO_4，由于浓 H_2SO_4 密度比水大，沉到试管下面形成两层，在两层液体接触处（界面）形成一棕色环｛配合物[Fe(NO)]SO_4 的颜色｝，则存在 NO_3^-。

$$3Fe^{2+} + NO_3^- + 4H^+ \longrightarrow 3Fe^{3+} + NO + 2H_2O$$

$$Fe^{2+} + SO_4^{2-} + NO \longrightarrow [Fe(NO)]SO_4$$

Br^-、I^-、NO_2^- 等干扰鉴定，可加入稀 H_2SO_4 及 Ag_2SO_4 溶液，使 Br^- 和 I^- 生成沉淀后除去。NO_2^- 可在溶液中加入尿素，并微热除去。

$$2NO_2^- + CO(NH_2)_2 + 2H^+ \longrightarrow 2N_2\uparrow + CO_2\uparrow + 3H_2O$$

11. NO_2^-

取 1 滴 NO_2^- 试液，加 6mol·L^{-1} HAc 酸化，加 1 滴对氨基苯磺酸、1 滴 α-萘胺，溶液显紫红色，则存在 NO_2^-。

$$HNO_2 + \text{(naphthylamine)} - NH_2 + H_2N - \text{(benzene)} - SO_3H$$

$$\longrightarrow H_2N - \text{(naphthyl)} - N=N - \text{(benzene)} - SO_3H$$

此反应的灵敏度高，选择性好。但当 NO_2^- 浓度大时，紫红色很快褪去，生成褐色沉淀或黄色溶液。

参 考 文 献

[1] 南京大学《无机及分析化学实验室》编写组. 无机及分析化学实验. 5版. 北京: 高等教育出版社, 2015.
[2] 大连理工大学无机化学教研室. 无机化学实验. 3版. 北京: 高等教育出版社, 2017.
[3] 武汉大学化学与分子科学学院实验中心. 无机化学实验. 2版. 武汉: 武汉大学出版社, 2019.
[4] 范勇, 等. 基础化学实验 (无机化学实验分册). 2版. 北京: 高等教育出版社, 2015.
[5] 文利柏, 虎玉森, 白红进. 无机化学实验. 2版. 北京: 化学工业出版社, 2017.
[6] 浙江大学普通化学类课程组. 普通化学实验. 4版. 北京: 高等教育出版社, 2019.
[7] 华东理工大学无机化学教研组. 无机化学实验. 4版. 北京: 高等教育出版社, 2007.
[8] 中山大学等校. 无机化学实验. 3版. 北京: 高等教育出版社, 2015.
[9] 北京师范大学, 东北师范大学, 等. 无机化学实验. 4版. 北京: 高等教育出版社, 2014.
[10] 北京大学化学与分子工程学院普通化学实验教学组. 普通化学实验. 3版. 北京: 北京大学出版社, 2012.
[11] 天津大学无机化学教研室. 无机化学与化学分析实验. 北京: 高等教育出版社, 2016.
[12] 朱竹青, 朱荣华. 无机及分析化学实验. 北京: 中国农业大学出版社, 2008.
[13] 包新华, 邢彦军, 李向清. 无机化学实验. 北京: 科学出版社, 2013.
[14] 冯建成, 张玉苍. 大学基础化学实验. 合肥: 中国科技大学出版社, 2013.
[15] 郑文杰, 杨芳, 刘应亮. 无机化学实验. 3版. 广州: 暨南大学出版社, 2010.